融合教材

太阳能发电
原理及应用

郭苏　张怿　编著

中国水利水电出版社
www.waterpub.com.cn
·北京·

内 容 提 要

本书系统阐述了太阳能光伏、光热技术的基本科学原理及实际工程应用，主要内容包括：太阳能资源相关基础知识，太阳能光伏电池工作原理及发展，太阳能光伏电站系统设计及优化，太阳能光热发电原理及工程光学设计，太阳能光热电站聚光集热部分设计及优化，各类太阳能储能技术等，理论联系实际，注重应用科学理论解决实际工程问题。

本书既是新能源科学与工程相关专业的教材，也可用作从事太阳能利用相关领域的科研和工程技术人员的参考书。

图书在版编目（CIP）数据

太阳能发电原理及应用 / 郭苏，张怿编著. -- 北京：
中国水利水电出版社，2021.5
ISBN 978-7-5170-9583-5

Ⅰ．①太… Ⅱ．①郭… ②张… Ⅲ．①太阳能发电—研究 Ⅳ．①TM615

中国版本图书馆CIP数据核字(2021)第086755号

书　　名	**太阳能发电原理及应用** TAIYANGNENG FADIAN YUANLI JI YINGYONG	
作　　者	郭苏　张怿　编著	
出版发行	中国水利水电出版社 （北京市海淀区玉渊潭南路1号D座　100038） 网址：www.waterpub.com.cn E-mail：sales@waterpub.com.cn 电话：(010) 68367658（营销中心）	
经　　售	北京科水图书销售中心（零售） 电话：(010) 88383994、63202643、68545874 全国各地新华书店和相关出版物销售网点	
排　　版	中国水利水电出版社微机排版中心	
印　　刷	天津嘉恒印务有限公司	
规　　格	184mm×260mm　16开本　14.25印张　347千字	
版　　次	2021年5月第1版　2021年5月第1次印刷	
印　　数	0001—3000册	
定　　价	**62.00元**	

序

PREFACE

随着能源与环境问题的日益紧迫，可以预见人类社会的发展将在很大程度上依赖于可再生能源技术。太阳能发电技术主要涵盖光伏发电与光热发电，该技术可以将取之不竭的太阳能转化为电能，是可再生能源中最具发展潜力的技术，有望成为未来电力能源的主体。

光伏发电技术的原理是半导体材料的光生伏特效应，能量等于或高于半导体带隙的光子被吸收并转化为载流子，直接产生电力。基于半导体二极管结构的太阳电池，正是依赖于这种十分简洁而且低熵值的运作方式产生电能。光伏发电技术发展十分迅速，无论是已经实现大规模产业化的硅太阳电池，基于Ⅲ-Ⅴ族半导体的高效率聚光电池，还是基于碲化镉、钙钛矿等材料的新一代薄膜太阳电池，都在一次次技术变革中更接近理论极限。

然而，对于低于或远高于半导体带隙的光子而言，太阳电池无法将其能量有效转化，由此产生的热也无法被利用。此时，光热发电技术可以有效弥补对太阳能转化过程中的这种相对"低品质"的热能利用的不足。事实上，根据热力学原理，只要通过聚光设计并且合理利用材料的热学性质，光热发电的能量转化效率可以接近甚至超越光伏发电的效率。

无论着手研发哪一类太阳能发电技术，都需要对发电元器件的原理以及整个系统的运作有一个全面的认识。这将涉及多方面的内容，包括最初的如何将太阳光有效收集的光学相关的知识，太阳电池与光热发电装置的设计与原理，以及相关系统所需的储能与电力输送设备的设计等。

由郭苏和张怿等学者精心编著的《太阳能发电原理及应用》一书，对上述关键内容进行了全面与深入的阐述。本书内容翔实、逻辑严谨，同时兼顾太阳能发电的基础理论与最新技术进展，特别适合作为从事太阳能发电研究的科研人员与高校师生了解本领域的参考教材，也可作为制定有关政策所用的参考资料。此外，大力开发利用以太阳能及风能为主的新能源是早日实现"2030 碳达峰及 2060 碳中和"战略目标的重要手段之一。本书的出版也可为太阳能利用技术领域相关专业人才的培养提供一定支撑及参考，进一步促进我国太阳能产能事业的健康可持续发展。

相信各位同行与笔者一样能从阅读中受益，最后在此祝贺本书成功出版！

狄大卫

浙江大学　光电科学与工程学院

2021 年 2 月

前言

FOREWORD

太阳能发电是当今可再生能源利用中非常重要的发展方向。光伏发电和光热发电是太阳能发电的两种最主要形式。本书系统全面地讲解了太阳能光伏发电、光热发电所涉及的理论，并在论述基础理论的基础上对光伏发电和光热发电的常见应用进行了介绍。

本书分为三篇共 11 章。第 1 篇介绍了太阳能利用的基础知识，其中：第 1 章为绪论，对太阳能的特性、利用的基本方式、光伏发电和光热发电的发展现状进行了综述；第 2 章介绍了太阳和太阳辐射的相关知识；第 3 章介绍了太阳辐射的透过、吸收和反射现象。第 2 篇介绍了光伏发电原理及其应用，其中，第 4 章介绍了光伏发电原理与太阳电池的相关内容；第 5 章介绍了光伏发电系统的设计与应用。第 3 篇介绍了光热发电原理及应用，其中，第 6 章介绍了光热发电原理，对其各种形式进行了综述和比较；第 7 章介绍了太阳能工程光学设计原理；第 8 章和第 9 章分别对目前较常见的塔式光热电站和槽式光热电站的聚光集热部分进行了详细介绍；第 10 章介绍了光热电站中的储能；第 11 章对具有代表性的商业化光热电站进行了简介。本书第 4 章、第 5 章由张怿编写，第 8 章由郭铁铮编写，其余各章由郭苏编写，全书由郭苏统稿。本书光伏部分内容主要参考了澳大利亚新南威尔士大学光伏与可再生能源工程学院 Martin Green 和 Stuart Wenham 教授撰写的两部经典光伏专业教材 *Applied Photovoltaics* 和 *Solar Cells - Operating Principles*，*Technology and System Applications*；光热部分内容主要参考了 W. B. Stine 和 R. W. Harrigan 撰写的 *Solar Energy Systems Design* 以及 William Stine 和 Michael Geyer 在此基础上修订的 *Power From the Sun*，J. A. Duffie 和 W. A. Beckman 著、葛新石教授编译的《太阳能—热能转换过程》，以及张鹤飞教授的《太阳能热利用原理与计算机模拟（第 2 版）》，并借鉴了最近十年发表在国内外期刊上的大量优秀专业论文以及作者的专著《槽式太阳能直接蒸汽发电系统集热场建模与控制》。

在本书编写过程中，东南大学张耀明院士，河海大学刘德有教授、吴峰教授、许昌教授、王冰教授，青海省电力设计院张玮工程师等在各方面对作者给予了大力支持。研究生裴焕金、何意、宋国涛、王琛等在资料收集、文本整理等方面做了大量工作。河海大学新能源科学与工程专业2008—2018级共11届本科学生对本书提出了大量宝贵意见。在此，作者对各位教授、专家和学生表示衷心的感谢。河海大学刘德有教授审阅了全部书稿，为本书的完成做出了重要贡献，在此特致敬意。

在本书完稿之际，对书末所附参考文献的作者也致以衷心的感谢。

由于作者学识有限，加之编写时间仓促，书中难免有疏漏及错误，殷切希望读者批评指正。

作者

2021 年 3 月

于河海大学能源与电气学院

目录

CONTENTS

附　录

第1篇

基 础 知 识

第 1 章　绪论

1.1　太阳能的特性

目前，全人类都面临着同样的能源问题。一方面，经济和社会的可持续发展与环境可承载能力之间存在巨大矛盾，经济和社会的发展离不开能源，而燃烧常规化石燃料会产生大量的二氧化碳，二氧化碳是主要的温室气体。观测资料表明，在过去的 100 年里，全球平均气温上升了 $0.3 \sim 0.6℃$，全球海平面平均上升了 $10 \sim 25cm$，这就是所谓的温室效应。目前，经济和社会正在迅速发展，但环境的可承载力已接近极限。另一方面，常规能源的不断匮乏与能源需求的急剧增加是当今社会急需解决的主要矛盾。当面临全球污染严重、常规能源近乎枯竭，又急需大量能源的双重矛盾时，全人类达成了共识：依靠科技进步，大规模地开发利用太阳能、风能、生物质能等可再生能源。

与其他形式能源相比，太阳能具有如下明显的优越性：

（1）储量的无限性。太阳每秒钟向太空放射的能量约为 $3.8 \times 10^{23} kW$，一年内到达地球表面的太阳能总量高达 $1.8 \times 10^{18} kW \cdot h$，是目前全球能耗的数万倍。相对于常规能源储量来说，太阳能的储量几乎是无限的，取之不尽，用之不竭。

（2）存在的普遍性。相对于其他形式能源来说，太阳能对于地球上绝大多数地区具有存在的普遍性，可就地取用。这就为常规能源缺乏的国家和地区解决能源问题提供了美好前景。

（3）利用的清洁性。太阳能像风能、潮汐能等其他清洁能源一样，在开发利用时几乎不产生二次污染。

（4）开发的经济性。在目前的技术水平下，相较于其他能源，太阳能的开发利用已经具有一定的竞争力。随着科学技术的不断发展和突破，从中长期角度看，太阳能的开发利用将具有显著的经济性。

鉴于上述特性，太阳能必将在世界能源结构转换中担当重任，成为理想的替代能源。

1.2 太阳能利用基本方式

太阳能利用的基本方式主要包含以下方面：

（1）光热利用。光热利用的基本原理是将太阳辐射能收集起来，通过与物质的相互作用转换成热能加以利用。主要有太阳能热水器、太阳能干燥器、太阳能蒸馏器、太阳房、太阳能温室、太阳能制冷、太阳灶等等。

（2）太阳能发电。太阳能发电主要分为光伏发电、光热发电。光伏发电是利用光生伏特效应将太阳辐射能直接转换为电能。光热发电是太阳辐射能—热能—电能的转换，即利用太阳辐射所产生的热能发电。光热发电系统主要包含两部分：一个是光—热转换部分；一个是热—电转换部分。光热转换部分利用聚光器、吸热器等特殊设备将太阳光收集起来，产生很高温度的热能；热电转换部分和普通火电厂很类似。

（3）光化学利用。光化学利用主要指物质分子吸收了外来光子的能量后会激发某些化学反应。这一部分主要包括太阳能制氢、光化学电池等。

（4）光生物利用。光生物利用是利用植物的光合作用实现太阳能转换成生物质的过程，包括油料作物、速生植物（如薪炭林）等。

1.3 光伏发电现状

光伏太阳电池组件由于成本原因最先仅被用于太空卫星的持续供电。随着太阳电池组件技术和基础配套设备的日趋完善，光伏组件成本逐渐下降并被应用于地面光伏发电。同时，该类电池的能量转换效率在近 30 年内也获得了很大的提高。其中商业太阳电池组件效率从 20 世纪 60 年代的不到 10% 到 2020 年稳定在 20% 左右，而实验室太阳电池效率最高已达到 40% 左右。此外，各种太阳电池材料和结构近年来获得迅猛发展，由此衍生出第二代薄膜太阳电池和第三代高级概念太阳电池等。太阳能光伏发电虽然具有高度自动化、工作周期长、无须机械转动等优点，但其持续稳定的工作性能也受到天气、环境温度、空气灰尘等不利因素的影响。此外，在用电量较高的夜晚或弱光环境下，太阳能光伏电站无法工作，而是更多依赖于储能装置或其他形式对负荷提供电能。

在工程应用领域，自 2000 年起，由于可观的光伏补助和政府发展可再生能源的政策，独立光伏项目在我国快速发展，由此带动了一批与光伏相关的上下游产业。主要的发电集团也相继成立了新能源部门参与以太阳能和风能为主的新能源项目建设和设计。

随着国际光伏发电产业日臻成熟，近年来光电成本逐渐降低，全球范围内的光伏补贴呈现退坡态势。然而各国的光伏补贴政策不同，其相关光伏产业发展也大相径庭。2019 年，美国太阳能新增装机量占美国能源新增装机总量的近 40%，达到 13.3GW 是该行业历年以来最大份额，比 2018 年增长了 23%。2015 年日本新增光伏装机量为 10.8GW，而 2019 年日本新增光伏装机容量降至 7GW。2010—2013 年德国每年新增光伏装机达到 7GW，到 2015 年德国光伏新增装机容量仅为 1.3GW 左右。2019 年 3 月 31 日英国正式进入无补贴时代，光伏发展缓慢，2019 年其仅有 233.4MW 的新增太阳能发电量并入电网，显著低于 2018 年记录的 297.1MW 并网装机容量。

中国的太阳能光伏产业链已逐渐成熟。2010 年后，在欧洲经历光伏产业需求放缓的背景下，我国光伏产业迅速崛起，成为全球光伏产业发展的主要动力。2019 年我国新增光伏并网装机容量为 30.1GW，截至 2019 年年底，我国累计光伏并网装机容量达到 204.3GW，继续保持全球第一。

基于我国光伏电站效率不断提升，国内电站成本不断下降，光伏上游企业盈利能力不断增强，电站规模不断扩大的情况，2018 年 6 月我国正式实施光伏补贴下调政策。尽管在政策调整下，我国光伏应用市场有所下滑，但受益于海外市场的增长，我国光伏各环节产业规模依旧保持快速增长势头。在产业制造端各环节，单晶电池和组件产品价格快速下降，体现出了更好的性价比优势，市场需求，尤其是海外市场需求开始逐步转向单晶。单晶产品占比快速提升，2019 年单晶硅片市场占比首次超过多晶，达到约 65%，同比增加 20 个百分点；多晶硅片市场占比由 2018 年的 55% 下降至 2019 年的 32.5%。同时，铸锭单晶产品在 2019 年内逐渐进入市场，2019 年市场占比约为 2.5%。而且，近年来我国光伏产业出口表现亮眼，实现出口额、出口量“双升”。2019 年我国光伏产业出口额超过 200 亿美元，创下新高。其中，组件出口增长最为突出，出口量超过 65GW，出口额为 173.1 亿美元，超过 2018 年全年光伏产品出口总额。

伴随着光伏组件成本的快速下降，2019 年，我国光伏产业开始实现由补贴推动向平价推动的转变，中国开启了平价上网时代。尽管整体光伏市场有所下滑，但我国光伏产业规模依旧稳步扩大、技术创新不断推进、出口增速不断提升，光伏制造企业加速降低光伏发电成本，新技术的应用步伐不断加快，甚至将呈现超预期的发展态势，相信未来光伏发电成本将会进一步降低。经验表明，中国政府的政策导向将在未来一段时间内决定着中国光伏产业的发展水准和市场需求。相信在中国政府的扶持和正确引导下，历经捶打的中国太阳能光伏产业的定会有更加光彩夺目绚丽的明天。

1.4　光热发电现状

太阳能光热发电是目前除水电外唯一的稳定、可控、可靠的可再生能源技术。由于配置大容量、低成本、环境友好的储能系统，太阳能光热发电可以克服太阳能资源的间歇性和不稳定性，实现平稳可控、可调度的电力输出。太阳能光热发电是可以承担电力系统基础负荷的可再生能源发电形式，目前已在西班牙、美国以及中东、北非等国家和地区取得了良好的应用效果。

国际能源署发布的《能源技术展望 2010》报告指出，到 2050 年，太阳能光热发电装机容量将达到 10.89 亿 kW，产生电力占总发电量的 11.3%。因此太阳能光热发电有非常广阔的发展空间。

就中国而言，中国正处于经济高速发展时期，能源的消耗量还将大幅增加，但中国的能源储量并不乐观。根据 2002 年的统计数据，原煤可采 114.5 年，原油可采 20.1 年，天然气可采 49.3 年，人均能源可开采储量更是远低于世界平均水平。由于历史原因，中国的能源有效利用率非常低。从开采到利用，几乎都还停留在粗放型生产模式，这对环境造成的污染非常严重。中国是全球第二大二氧化碳排放国，也是第一大煤炭消费国，是世界上少有的几个能源结构以煤炭为主的国家。

中国的太阳能资源非常丰富。中国不仅拥有世界上太阳能资源最丰富的地区之一——西藏地区，而且陆地面积每年接受的太阳总辐射能相当于 $2.4×10^4$ 亿 t 标准煤，约等于数万个三峡工程发电量的总和。如果将这些太阳能有效利用，对于缓解我国的能源问题、减少 CO_2 的排放量、保护生态环境、确保经济发展过程中的能源持续稳定供应等都将具有重大而深远的意义。

"八五"以来，科技部就光热发电系统关键部件在技术研发方面给予了持续支持，"十一五"期间启动了 1MW 塔式太阳能热发电技术研究及系统示范。2013 年，国家高技术研究发展计划支持的青海中控德令哈塔式光热电站一期 10MW 项目示范工程并入青海电网发电，这标志着我国自主研发的太阳能光热发电技术向商业化运行迈出了坚实步伐，为我国建设并发展大规模应用的商业化光热电站提供了强力的技术支撑与示范引领。目前，大规模光热发电技术已有所突破，关键器件已实现国产化、产业化。

2021 年 4 月，国家能源局下发《关于报送"十四五"电力源网荷储一体化和多能互补工作方案的通知》。通知指出，鼓励"风光水（储）""风光储"一体化，充分发挥流域梯级水电站、具有较强调节性能水电站、储热型光热电站、储能设施的调节能力，汇集新能源电力，积极推动"风光水（储）""风光储"一体化。明确肯定了储热型光热电站的调节能力，为风光热储一体化多能互补项目配置光热电站释放了积极信号。

1.5　小结

本章主要对太阳能的特性、利用的基本方式、光伏发电和光热发电的发展现状进行了综述，以期帮助读者快速了解太阳能基础知识。

第 2 章　太阳和太阳辐射

2.1　概述

太阳直径为 1.39×10^6 km，是主要由氢和氦组成的炽热气体火球，质量为 2.2×10^{27} t（比地球重 332000 倍），体积比地球大 130 万倍，平均密度约为地球的 1/4，离地球的平均距离为 1.495×10^8 km。

太阳内部通过核聚变把氢转变为氦，在反应过程中，太阳每秒钟要亏损 4.0×10^6 t 质量（每 1g 氢变成氦时质量亏损为 0.072g），根据质能互换定律（$E = mc^2$）可产生 360×10^{21} kW 功率。这股能量以电磁波的形式向四面八方传播，到达地球大气层上界只占上述功率的 $1/(20 \times 10^9)$，即 180×10^{12} kW，考虑穿过大气层时的衰减，最后到达地球表面的功率为 85×10^{12} kW。它相当于全世界发电量的几十万倍，从这个意义上讲太阳提供的能量是无穷尽的。

太阳结构如图 2-1 所示。设太阳的半径为 R。在（$0 \sim 0.23$）R 范围内，温度约为（$8 \sim 40$）$\times 10^6$ K，密度为水的 $80 \sim 100$ 倍，该部分的质量占太阳质量的 40%，能量占太阳辐射的 90%。从（$0.23 \sim 0.7$）R 处，是内部中间层，温度下降到 130000K 左右，密度降到 70 kg/m^2。（$0.7 \sim 1$）R 之间为对流层，温度降至 5000K 左右，密度为 10^{-5} kg/m^2。

太阳的外部是一个光球层，它就是人们肉眼所看到的太阳表面，其温度为 5762K，厚约 500km，密度为 10^{-3} kg/m^3，

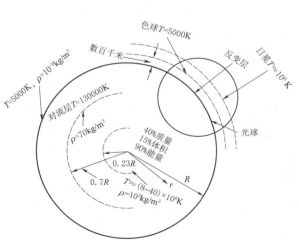

图 2-1　太阳结构图

由强烈电离的气体组成，太阳能绝大部分辐射都是由此向太空发射的。光球外面分布着不仅能发光而且几乎是透明的太阳大气，称之为反变层，它由极稀薄的气体组成，厚约数百千米，能吸收某些可见光的光谱辐射。反变层的外面是太阳大气上层，称之为色球层，厚约 $(1\sim1.5)\times10^4$km，大部分由氢和氦组成。色球层外是伸入太空的银白色日冕，温度高达 1 百万 K，高度有时达几十个太阳半径。

由此可见，太阳并不是某一固定温度的黑体辐射体，而是各层发射和吸收各种波长的综合辐射体。不过在太阳能热利用中，可将太阳看成温度为 5762K，波长为 $0.3\sim3\mu m$ 的黑体辐射体。

2.2 地球绕太阳的运行规律

2.2.1 地球的公转与赤纬角

地球赤道所在的平面称为赤道平面。穿过地球中心与南、北极相连的线称为地轴。在宇宙中，地球在椭圆形轨道上围绕太阳公转，运行周期为一年。地轴与椭圆轨道平面（称黄道平面）的夹角为 $66°33'$，该轴在空间中的方向始终不变，因而赤道平面与黄道平面的夹角为 $23°27'$。但是，地心与太阳中心的连线（即午时太阳光线）与地球赤道平面的夹角是一个以一年为周期变化的量，它的变化范围为 $\pm23°27'$，这个角就是太阳赤纬角。赤纬角是地球绕日运行规律造成的特殊现象，它使处于黄道平面不同位置上的地球接受到的太阳光线方向也不同，从而形成地球四季的变化，地球绕太阳运行图如图 2-2 所示。北半球夏至（6 月 22 日）即南半球冬至，太阳光线正射北回归线 $\delta=23°27'$；北半球冬至（12 月 22 日）即南半球夏至，太阳光线正射南回归线 $\delta=-23°27'$；春分及秋分太阳直射赤道，赤纬角都为零，地球南、北半球日夜相等。每天的赤纬角可由库柏（Cooper）方程计算得到：

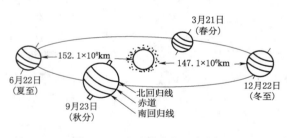

图 2-2 地球绕太阳运行图

$$\delta=23.45\sin\left(360°\times\frac{284+n}{365}\right) \qquad (2-1)$$

式中 n——所求日期在一年中的日子数，可借助表 2-1 查出。

表 2-1   所求日期在一年中的日子数[①]

月份	各月第 i 天日子数的算式	各月平均日[②]	平均日日子数	平均日赤纬角 / (°)
1	i	17 日	17	-20.9
2	$31+i$	16 日	47	-13.0
3	$59+i$	16 日	75	-2.4

月份	各月第 i 天日子数的算式	各月平均日[②]	平均日日子数	平均日赤纬角/ (°)
4	$90+i$	15 日	105	9.4
5	$120+i$	15 日	135	18.8
6	$151+i$	11 日	162	23.1
7	$181+i$	17 日	198	21.2
8	$212+i$	16 日	228	13.5
9	$243+i$	15 日	258	2.2
10	$273+i$	15 日	288	-9.6
11	$304+i$	14 日	318	-18.9
12	$334+i$	10 日	344	-23.0

① 表中的 n 数没有考虑闰年，对于闰年，3 月之后（包括 3 月）的 n 要加 1。

② 按某日算出大气层外的太阳辐射量和该月的日平均值最为接近，则将该日定作该月的平均日。

2.2.2 地球的自转与太阳时角

地球除绕日公转外，还始终绕着地轴由西向东自转，每转一周（360°）为一昼夜（24 小时）。显而易见，对地球上的观察者来说，太阳每天清晨从东方升起，傍晚从西方落下。时间可以用角度来表示，每小时相当于地球自转 15°。

在以后导出的太阳角度公式中，涉及的时间都是当地太阳时，它的特点是午时（中午 12 时）阳光正好通过当地子午线，即在空中最高点处，它与日常使用的标准时间并不一致。转换公式为

$$太阳时＝标准时间＋E±4(L_{st}-L_{loc}) \tag{2-2}$$

式中　E——时差，min；

$\quad L_{st}$——制定标准时间采用的标准经度；

$\quad L_{loc}$——当地经度。

所在地点在东半球取负号，西半球取正号。

我国以北京时为标准时间，式（2-2）可写为

$$太阳时＝北京时＋E-4(120-L_{loc}) \tag{2-3}$$

转换时考虑了两项修正，第一项 E 是地球绕日公转时进动和转速变化而产生的修正，时差 E 以 min 为单位，即

$$E=9.87\sin 2B-7.53\cos B-1.5\sin B \tag{2-4}$$

其中

$$B=\frac{360°\times(n-81)}{364}$$

式中　n——所求日期在一年中的日子数。

第二项是考虑所在地区的经度 L_{loc} 与制定标准时间的经度（我国定为东经 120°）之差所产生的修正。由于经度每相差 1°，在时间上就相差 4min，所以公式中最后一项乘以 4，

单位也是 min。

用角度表示的太阳时叫太阳时角，以 ω 表示，即

$$\omega = 15 \times (太阳时 - 12) \tag{2-5}$$

太阳时角是以一昼夜为变化周期的量，太阳午时 $\omega = 0°$。每昼夜变化为 $\pm 180°$，每小时相当于 $15°$，例如上午 10 点相当于 $\omega = -30°$；下午 3 点相当于 $\omega = 45°$。

2.3 天球与天球坐标系

2.3.1 天球

所谓"天球"，就是人们站在地球表面上仰望天空，平视四周时看到的那个假想球面。根据相对运动的原理，太阳就好像在这个球面上周而复始地运动一样。要确定太阳在天球上的位置，最方便的方法是采用天球坐标系。天球坐标系需要选择一些基本的参数。

2.3.2 天球坐标系

天球坐标系是描述天体在天球上的视位置和视运动的球面坐标系。它包含两个基本要素，即基本点（原点、极点等）和基本圈（经圈、纬圈等）。

1. 天轴与天极

以地平面观测点 O 为球心，任意长度为半径作一个天球。通过天球中心 O 作一根直线 POP' 与地轴平行，这条直线叫做"天轴"。天轴和天球交于 P 和 P'，其中与地球北极相对应的 P 点，称为"北天极"；与地球南极相对应的 P' 点，称为"南天极"，如图 2-3 所示。

天轴是一条假想的直线。由于地球绕地轴旋转是等速运动的，所以天球绕天轴旋转也是等速运动的，即每小时转动 $15°$。天球在旋转过程中，只有南、北两个天极点是固定不动的。北极星大致位于天球旋转轴的北天极附近。

2. 天赤道

通过天球球心 O 作一个平面与天轴相垂直，显然它和地理赤道面是平行的。这个平面和天球相交所截出的大圆 QQ'，叫做"天赤道"，如图 2-3 所示。

3. 时圈

通过北天极 P 和太阳的大圆叫做"时圈"。它与天赤道是互相垂直的。由于天赤道到太阳的角度距离是用相应这个圆的纬度来度量的，因而又称为"赤纬圈"。

4. 天顶和天底

通过天球球心 O 作一根直线和观测点铅垂线平行，它和天球的交点为 Z 和 Z'。其中 Z 恰好位于观测点的头顶上，称为"天顶"，和 Z 相对应的另一个 Z'，则位于观测者脚下，称为"天底"。

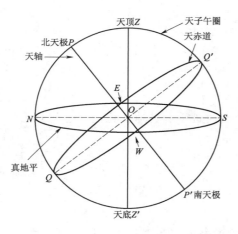

图 2-3 天球坐标系示意图

5. 真地平

通过天球球心 O 与 ZZ' 相垂直的平面在天球上
所截出的大圆 SN，叫做"真地平"，有时又叫"数学水平面"。

6. 经圈与天子午圈

通过观察者天顶 Z 的大圆，称为"地平经圈"，简称"经圈"。它与真地平是相垂直
的，因此也叫做"垂圈"。

通过天顶 Z 和北天极 P 的特殊的经圈 $PZSN$，通常称为"天球子午圈"。它和真地平
交于点 N 和 S，靠近北极的点 N 叫做"北点"，而与北极正相对的点 S 叫做"南点"。若
观测者面向北，其右方距南北各为 $90°$ 的点 E 叫做"东点"，而与东点正相对的点 W 叫
"西点"，且东、西两点正好是天赤道和真地平的交点。

天球的中心可以做不同的假定，由此可以确立不同的天球坐标系：地平坐标系，天球
中心与观察者位置重合；赤道坐标系，天球中心与地球中心重合；黄道坐标系，天球中心
与太阳中心重合；银道坐标系，天球中心与银河系中心重合。

下面针对太阳能工程中经常用到的坐标系进行详细介绍。

（1）地平坐标系。地平坐标系以真地平为基本圈，南点为原点，由南点 S 起沿顺时
针方向计量，弧 SA 为地平经度，转过的角度为方位角 A，由南向西方向为正；由地平圈
沿地平经圈向上计量，弧的角度称为地平高度 h，或由天顶沿地平经圈向下度量的角度称
为天顶距 z。显然，$h+z=90°$，如图 2-4 所示。

易证，地平高度等于当地的地理纬度。

在航天、航空、航海、大地测量、测时工作中广泛应用地平坐标系。但地平坐标系随地
球一起转动，且随观测者的地理位置变化，所以（传统）天文观测中较少使用地平坐标系。

（2）时角坐标系。时角坐标系又称"第一赤道坐标系"，以天赤道为基本圈，天子午
圈与天赤道两个交点中靠近南点的 Q' 为原点，两个坐标分别是时角 t 和赤纬 δ。时角由 Q'
起顺时针方向为正，按小时计量，记为 t；赤纬由赤道圈为起点，向北 $0°\sim90°$，向南 $0°\sim$
$90°$，记为 δ，如图 2-5 所示。

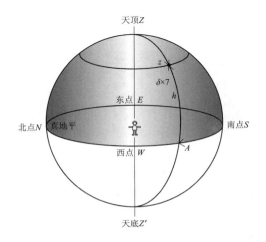

图 2-4　地平坐标系示意图

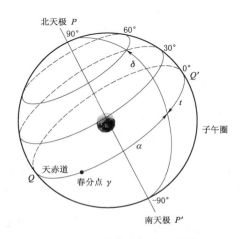

图 2-5　赤道坐标系示意图

（3）赤道坐标系。天文中使用最多的是赤道坐标系，又称"第二赤道坐标系"。以天赤道为基本圈，春分点为原点，坐标由赤经 α、赤纬 δ 来描述。赤经以春分点为起点，逆时针方向度量，$0°\sim360°$ 或 $0\sim24h$，赤纬同时角坐标系。

若不考虑岁差，赤道坐标系为固定坐标系，不随地球自转而变化。

（4）黄道坐标系。黄道坐标系以黄道为基本圈，春分点为基本点。两个坐标分别是黄经 λ 和黄纬 β。黄经以春分点为起点，逆时针方向度量 $0\sim24h$；黄纬与赤纬的度量方式相似。

黄道与赤道的夹角叫黄赤交角，目前为 $23°26'$。由图 2-6 可知，北黄极的赤道坐标分别为：$\alpha=270°$，$\delta=90°-23.5°=66.5°$。

黄道坐标系与赤道坐标系一样，不随地球自转，也不随观测点改变，主要用于描述太阳系天体的位置与运动。

（5）银道坐标系。研究银河系常用银道坐标系。银道坐标系以银道面与天球相交的大圆即银道为基本圈，银道与赤道两个交点中的升交点为原点，坐标为银经 L 和银纬 b。银经从升交点开始逆时针方向度量 $0\sim24h$，银纬度量方式与赤纬度相似。银赤交角约 $62°$，也是一个固定坐标系，如图 2-7 所示。

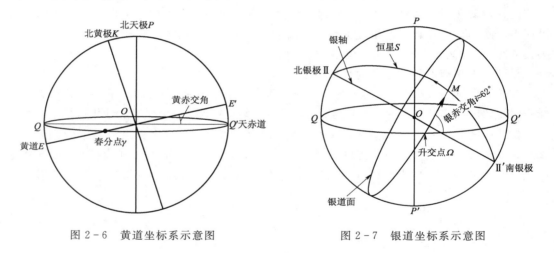

图 2-6　黄道坐标系示意图　　　　　图 2-7　银道坐标系示意图

2.4　天球坐标系的变换

2.4.1　地平坐标与时角坐标的换算

设天体 σ 的地平坐标为 $(A，z)$，时角坐标为 $(t，\delta)$，观测地点的地理纬度为 ϕ。由天极 P，天体 σ，天顶 Z 为顶点的球面三角形如图 2-8 所示。根据球面三角关系，可得如下换算：

（1）由地平坐标到时角坐标为

$$\sin\delta=\sin\phi\cos z-\cos\phi\sin z\cos A \tag{2-6}$$

$$\cos\delta\sin t = \sin z\sin A \qquad (2-7)$$

$$\cos\delta\cos t = \sin\phi\sin z\cos A + \cos z\cos\phi \qquad (2-8)$$

（2）由时角坐标到地平坐标为

$$\cos z = \sin\phi\sin\delta + \cos\phi\cos\delta\cos t \qquad (2-9)$$

$$\sin z\sin A = \cos\delta\sin t \qquad (2-10)$$

$$\sin z\cos A = -\sin\delta\cos\phi + \cos\delta\sin\phi\cos t \qquad (2-11)$$

2.4.2　赤道坐标与黄道坐标的换算

设天体的黄道坐标为（λ，β），赤道坐标为（α，δ），黄赤交角为 ε，如图 2-9 所示，则

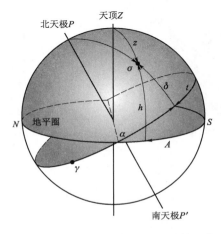

图 2-8　地平坐标与时角坐标的换算示意图　　图 2-9　赤道坐标与黄道坐标的换算示意图

（1）由赤道坐标到黄道坐标为

$$\sin\beta = \sin\delta\cos\varepsilon - \sin\varepsilon\cos\delta\sin\alpha \qquad (2-12)$$

$$\cos\beta\cos\lambda = \cos\delta\cos\alpha \qquad (2-13)$$

$$\cos\beta\sin\lambda = \sin\varepsilon\sin\delta + \cos\delta\cos\varepsilon\sin\alpha \qquad (2-14)$$

（2）由黄道坐标到赤道坐标为

$$\sin\delta = \sin\beta\cos\varepsilon + \sin\varepsilon\cos\beta\sin\lambda \qquad (2-15)$$

$$\cos\delta\cos\alpha = \cos\beta\cos\lambda \qquad (2-16)$$

$$\cos\delta\sin\alpha = -\sin\varepsilon\sin\beta + \cos\beta\cos\varepsilon\sin\lambda \qquad (2-17)$$

2.5　太阳光线相关角度的定义

2.5.1　太阳高度角与天顶角

如图 2-10 所示，从地面某一观察点向太阳中心作一条射线，该射线在地面上有一投

影线，这两条线的夹角 α_S 叫太阳高度角。该射线于地面法线的夹角叫太阳天顶角 θ_Z。这两个角度互成余角。

太阳高度角 α_S 的计算为

$$\sin\alpha_S = \sin\delta\sin\phi + \cos\delta\cos\phi\cos\omega \tag{2-18}$$

式中　　ϕ——当地纬度。

天顶角 θ_Z 也可由下式获得

$$\cos\theta_Z = \sin\delta\sin\phi + \cos\delta\cos\phi\cos\omega \tag{2-19}$$

2.5.2　太阳方位角

如图 2-10 所示，从地面某一观察点向太阳中心作的这条射线在地面上的投影线与正南方的夹角 γ_S 为太阳的方位角。γ_S 可计算为

$$\cos\gamma_S = \frac{\sin\alpha_S\sin\phi - \sin\delta}{\cos\alpha_S\cos\phi} \tag{2-20}$$

$$\sin\gamma_S = \frac{\cos\delta\sin\omega}{\cos\alpha_S} \tag{2-21}$$

2.5.3　太阳入射角

如图 2-10 所示，太阳光线与投射表面法线之间的夹角 θ，称为太阳光线的入射角。太阳光线可分为两个分量，垂直分量和平行分量。只有前者的辐射能被投射表面所截取。由此可见，实际应用中，入射角 θ 越小越好。

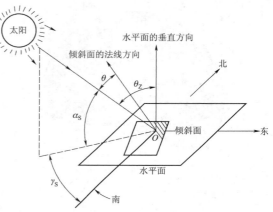

图 2-10　太阳光线相关角度示意图

2.6　日照时间

太阳在地平线出没的瞬间，其太阳高度角 $\alpha_S = 0$。若不考虑地表曲率及大气折射的影响，根据式（2-21），可得日出日没时角为

$$\cos\omega_\theta = -\tan\phi\tan\delta \tag{2-22}$$

式中　ω_θ——日出、日没时角，正为日没时角，负为日出时角。

对于北半球，当 $-1 \leqslant -\tan\phi\tan\delta \leqslant 1$，解式（2-22）有

$$\omega' = \arccos(-\tan\phi\tan\delta) \tag{2-23}$$

所以日出时角 $\omega_{\theta r} = -\omega'$，日落时角 $\omega_{\theta s} = \omega'$。

求出时角 ω_θ 后，日出日没时间用 $t = 12 + \dfrac{\omega_\theta}{15°/h}$ 求出。一天中可能的日照时间为

$$N = \frac{2}{15}\arccos(-\tan\phi\tan\delta) \tag{2-24}$$

2.7 太阳常数

由地球绕太阳的运行规律可知，地球在椭圆形轨道上围绕太阳公转。地球轨道的偏心率不大，1月1日近日点时，日地距离为$147.1×10^6$km，7月1日远日点时为$152.1×10^6$km，相差约为3%。

地球轨道的偏心修正系数（工程用）

$$\xi_0 = \left(\frac{r_0}{r}\right)^2 = 1 + 0.033\cos\frac{360°n}{365} \tag{2-25}$$

式中　r_0——日地平均距离；

　　　r——观察点的日地距离；

　　　n——一年中某一天的顺序数。

以日地间距离变化来计算，不超过±3%。椭圆的偏心率不大，图2-11简略地表示了日地间的几何关系。

当日地间的距离等于一个天文单位距离（即日地间的平均距离）时，太阳的张角为$32'$。太阳本身的特征以及它与地球之间的空间关系，使得地球大气层外的太阳辐射强度几乎是一个定值。太阳常数G_{sc}，是指地球大气层外，在平均日地距离处，垂直于太阳辐射的表面上，单位面积单位时间内所接收到的太阳辐射能。Thekaekara 和 Drummond 1971年将一些测量值总结整理后提出太阳常数的标准值为1353W/m²。

实际上，大气层外的太阳辐照度随着日地距离的改变，可由式（2-26）和图2-12确定。

$$G_{on} = G_{sc}\left(1 + 0.033\cos\frac{360°n}{365}\right) \tag{2-26}$$

式中　G_{on}——一年中第n天在法向平面上测得的大气层外的辐照度；

　　　G_{sc}——太阳常数；

　　　n——所求日期在一年中的日子数。

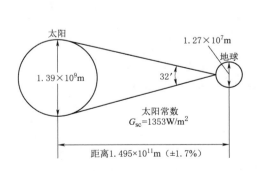

图2-11　太阳-地球几何关系

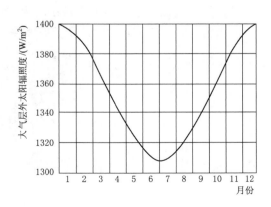

图2-12　大气层外太阳辐照度与月份的关系

2.8 与太阳辐射相关的名词

直射辐射：发自日面及日周 6×10^{-3} 球面度立体角并入射到与该立体角轴线相垂直的平面上的辐射。

散射辐射：太阳辐射遇到大气中的气体分子、尘埃等产生散射，以漫射形式到达地球表面的辐射能。

太阳总辐射：地球表面某一观测点水平面上接收太阳的直射辐射与太阳散射辐射的总和。

2.9 地球大气层外水平面上的太阳辐射

任何地区、任何一天白天的任意时刻，大气层外水平面上的太阳能辐照度为

$$G_0 = G_{sc}\left[1+0.033\cos\left(\frac{360°n}{365}\right)\right]\cos\theta_Z \tag{2-27}$$

式中　G_{sc}——太阳常数；

n——所求日期在一年中的日子数，$\cos\theta_Z$ 可从式（2-19）求得

$$G_0 = G_{sc}\left[1+0.033\cos\left(\frac{360°n}{365}\right)\right](\sin\phi\sin\delta+\cos\phi\cos\delta\cos\omega) \tag{2-28}$$

常常需要知道大气层外水平面上，1天内的太阳辐射量，它可以通过对上式从日出到日落时间区间内的积分求出。太阳常数的单位是 W/m^2，H_0 的单位就是 J/m^2。

$$H_0 = \frac{24\times3600 G_{sc}}{\pi}\left[1+0.033\cos\left(\frac{360°n}{365}\right)\right]\left[\cos\phi\cos\delta\sin\omega_s+\frac{2\pi\omega_s}{360°}\sin\phi\sin\delta\right] \tag{2-29}$$

式中　ω_s——日落时角，（°），可用式（2-23）求出。

若要求大气层外水平面上，月平均1天内太阳的辐射量 H_0，只要将表2-1上规定的月平均日的 n 和 δ，代入式（2-29）计算。

至于计算大气层外水平面上，每小时内太阳的辐射量 I_0，可通过对式（2-28）在1h内的积分求得。ω_1 对应1h的起始角，ω_2 是终了时角，ω_2 大于 ω_1。

$$I_0 = \frac{12\times3600}{\pi}G_{sc}\left[1+0.033\cos\left(\frac{360°n}{365}\right)\right]\left[\cos\phi\cos\delta(\sin\omega_2-\sin\omega_1)+\frac{2\pi(\omega_2-\omega_1)}{360°}\sin\phi\sin\delta\right]$$
$$\tag{2-30}$$

若 ω_1 和 ω_2 定义的时间区间不是一个小时，式（2-30）仍然成立。

2.10 大气层对太阳辐射的影响

2.9节讨论了大气层外辐照度和辐射量的计算公式，虽然大气层厚度约为 30km，不及地球直径的 1/400，却对太阳辐射的数量和分布都有较大的影响，到达地面的太阳辐射

量会因大气的吸收、反射和散射而变化。本节讨论影响太阳辐射的主要因素。

1. 大气质量

到达地面的太阳辐照度与太阳光线通过大气层时的路径长短有关，路径越长表示被大气吸收、反射、散射的可能越多，到达地面的越少。把太阳直射光线通过大气层时的实际光学厚度与大气层法向厚度之比叫做大气质量，以符号 m 表示。前文已经定义过太阳高度角和天顶角，它们互为余角 $\alpha_S = 90° - \theta_Z$，如图 2-13 所示。

$$m = \sec\theta_Z = \frac{1}{\sin\alpha_S}(0° < \alpha < 90°) \tag{2-31}$$

由图 2-13 可见，当时 $\theta_Z = 0$，太阳在天顶 $m = 1$；当 $\theta_Z = 60°$ 时，$m = 2$。太阳高度角 α_S 越小，m 越大，地面受到的太阳辐射就越少，当 $\alpha_S = 0°$ 时，对应于太阳落山的情形。夏至时，处于北回归圈地区，该天的赤纬角 δ 正好和地理纬度 φ 相等，午时太阳高度角 $\alpha_S = 90°$ 使 $m = 1$，阳光最强烈。这天北极的太阳高度角为 $23.5°$。尽管日照 24h，但太阳光线通过大气层的路径约为北回归线处的 2.5 倍，辐照度较小，加上冰雪的高反射率，不易吸收阳光等因素，是造成极区严寒的原因。

图 2-14 给出 5 种不同大气质量的太阳辐射光谱，$m = 0$、1、4、7、10。它们是在很洁净大气条件下绘制的，大气凝结水高度为 20mm，臭氧层为 3.4mm。其中 $m = 0$，代表大气层外的太阳辐射光谱，不受大气层影响。

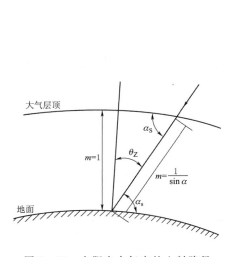

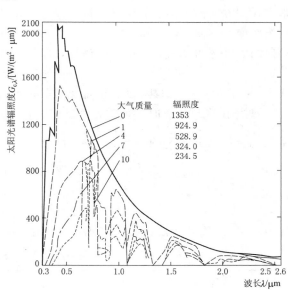

图 2-13 太阳在大气中的入射路径　　　　图 2-14 不同大气质量时的太阳辐射光谱

2. 散射和吸收

大气质量 m 只是从一个方面反映大气层对太阳辐射的影响。大气中的空气分子、水蒸气和灰尘使太阳光线的能量减小并改变其传播方向，这种衰减和变向的综合作用成为散射，还要考虑大气中氧、臭氧、水分、二氧化碳对辐射的吸收作用。图 2-15 表明，紫外

线部分主要被 O_3 吸收，红外线由 H_2O 及 CO_2 吸收。小于 $0.29\mu m$ 的短波几乎全被大气层的臭氧吸收，在 $0.29\sim0.35\mu m$ 范围内臭氧的吸收能力降低，但在 $0.6\mu m$ 处还有一个弱吸收区。水蒸气在 1.0、1.4 和 $1.8\mu m$ 处都有强吸收带。大于 $2.3\mu m$ 的辐射大部分被 H_2O 及 CO_2 吸收，到达地面时不到大气层外辐射的 5%。考虑到大气的散射和吸收，到达地面的太阳辐射中紫外线范围占 5%（大气层外为 7%），可见光占 45%（大气层外为 47.3%），红外线占 50%（大气层外为 45.7%）。

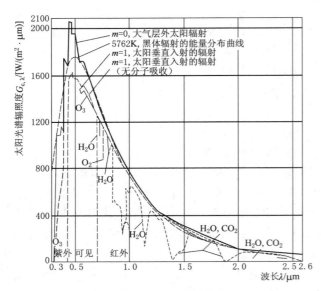

图 2-15　太阳辐射被大气吸收的分布情况

3. 大气透明度

大气透明度 τ（或浑浊度）是另一重要指标。它是气象条件、海拔、大气质量、大气组成（如水汽、气溶胶含量）等因素的复杂函数。中外科学家在这方面做了许多的研究，想通过建立大气透明度的精确模型直接计算到达地面的太阳辐照度。下面介绍 Hottle（1976 年）提出的标准晴空大气透明度计算模型。对于直射辐射的大气透明度 τ_b，可由下式计算，即

$$\tau_b = a_0 + a_1 e^{-k/\cos\theta_Z} \tag{2-32}$$

式中　a_0，a_1，k——具有 23km 能见度的标准晴空大气的物理常数。

海拔小于 2.5km 时，可首先算出相应的 a_0^*，a_1^* 和 k^*，再通过考虑气候类型的修正系数 $r_0 = \dfrac{a_0}{a_0^*}$，$r_1 = \dfrac{a_1}{a_1^*}$ 和 $k = \dfrac{k_0}{k^*}$，最后求出 a_0，a_1 和 k；a_0^*，a_1^* 和 k^* 的计算为

$$a_0^* = 0.4237 - 0.00821(6-A)^2 \tag{2-33}$$

$$a_1^* = 0.5055 + 0.00595(6.5-A)^2 \tag{2-34}$$

$$k^* = 0.2711 + 0.01858(2.5-A)^2 \tag{2-35}$$

式中　A——海拔，km。修正系数由表 2-2 给出。

表 2-2　　　　　　　　　　考虑气候类型的修正系数

气候类型	r_0	r_1	k
亚热带	0.95	0.98	1.02
中等纬度，夏天	0.97	0.99	1.02
高纬度，夏天	0.99	0.99	1.01
中等纬度，冬天	1.03	1.01	1.00

对于散射辐射，相应的大气透明度为

$$\tau_d = 0.2710 - 0.2939\tau_b \tag{2-36}$$

式（2-36）是在标准晴空（23km能见度）下考虑了大气质量（即太阳天顶角）、海拔和四种气候类型所建的数学模型。我国学者通过大气中水汽和气溶胶含量、大气质量以及海拔高度等因素研究大气透明度，也取得很好的结果。用他们的公式反演地面可能的辐照度与实测结果比较一致。

4. 云

云对太阳辐射有明显的吸收和反射作用，它是研究大气影响的一个综合指标。云的形状和大气质量对太阳辐射的影响如图 2-16 所示。为了使用方便，把图上的数字列成表 2-3。通常把云量分为 11 级（由 0～10），按云占天空面积的百分比来区分。例如大气质量 $m=1.1$ 时，天空全部由雾占满，这时辐射量仅为晴天的 17%；如布满绢云则为 85% 等。

表 2-3　　　　　　　　辐照度在全天云与全天晴相比时的百分率　　　　　　　　　%

大气质量 m	绢云	绢层云	高积云	高层云	层积云	层云	乱层云	雾
1.1	85	84	52	41	35	25	15	17
1.5	84	81	51	41	34	25	17	17
2.0	84	78	50	41	34	25	19	17
2.5	83	74	49	41	33	25	21	18
3.0	82	71	47	41	32	24	25	18
3.5	81	68	46	41	31	24		18
4.0	80	65	45	41	31			18
4.5					30			19
5.0					29			19

到达吸热器表面的太阳辐射〔辐照度（W/m²）或辐射量（J/m²）〕受许多因素影响，归纳起来有以下方面：

（1）天文、地理因素：日地距离的变化，太阳赤纬，太阳时角，地理经纬度，海拔和气候等。

（2）大气状况：云量，大气透明度，大气组成及污染程度（灰尘粒子密度，二氧化碳和氯氟烃等的含量）。

（3）接收器设计考虑：接收器的倾斜角和方位角，是否采用选择性涂层，采用平板型还是聚光型，安装场地周围的辐射是否受到大树或建筑阻挡等。

由于因素太多、随机性很强，要

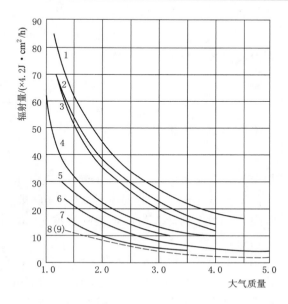

图 2-16　不同云形在不同大气质量下对太阳辐射的影响
1—晴天；2—绢云；3—绢层云；4—高积云；5—高层云；
6—层积云；7—层云；8—乱层云；9—雾

完全依靠理论计算难于取得精确结果。目前，普遍采用如下方法：用辐射仪实测水平面上的辐射数据，常用的有月平均的日总量和小时总量两种；在大量实验统计基础上，用若干相关的气候参数整理出相关关系式，借助它们将水平面上的实测总量分解为直射和散射两部分；最后用公式计算接收器在任意方位上接受到的太阳辐射量。

2.11 太阳辐射量的计算

太阳辐射量是太阳能系统设计中最重要的数据。对于没有实测辐射数据的地方，一是根据邻近地区的实测值用插值法推算；二是用相对容易测量的太阳持续时间（日照百分率）或云量等数据推算。有气象观测站的地方，通常是测量水平面上的总辐射，问题是如何将它分解为相应的直射和散射辐射，最后将它们转换到处于不同方位的接收器上去。

1. 标准晴天水平面上辐射量的计算

2.10 节已给出标准晴空大气透明度的计算模型，用它就不难求出晴天时水平面上的辐照度，即

$$G_{c \cdot n \cdot b} = G_{o \cdot n} \tau_b \tag{2-37}$$

式中　τ_b——晴天，直射辐射的大气透明度，可用式（2-33）～式（2-36）计算；

$G_{o \cdot n}$——大气层外，垂直于辐射方向上的太阳辐照度，可由式（2-26）计算；

$G_{c \cdot n \cdot b}$——晴天，垂直于辐射方向上的直射辐照度。

水平面上的直射辐照度为

$$G_{c \cdot b} = G_{o \cdot n} \tau_b \cos\theta_Z \tag{2-38}$$

水平面上小时直射辐射量为

$$I_{c \cdot b} = I_{o \cdot n} \tau_b \cos\theta_Z = 3600 G_{c \cdot b} \tag{2-39}$$

相对应的散射辐射部分计算为

$$G_{c \cdot d} = G_{o \cdot n} \tau_d \cos\theta_Z \tag{2-40}$$

$$I_{c \cdot d} = I_{o \cdot n} \tau_d \cos\theta_Z = 3600 G_{c \cdot d} \tag{2-41}$$

水平面上的小时辐射量为

$$I_c = I_{c \cdot b} + I_{c \cdot d} \tag{2-42}$$

把全天各个小时的辐射量 I_c 加起来，就是晴天水平面上的总辐射量 H_c。

大气透明度无论是 τ_b 还是 τ_d 都是大气质量（$m = 1/\cos\theta_Z$）的函数，而天顶角 θ_Z 随时间不断变化。考虑到计算精度，把时段取为小时，并以该小时中点所对应的时角 ω 来计算有关的量。

运用以上公式，可算出每小时的 $I_{c \cdot b}$ 和 $I_{c \cdot d}$，结合相关公式，可将每小时实测的辐射量 I 分解为 I_b 和 I_d 两部分。这些是计算任何倾斜平面上每小时辐射量的基础。按小时累计后可求得晴天水平面上的总辐射量 H_c（或 $\overline{H_c}$）。

例 2-1　求麦迪逊（$\phi = 43°N$，海拔为 270m）8 月 22 日 11：30（$\omega = -7.5°$）标准晴空的大气透明度（τ_b 和 τ_d），以及 11：00—12：00，水平面上晴空条件下的 I_c。

解： 8月22日的日子数 $n=234$，$\delta=11.4°$。由式（2-21）求出 $\cos\theta_Z=0.846$。根据 $A=0.27\text{km}$，用式（2-39）～式（2-42）确定标准晴空的大气透明度。则有

$$a_0^*=0.4237-0.00821(6-0.27)^2=0.154$$

$$a_1^*=0.5055+0.00595(6.5-0.27)^2=0.736$$

$$k^*=0.2711+0.01858(2.5-0.27)^2=0.363$$

按照中纬度夏天时，修正系数 r_0，r_1，k，由表2-2中查出，即

$$r_0=0.97,r_1=0.99,k=1.02$$

则有

$$\tau_b=0.154\times0.97+0.736\times0.99\times e^{-0.363\times1.02/0.846}=0.62$$

$G_{o \cdot n}$ 由式（2-26）算出 1325W/m^2，则有

$$G_{c \cdot b \cdot n}=G_{o \cdot n}\tau_b=1325\times0.62=822\text{W/m}^2$$

$$G_{c \cdot b}=G_{o \cdot n}\tau_b\cos\theta_Z=822\times0.846=695\text{W/m}^2$$

$$\tau_d=0.2710-0.2939\times0.62=0.089$$

$$G_{c \cdot d}=G_{o \cdot n}\tau_d\cos\theta_Z=1325\times0.089\times0.846=100\text{W/m}^2$$

相应的，则有

$$I_{c \cdot b}=3600\times695=2.50\text{MJ/m}^2$$

$$I_{c \cdot d}=3600\times100=0.36\text{MJ/m}^2$$

$$I_c=I_{c \cdot b}+I_{c \cdot d}=2.86\text{MJ/m}^2$$

这是11：00—12：00（用中点11：30来代表）的晴天辐射量，用类似方法对日照时间内每小时都进行详细计算，结果见表2-4。

表2-4　　　　　　　　　　　　　例2-1 计算结果

时　间	n_0	I_n（法向）/（MJ/m²）	$I_{c \cdot b}$（水平面）/（MJ/m²）	τ_d	$I_{c \cdot b}$/（MJ/m²）	I_c/（MJ/m²）
11：00—12：00，12：00—13：00	0.620	2.96	2.50	0.089	0.36	2.86
10：00—11：00，13：00—14：00	0.608	2.90	2.31	0.092	0.35	2.66
9：00—10：00，14：00—15：00	0.580	2.77	1.95	0.101	0.34	2.29
8：00—9：00，15：00—16：00	0.531	2.53	1.44	0.115	0.31	1.75
7：00—8：00，16：00—17：00	0.445	2.12	0.87	0.140	0.27	1.14
6：00—7：00，17：00—18：00	0.290	1.38	0.31	0.186	0.20	0.51
5：00—6：00，18：00—19：00	0.150	0.72	0.03	0.227	0.04	0.07

全天直射辐射量是表2-4第四列之和的2倍，即 18.8MJ/m^2，标准晴天总辐射量是第七列之和的2倍，即 22.6MJ/m^2。

2. 晴空指数和相关关系式

衡量天气好坏指标之一是晴空指数。$\overline{K}_T$ 是月平均的晴空指数，它是水平面上月平均日辐射与大气层月平均日辐射之比

$$\overline{K_T} = \frac{\overline{H}}{\overline{H_0}} \qquad (2-43)$$

式中 $\overline{H}$——水平面上月平均日辐射量。

相应地能定义一天的晴空指数 K_T，它是某天的日辐射量与同一天大气层外日辐射量之比

$$K_T = \frac{H}{H_0} \qquad (2-44)$$

一小时的晴空指数 k_T 和 $k_{T \cdot c}$ 则分别为

$$k_T = \frac{I}{I_0} \qquad (2-45)$$

$$k_{T \cdot c} = \frac{I}{I_c} \qquad (2-46)$$

式中，H 和 I 是用总辐射器在水平面上实测的辐射量，其中 I 为小时辐射量，H 是晴天水平面上的总辐射量；I_c 可用例 2-1 中提供的方法计算，这里把 I_c 也看做计算的起始数据。

把水平面上的总辐射分解成直射辐射和散射辐射的两个分量，在太阳能应用中具有实际意义。首先，将水平面上的辐射数据转换到倾斜平面时，要求对直射和散射辐射分别处理；其次，在聚光型吸热器中，散射辐射不能聚焦，只能利用其中的直射辐射。

分解方法的实质是在大量统计实验数据基础上建立散射的百分率与晴空指数之间的相关关系式。下面介绍四种与晴空指数相对应的相关关系式。

(1) $k_T = I/I_0$ 与 I_d/I 的相关。相关曲线在图 2-17 上表示，公式为

$$\frac{I_d}{I} = \begin{cases} 1.0 - 0.249 k_T, & k_T \leqslant 0.35 \\ 1.557 - 1.84 k_T, & 0.35 < k_T \leqslant 0.75 \\ 0.177, & k_T > 0.75 \end{cases} \qquad (2-47)$$

(2) $k_{T \cdot c} = I/I_c$ 与 I_d/I 的相关。相关曲线在图 2-18 上表示，公式为

$$\frac{I_d}{I} = \begin{cases} 1.00 - 0.1 k_{T \cdot c}, & 0 \leqslant k_{T \cdot c} \leqslant 0.48 \\ 1.11 + 0.0396 k_{T \cdot c} - 0.789 \times (k_{T \cdot c})^2, & 0.48 < k_{T \cdot c} < 1.10 \\ 0.20, & k_{T \cdot c} \geqslant 1.10 \end{cases} \qquad (2-48)$$

(3) $k_T = H/H_0$ 与 H_d/H 的相关。相关曲线在图 2-19 上表示，公式为

$$\frac{H_d}{H} = \begin{cases} 0.99, & k_T \leqslant 0.17 \\ 1.188 - 2.272 k_T + 9.473 k_T^2 - 21.865 k_T^3 + 14.648 k_T^4, & 0.17 < k_T \leqslant 0.75 \\ -0.54 k_T + 0.632, & 0.75 < k_T < 0.80 \\ 0.20, & k_T \geqslant 0.80 \end{cases}$$

$$(2-49)$$

(4) $\overline{K_T} = \overline{H}/\overline{H_0}$ 与 $\overline{H_d}/\overline{H}$ 的相关。相关曲线在图 2-20 上表示，公式为

$$\frac{\overline{H_d}}{\overline{H}} = 0.775 + 0.00653 \times (\omega_s - 90) - [0.505 + 0.00455 \times (\omega_s - 90)] \cos(115 \overline{K_T} - 103)$$

$$(2-50)$$

式中 ω_s——日落时角。

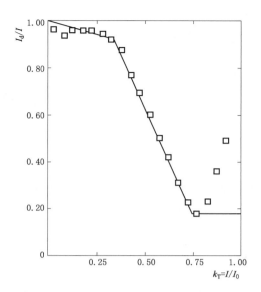

图 2-17　I_d/I 与 I/I_0 的相关曲线

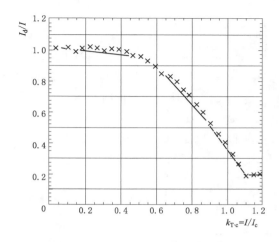

图 2-18　I_d/I 与 I/I_c 的相关曲线

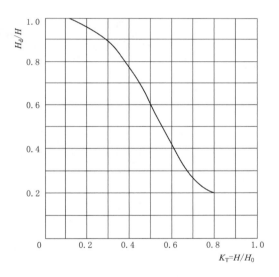

图 2-19　H_d/H 与 H/H_0 的相关曲线

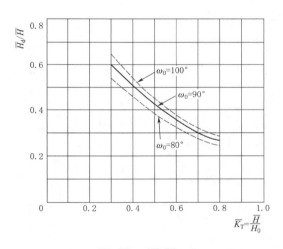

图 2-20　$\overline{H_d}/\overline{H}$ 与 $\overline{H}/\overline{H_0}$ 的相关曲线

3. 已知日辐射总量，如何估算小时辐射量

假定某日是中等天气，即处于晴天和全阴之间，已知总辐射量，要准确推算每小时的辐射量就不很容易，因为中等总量可由各种天气情况形成。如一天中曾出现过间歇性的浓云或者是连续的淡云，总量可以相同，但每小时的辐射量可能差别很大。下面介绍的方法是统计了许多气象站的数据，用月平均日的辐射来推算每小时辐射量，应当指出，在晴天条件下计算结果与实际情况比较吻合。

图 2-21 所示为小时总辐射量与月平均每日水平总辐射量之比。与图 2-21 相对应的

公式为

$$r_t = \frac{I}{H} = \frac{\pi}{24} (a + b\cos\omega) \frac{\cos\omega - \cos\omega_s}{\sin\omega_s - \left(\frac{2\pi\omega_s}{360°}\right)\cos\omega_s} \tag{2-51}$$

其中
$$\begin{cases} a = 0.409 + 0.5016\sin(\omega_s - 60°) \\ b = 0.6609 - 0.4767\sin(\omega_s - 60°) \end{cases} \tag{2-52}$$

式中 r_t——一小时总辐射与全天总辐射之比;

ω——小时中间点的时角;

ω_s——日落时角。

图 2-22 给出一套确定 r_d 的曲线,r_d 代表小时数散射辐射与全天散射辐射之比,它和式(2-51)类似,都是时间和昼长的函数。和图 2-22 相对应的公式是

$$r_d = \frac{I_d}{H_d} = \frac{\pi}{24} \frac{\cos\omega - \cos\omega_s}{\sin\omega_s - \left(\frac{2\pi\omega_s}{360°}\right)\cos\omega_s} \tag{2-53}$$

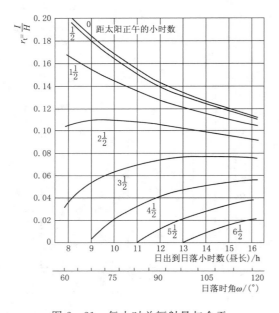

图 2-21 每小时总辐射量与全天
总辐射量之比

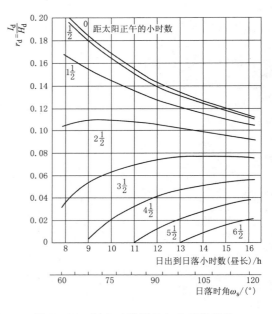

图 2-22 每小时散射量与全天散射量
之比(水平面上)

例 2-2 已知西安 8 月 16 日水平面上总辐射量是 27.1MJ/m²,已知 $H_0 = 37.0$MJ/m²,求 13:00—14:00 间水平面上的辐射量,其中直射和散射辐射量又各为多少?

解: 这一天 $\delta = 13.5°$,西安 $\phi = 34.3°$N,故可得

$$N = \frac{2}{15}\cos^{-1}(-\tan\phi\tan\delta) = 13.25$$

中间点的时角为 $\omega = 22.5°$,$\omega_s = 99.42°$。

将以上数据代入式(2-52),求出 $a = 0.7275$,$b = 0.3582$,再用式(2-51)求得

$r_t = 0.119$。

$I = Hr_t = 27.1 \times 0.119 = 3.22 \text{MJ/m}^2$，是该小时内的总辐射量。

用类似方法在图 2-22 上[或用式(2-53)]，可得 $r_d = \dfrac{I_d}{H_d} = 0.112$。要求该小时内的散射辐射量需借助相关关系式(2-49)(或图 2-22)。

$$K_T = \frac{H}{H_0} = \frac{27.1}{37.0} = 0.7324$$

$$H_d / H = 0.23$$

$$H_d = 27.1 \times 0.23 = 6.23 \text{MJ/m}^2$$

$$I_d = H_d r_d = 0.698 \text{MJ/m}^2$$

利用 $I = I_b + I_d$，得 $I_b = 3.22 - 0.698 = 2.52 \text{MJ/m}^2$。该小时水平面上总辐射量为 3.22MJ/m^2，其中直射辐射量为 2.52MJ/m^2，散射辐射量为 0.698MJ/m^2。

这是根据一天总辐射，求出每小时直射和散射量的基本方法。

2.12　接收器表面的太阳直射辐射

接收器表面的太阳直射辐射分量计算公式为

$$I_{bt} = I_b R_b \tag{2-54}$$

$$R_b = \frac{\cos\theta}{\cos\theta_z}$$

式中　　R_b——修正因子；

　　　　θ——接收器表面上太阳光的入射角；

　　　　θ_Z——太阳天顶角。

2.13　世界及中国太阳能分布简述

气候学家根据太阳辐射在纬度间的差异，将世界划分为 4 个气候带，其范围是：赤道带至南北纬（10°以内），热带纬度至回归线（10°～23.5°），温带回归线至极圈（23.5°～66.5°），寒带极圈以内（66.5°～90°）。

世界太阳能资源分布情况如下：丰富程度最高地区为印度、巴基斯坦、中东、北非、澳大利亚和新西兰；丰富程度中高地区为美国、中美和南美南部；丰富程度中等地区为欧洲西南、巴西、东南亚、大洋洲、中国、朝鲜和中非；丰富程度中低地区为东欧和日本；丰富程度最低地区为加拿大和欧洲。

中国是世界上太阳能资源最丰富的地区之一，特别是西部地区，年日照时间达 3000h 以上。太阳能资源最丰富的是青藏高原地区，可与世界上太阳能资源最好的印巴地区相媲美。全国 2/3 以上的地区年日照大于 2000h，年均辐射量约为 5900MJ/m^2。青藏高原、内蒙古、宁夏、陕西等西部地区光照资源尤为丰富，而中国无电地区大多集中于此。

2.14　小结

本章主要介绍了太阳和太阳辐射的相关知识，帮助读者系统了解太阳能的主要来源，掌握基础概念，重点掌握太阳辐照度等太阳能系统设计中重要数据的计算方法。

第 3 章 太阳辐射的透过、吸收、反射及光谱选择性材料

3.1 物体及其表面的光辐射性质

如图 3-1 所示，当光辐射能量 Q 投射到物体表面时，一部分能量 Q_α 被物体吸收，一部分能量 Q_ρ 被物体表面反射，其余能量 Q_τ 则透过物体投射到另一个空间。根据能量守恒原理，有

$$Q = Q_\alpha + Q_\rho + Q_\tau \qquad (3-1)$$

把式（3-1）的每一项除以总能量 Q 得

$$1 = Q_\alpha/Q + Q_\rho/Q + Q_\tau/Q \qquad (3-2)$$

令 $\dfrac{Q_\alpha}{Q} = \alpha$，$\dfrac{Q_\rho}{Q} = \rho$，$\dfrac{Q_\tau}{Q} = \tau$，由式（3-2）可知

$$\alpha + \rho + \tau = 1 \qquad (3-3)$$

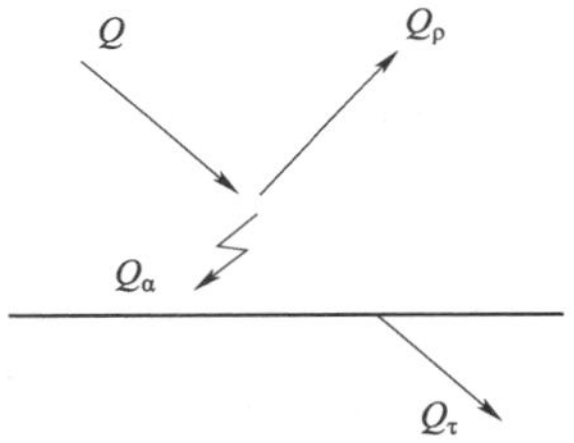

图 3-1 透过、吸收和反射能量示意图

式中 α——吸收率，被物体所吸收的辐射能与投射到该物体表明上的总辐射能之比；

ρ——反射率，被物体表面所反射的辐射能与投射到该物体表明上的总辐射能之比；

τ——透过率，透过物体的辐射能与投射到该物体表明上的总辐射能之比。

当 $\tau = 1$ 时，称为全透明体；当 $\alpha = 1$ 时，称为黑体；当 $\rho = 1$ 时，称为白体。当 $\tau = 0$ 时，即 $\alpha + \rho = 1$，称为不透明体；当 $\alpha + \rho + \tau = 1$ 时，称为半透明体。实际常用的工程材料，大都为半透明体或不透明体。

3.2 半透明体对太阳辐射的吸收、透过和反射

3.2.1 射线在不同介质分界面上的入射、折射及反射

设辐射能 I_λ 以入射角 i_1 投射到介质 1 和介质 2 的分界面 AB 上，由于物质的辐射特性可知，一部分能量被反射回介质 1，另一部分则透入介质 2，如图 3-2 所示。

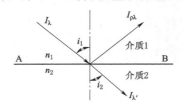

图 3-2　射线在不同介质分界面上的入射、折射及反射

根据菲涅耳定律，在介质 1 和介质 2 的分界面上，界面的一次反射率 ρ_λ 为

$$\rho_\lambda = \frac{I_{\rho\lambda}}{I_\lambda} = \frac{1}{2}\left[\frac{\sin^2(i_2-i_1)}{\sin^2(i_2+i_1)} + \frac{\tan^2(i_2-i_1)}{\tan^2(i_2+i_1)}\right] \qquad (3-4)$$

式中　i_1——入射角；

i_2——折射角。

式（3-4）实际上是非偏振辐射的反射率公式，中括号中的每一项分别是两个偏振分量的每一分量的反射率。

根据几何光学，入射角与折射角的关系为

$$\frac{\sin i_2}{\sin i_1} = \frac{n_1}{n_2} \qquad (3-5)$$

表 3-1 列出了部分太阳电池组件及聚光器常用材料的对应折射指数以用于计算太阳电池组件及聚光器表面入射、折射及反射角度。

表 3-1　　　　　　　某些介质在可见光区的折射指数

介　质	折　射　指　数	介　质	折　射　指　数
空气	1.00	聚碳酸酯	1.59
水	1.33	聚氟乙烯	1.45
玻璃	1.526		

当射线以法线方向入射时，$i_1 = i_2 = 0$，应用光的折射定律有

$$\rho_{\lambda(0)} = \left(\frac{n_1-n_2}{n_1+n_2}\right)^2 \qquad (3-6)$$

式中　$\rho_{\lambda(0)}$——波长为 λ 的射线，法向入射时的界面一次反射率。

如果其中的一种介质是空气，即折射率为 1，则有

$$\rho_{\lambda(0)} = \left(\frac{n-1}{n+1}\right)^2 \qquad (3-7)$$

3.2.2 射线通过半透明介质的吸收与透过

3.2.2.1 忽略半透明体吸收的透过率（仅考虑反射）

在太阳能利用中，要求太阳辐射透过透明板或透明层，因此每个盖层都有两个交界面

要引起反射损失。在这种情况下，假定盖层界面的两边都是空气，对于每一个偏振分量，光束在第二表面处的减少与在第一表面处的相同。

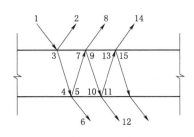

图 3-3　单层半透明介质透过、吸收及反射示意图（透过率仅考虑反射时）

如图 3-3 所示，忽略在板中的吸收，投射光束的 $(1-\rho)$ 部分到达第二界面。在这部分中，$(1-\rho)^2$ 通过界面，而 $\rho(1-\rho)$ 反射回到第一界面，以此类推。设入射光辐照度为 I，则：点 2 处的辐照度 $I\rho$；点 3 处的辐照度为 $(1-\rho)I$；点 4 处的辐照度为 $(1-\rho)I$；点 5 处的辐照度为 $(1-\rho)\rho I$；点 6 处的辐照度为 $(1-\rho)^2 I$；点 7 处的辐照度为 $(1-\rho)\rho I$；点 8 处的辐照度为 $(1-\rho)^2\rho I$；点 9 处的辐照度为 $(1-\rho)\rho^2 I$；点 10 处的辐照度为 $(1-\rho)\rho^2 I$；点 11 处的辐照度为 $(1-\rho)\rho^3 I$；点 12 处的辐照度为 $(1-\rho)^2\rho^2 I$；点 13 处的辐照度为 $(1-\rho)\rho^3 I$；
点 14 处的辐照度为 $(1-\rho)^2\rho^3 I$。

叠加所得到的项，对于一层盖层忽略吸收时的透过率为

$$\tau_{r,1} = (1-\rho^2)\sum_{n=0}^{\infty}\rho^{2n} = \frac{(1-\rho)^2}{1-\rho^2} = \frac{1-\rho}{1+\rho} \tag{3-8}$$

对于一个同种材料的 n 层盖层的系统，类似的分析得出

$$\tau_{r,n} = \frac{1-\rho}{1+(2n-1)\rho} \tag{3-9}$$

此关系式对于两个偏振分量的每一个分量都是成立的。对于非偏振光的透过率取两个分量的平均透过率来求得。其中，对于小于 40° 的角，透过率可用非偏振光反射率公式 n 层盖层的系统公式进行估算。

3.2.2.2　仅考虑半透明体吸收的透过率

辐射在半透明介质中的吸收是用布格尔定律来描述的，这个定律这样假设：如图 3-4 所示，波长为 λ 的太阳辐射通过半透明介质中厚度为 dx 的薄层后，其辐射强度将减少 dI_λ。可以认为，dI_λ 与 dx 及入射强度 I_λ 的乘积成正比，即

$$dI_\lambda = -K_\lambda I_\lambda dx \tag{3-10}$$

式中　K_λ——半透明介质的消光系数，由介质物性决定。

对式（3-10）从 0 到 X 进行积分，可得

$$I_{\lambda\tau} = I_{0\lambda}\exp(-K_\lambda X) \tag{3-11}$$

当光线所经过的路线长度为 L 时，式（3-11）写为

$$I_{\lambda\tau} = I_{0\lambda}\exp(-K_\lambda L) \tag{3-12}$$

其中

$$L = \frac{d}{\cos i_2} \tag{3-13}$$

式中　$I_{\lambda\tau}$——经过半透明层后，波长为 λ 的太阳辐射强度；

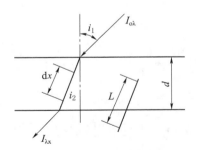

图 3-4　射线通过半透明介质的吸收与透射

$I_{0\lambda}$——刚进入半透明层时，波长为 λ 的太阳辐射强度；

K_λ——介质的消光系数；

L——射线透过薄层时的路程长度；

d——为透明层的厚度。

则仅考虑半透明体吸收的透过率为

$$\tau_a = \frac{I_{\lambda\tau}}{I_{0\lambda}} = \exp(-K_\lambda L) \qquad (3-14)$$

3.2.2.3 同时考虑反射和吸收的透过率

光线通过半透明介质的透射率

$$\tau = \tau_r \tau_a \qquad (3-15)$$

若 KL 乘积很小（即 τ_a 接近 1），这是一个令人满意的关系式。对于太阳集热器，在实际有意义的角度下此条件总是满足的。注意，这个近似公式虽然是由一层盖板推导出的，但只要材料相同，对于多层盖板仍然适用。

光线通过半透明介质的一次吸收率 α 的计算为

$$\alpha = 1 - \tau_a = 1 - \frac{I_{\lambda\tau}}{I_{0\lambda}} = 1 - \exp(-K_\lambda L) \qquad (3-16)$$

光线通过半透明介质的反射率 ρ 为

$$\rho = \tau_a(1-\tau_r) = \tau_a - \tau \qquad (3-17)$$

3.2.3 透过率和吸收率的乘积

集热系统通常有吸收体本身和盖层系统组成。在集热系统中，通常会用到透过率和吸收率乘积的概念，用 $(\tau\alpha)$ 表示。这里的透过率 τ 指集热器的盖层在所设想角度下的透过率；吸收率 α 指集热器内吸收体表面的方向吸收率。

$$(\tau\alpha) = \frac{\tau\alpha}{1-(1-\alpha)\rho_d} \qquad (3-18)$$

式中 ρ_d——投射到盖层上的漫射辐射的反射率，即漫反射率，可以用 60° 投射角时盖层系统的漫反射率来估算。这里给出，1、2、3、4 层玻璃盖层的 ρ_d 分别为 0.16、0.24、0.29、0.32。

3.3 半透明体的有效透过率、吸收率和反射率

外界辐射投射在半透明薄层上时，光线实际上在半透明层的上、下表面及层的内部将发生复杂的发射、透射和吸收。

3.3.1 基本概念

有效反射率 ρ_e：各反射辐射光线无穷多项辐射强度之和与入射辐射强度之比。

有效透过率 τ_e：各透射光线无穷多项辐射强度之和与入射辐射强度之比。

有效吸收率 α_e：半透明介质所吸收的辐射总量与入射辐射强度之比。

3.3.2 单层半透明介质有效透过率、吸收率及反射率的计算

考虑辐射在单层半透明介质中发生如图3-5所示的透过、吸收、反射。

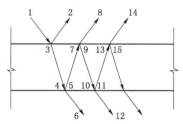

图3-5 单层半透明介质有效透过、吸收及反射示意图

假设半透明介质的一次透过率（仅考虑吸收）、吸收率及反射率分别为τ_α、α及ρ，入射光辐照度为I，则点2处的辐照度为$I\rho$；点3处的辐照度为$(1-\rho)I$；点4处的辐照度为$(1-\rho)\tau_\alpha I$；点5处的辐照度为$(1-\rho)\rho\tau_\alpha I$；点6处的辐照度为$(1-\rho)^2\tau_\alpha I$；点7处的辐照度为$(1-\rho)\rho\tau_\alpha^2 I$；点8处的辐照度为$(1-\rho)^2\tau_\alpha^2 I$；点9处的辐照度为$(1-\rho)\rho^2\tau_\alpha^2 I$；点10处的辐照度为$(1-\rho)\rho^2\tau_\alpha^3 I$；点11处的辐照度为$(1-\rho)\rho^3\tau_\alpha^3 I$；点12处的辐照度为$(1-\rho)^2\rho^2\tau_\alpha^3 I$；点13处的辐照度为$(1-\rho)\rho^3\tau_\alpha^4 I$；点14处的辐照度为$(1-\rho)^2\rho^3\tau_\alpha^4 I$；从点3到点4处的吸收量为$(1-\rho)(1-\tau_\alpha)I$；从点5~点7处的吸收量为$(1-\rho)(1-\tau_\alpha)\rho\tau_\alpha I$；从点9到点10处的吸收量为$(1-\rho)(1-\tau_\alpha)\rho^2\tau_\alpha^2 I$；从点11~点13处的吸收量为$(1-\rho)(1-\tau_\alpha)\rho^3\tau_\alpha^3 I$。

综上，单层半透明介质的有效透过率为

$$\tau_e = \frac{\sum I_{\lambda\tau}}{I} = \frac{\dfrac{(1-\rho)^2\tau_\alpha I}{1-\rho^2\tau_\alpha^2}}{I} = \frac{(1-\rho)^2\tau_\alpha}{1-\rho^2\tau_\alpha^2} \qquad (3-19)$$

单层半透明介质的有效反射率为

$$\rho_e = \frac{\sum I_{\lambda\rho}}{I} = \frac{I\rho + \dfrac{(1-\rho)^2\rho\tau_\alpha^2 I}{1-\rho^2\tau_\alpha^2}}{I} = \rho\left[1 + \frac{(1-\rho)^2\tau_\alpha^2}{1-\rho^2\tau_\alpha^2}\right] \qquad (3-20)$$

单层半透明介质的有效吸收率为

$$\alpha_e = \frac{\sum \Delta I_{\lambda\tau}}{I} = \frac{(1-\rho)(1-\tau_\alpha)}{1-\rho^2\tau_\alpha^2} + \frac{(1-\rho)(1-\tau_\alpha)\rho\tau_\alpha}{1-\rho^2\tau_\alpha^2} = \frac{(1-\rho)(1-\tau_\alpha)}{1-\rho\tau_\alpha} \qquad (3-21)$$

3.3.3 双层半透明体的有效透过率、吸收率和反射率

双层半透明介质有效透过、吸收及反射示意图如图3-6所示。按照同样的计算思路可以得到双层半透明介质有效透过率、吸收率及反射率的计算为

1. 双层半透明体的有效透过率

假设两层半透明体之间充满空气，则两层半透明体的有效透过率为

$$\tau_e = \frac{\tau_{e1}\tau_{e2}}{1-\rho_{e1}\rho_{e2}} \qquad (3-22)$$

式中 τ_{e1}、τ_{e2}——第一、二层的有效透过率；

ρ_{e1}、ρ_{e2}——第一、二层的有效反射率。

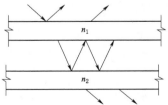

图3-6 双层半透明介质有效透过、吸收及反射示意图

2. 双层半透明体的有效反射率

$$\rho_e = \rho_{e1} + \frac{\tau_{e1}\tau_{e2}\rho_{e2}}{1-\rho_{e1}\rho_{e2}} \qquad (3-23)$$

式中　τ_{e1}、τ_{e2}——第一、二层的有效透过率；

　　　ρ_{e1}、ρ_{e2}——第一、二层的有效反射率。

3. 双层半透明体的有效吸收率

由于太阳光线在两层半透明体之间的无穷次反射，在双层半透明体中，每层的吸收率与其单独存在时的吸收率不同。

在双层半透明体中，第一层、第二层的吸收率分别为

$$\alpha^{(1)} = \alpha_{e1}\left(1 + \frac{\tau_{e1}\rho_{e2}}{1-\rho_{e1}\rho_{e2}}\right) \qquad (3-24)$$

$$\alpha^{(2)} = \alpha_{e1}\left(1 + \frac{\tau_{e1}\alpha_{e2}}{1-\rho_{e1}\rho_{e2}}\right) \qquad (3-25)$$

式中　α_{e1}、α_{e2}——第一、二层半透明体单独存在时的有效吸收率；

　　　$\alpha^{(1)}$、$\alpha^{(2)}$——在双层半透明体中第一、二层半透明体的有效吸收率。

3.4　光谱选择性材料

3.4.1　概述

1. 太阳辐射波谱

太阳辐射连续波谱包括紫外线、可见光和红外线，占据电磁波谱中 $0.3\sim3\mu m$ 的波段，其光谱能量分布如图 3-7 所示。根据科学测定，地球大气层外太空中的太阳辐射，在不同的波长范围内具有不同的辐照度和辐射能量。由此可见，地球大气层外太空中的太阳辐射，其辐射能量主要分布在可见光和红外区，分别为 46.43% 和 44.91%，紫外区只占 8.02%。

在太阳能工程中，制作光谱选择性表面的技术称为太阳能表面技术。理论和实际经验表明，太阳能表面技术是实现高效率利用太阳能的主要关键技术之一。因此，它在太阳能利用中的应用十分广泛，如太阳能集热器中的光谱选择性吸收涂层和透过涂层、太阳电池中的绒面和减反射膜等。

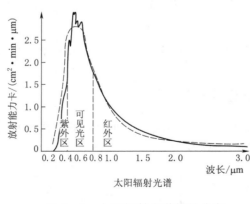

图 3-7　太阳辐射光谱能量分布

2. 太阳辐射光谱的特点

（1）太阳辐射可近似为温度约 5762K 的黑体辐射。

（2）其光谱分布在 $0.1 \sim 5\mu m$，99% 的辐射能在 $0.15 \sim 4\mu m$，其中 $0.4 \sim 0.76\mu m$ 为可见光区，大于 $0.76\mu m$ 的为红外区，小于 $0.4\mu m$ 为紫外区。

单色辐射密度与波长及温度的关系根据普朗克定律确定

$$r_b(\lambda T) = c_1 \lambda^{-5} (e^{\frac{c_2}{\lambda T}} - 1)^{-1} \tag{3-26}$$

$$c_1 = 2\pi h c_0^2$$

$$c_2 = h c_0 / k$$

式中　c_1，c_2——第一和第二辐射常数；

　　　　h——普朗克常数；

　　　　k——玻尔兹曼常数。

整个波长范围内的总能量由斯蒂芬-玻尔兹曼定律确定。

3．太阳能集热器件辐射光谱的特点

对太阳能集热器而言，即使其表面温度达 $650℃$，其向外辐射能量的 95% 仍在波长大于 $2\mu m$ 的范围内。可见，温度不太高的物体自身所辐射出去的能量与入射的太阳能辐射能在光谱上是基本分开的。因此，可以利用这种特性，设计和制备光谱选择性涂层或表面，根据不同的目的，控制特定物体对太阳辐射的吸收率、透射率、反射率及物体自身表面的发射率。

对于太阳集热器，为了提高其热效率，要求集热器吸热表面在波长为 $0.3 \sim 2.5\mu m$ 的太阳光谱范围内具有较高的吸收率 α，同时在波长为 $2.5 \sim 5.0\mu m$ 红外光谱范围内保持尽可能低的热发射率 ε，这样可以满足集热升温的需求。对于油库或易燃品仓库的外墙及屋面，可粉刷对太阳辐射具有高发射率、低吸收率的涂层，达到隔热降温的效果。

4．选择性吸收材料

选择性吸收材料对太阳能辐射的吸收率高，多呈黑色或暗色。可用作集热面吸热的选择性材料，制成涂层或薄膜加涂在光亮的金属表面上，这种涂层和金属面的组合称之为暗镜。

5．选择性透射材料

在普通的玻璃或塑料薄膜上加涂一层选择性透射涂料，可使大部分太阳辐射透过，并且对长波辐射有较高的反射率。这种涂料称之为热镜。

3.4.2　光谱选择性吸收表面的分类

现实中，理想的光谱选择性表面并不存在。大多数光洁的纯金属表面，本身具有一定的光谱选择性，它们在温度 $40℃$ 时的辐射率约为 0.05，阳光吸收率为 $0.2 \sim 0.4$，其 $\alpha/\varepsilon = 4 \sim 8$。这与理想光谱选择性吸收表面特性相距较远，对太阳能利用来说显然也不能满足要求，因此需要采用各种表面技术，对吸收表面进行表面处理，以得到各种光谱选择性涂层或膜。

根据用途，太阳能工程中常用的光谱选择性表面分为以下两类：

1．吸收—反射组合型

在光洁的金属表面上（其发射率均很低）涂一层吸收太阳辐射能力很强、而对长波辐射透过率又很高的涂层，这种涂层与金属表面的结合称之为吸收—反射型光谱选择性吸收表面。

注意，这里所谓的吸收指的是金属表面上的涂层能强烈地吸收太阳辐射，而反射指的是金属基体的金属表面对长波辐射有很强的反射能力，因而其自身的发射率较低。这里有两层含义，存在两个不同的物理过程，分别由涂层和金属表面完成。

吸收—反射组合型表面是太阳能光热、光电转换中普遍使用的一种光谱选择性表面。原则上，几乎所有的金属都可用作基体表面，目前太阳能工程中使用最多的是铜、镍和不锈钢等。薄膜涂层采用半导体材料作为吸收太阳辐射并使长波辐射透过的涂层。

（1）金属氧化物和硫化物。金属氧化物和硫化物是目前在太阳能光热转换中普遍使用的一种光谱选择性吸收涂层。由实验可知，厚度约为 $0.2\sim2\mu m$ 的薄层金属氧化物和硫化物具有太阳辐射吸收率和长波辐射透过率。如对镀镍的钢表面进行特殊处理，可制成黑镍涂层（镍-锌-硫的复合物）。镍是良好的长波辐射的反射体，并且其自身发射率较低。其他常用涂层：铜薄层为氧化铜，镍薄层为氧化铬（黑铬）。

（2）纯半导体。纯半导体（如硅和锗等）能吸收太阳辐射中能量大于其带隙能的光子，同时可透过能量较低的太阳辐射（长波部分），如硅和锗的带隙能分别为 1.11eV（对应波长约 $1.12\mu m$）和 0.67eV（对应波长约 $1.9\mu m$）。若与金属基体表面组合在一起，就可以得到光谱选择性吸收表面。

硅是太阳能光伏转换的基础材料，但硅表面的太阳反射率较高，一般为 0.3～0.4。因此，通常硅太阳电池表面都要采用蒸镀或等离子体增强化学气相沉积（plasma enhanced chemical vapor，PECVD）方法等，加涂一层减反射膜，如 SiO、TiO 和 Si_3N_4 等，以提高太阳电池的光伏转换效率。

2. 反射—吸收组合型

光谱选择性吸收表面能够最大限度地吸收太阳辐射，同时尽可能减小其自身辐射热损。自然界存在这样一种材料，对长波热辐射具有很高的反射率。设想将这种材料制成 $0.2\sim1\mu m$ 厚的极薄涂层，则能很好地透过太阳辐射。一般将具有这种特殊辐射性能的极薄层称为热镜。也就是说，这种薄层对长波辐射来说就像镜子一样，具有很高的反射率。

将热镜薄层涂于黑色基面上，两者组合在一起可构成反射-吸收组合型光谱选择性吸收表面。它的工作原理是，太阳辐射首先透过热镜，然后被黑色基面吸收。黑色基面本身没有选择性，但它的长波辐射很强且将长波辐射反射回黑色基面。因此，将热镜和基面视作一个系统，其反射率很低（但基面并无选择性）。这里同样是两层含义，存在着两个物理过程，由涂层和黑色基体表面分别完成。所以吸收—反射组合型和反射—吸收组合型相比，两者的工作原理正好相反。

具有热镜性质的是某些高掺杂半导体，研究最多的是氧化锡和氧化铟。这些半导体材料中的大量自由电子通过掺杂氟等外原子得到。材料的性质如下：

①性质与金属很接近（有时将掺杂氧化锡半导体称之为半金属）。

②与金属的差别：氧化锡的发射率在 $1\sim5\mu m$ 的波长范围内急剧下降，而金属的反射

率只在波长小于 $0.4\mu m$ 时急剧下降（即金属对太阳辐射的反射率较高）。

3.5　小结

本章主要介绍了太阳辐射的透过、吸收和反射现象，有助于在进行太阳能发电站的系统设计时更好地选择合适材料，提高太阳辐射的吸收及利用效率。

第2篇

太阳能光伏发电原理及其应用

第 4 章　太阳能光伏发电原理与太阳电池

4.1　光伏效应及太阳电池发展

　　太阳电池的工作原理是基于光生伏特效应，简称"光伏效应"（photovoltaic effect）。1893 年该效应首先被法国物理学家 A·H·贝克勒尔意外发现，他观察到两片浸在电解液中的金属电极在受到阳光照射时会产生额外的伏特电势。1876 年，在半导体硒的全固态系统中也观察到了类似的现象。随后，英国的 W.G. 亚当斯和 R.E. 戴尔便研发了以硒和氧化亚铜为材料的太阳电池。人们此后便把能够产生光伏效应的器件称为光伏器件。1941 年就有关于硅太阳电池的相关报道，但直至 1954 年美国贝尔实验室才研发出真正意义上的现代单晶硅太阳电池初代产品。因为它是首个能以适当效率（约 6%）将光能直接转化为电能的光伏器件，它的出现标志着太阳能研发工作的重大进展。在 1958 年，这种电池就被用作宇宙飞船的电源。到 20 世纪 60 年代初，供于空间应用的太阳电池设计已日趋成熟。此后十多年，由于成本高昂且能量转换效率有限，太阳电池主要被应用于空间技术。20 世纪 70 年代初，太阳电池的发展经历了一个革新阶段，能量转化效率得到了显著的提升。与此同时，人们对太阳电池在地面应用的兴趣被重新唤醒。到 20 世纪 70 年代末，在数量上地面用太阳电池已经超过了空间应用太阳电池，其成本也随着产量的增加而明显下降。20 世纪 80 年代初，出现了一些新的电池工艺，这些工艺通过试生产进行评估，为之后十年成本进一步降低奠定了基础。21 世纪初，各种不同结构材料的太阳电池被发明，其能量转化效率也经历了快速的提升，同时各种超高效率的新型太阳电池也获得长足的发展。相信在不久的将来光伏发电将进一步在可再生能源发电领域发挥重要作用。

4.2　半导体的物理特性

　　本节重点介绍对太阳电池的设计和运作非常重要的半导体。众所周知，大部分太阳电池（有机太阳电池等除外）是由各型半导体材料构成，因此，熟练掌握半导体物理特性是理解太阳电池工作原理的基础。本节将依次详细阐述构成半导体基本单位的晶格、描述半导体的两种模型、电子空穴的态密度占有率及能量分布、载流子输运性质等。

4.2.1 晶格结构与取向

本章所述的大部分光伏材料都属于半导体晶体，理想晶体的特征是组成晶体的原子有规律地周期性排列。因此可以通过小构造的单元重叠成整个晶体，而最小的这种重复单位被称为原胞。该种原胞包含了重新构建晶体中原子位置所需的全部参数，但这种原胞大多具有比较特殊的结构。因此，采用较大的单位晶胞（后简称单胞）讨论较为方便。单胞也包含了重构晶体的全部参数，但其结构较为简单。如图 4-1（a）显示了面心立方原子排列的单胞结构，而图 4-1（b）显示了其对应的原胞结构。用于定义单胞外形的三条轴（矢量 a、b 和 c）是互相垂直正交的，而原胞的三条轴则不是。单胞边长的长度被称为晶格常数（通常用字母"a"表示）。

晶体内平面的取向通常可利用密勒指数（Miller indices）系统以单胞结构来表示。如图 4-1（a）所示，用沿单胞的三条棱所做的三个矢量 a、b 和 c 作为坐标系的坐标轴，假设待定方位的平面通过坐标系原点 O，之后考虑平行于该平面且通过坐标轴上原子的下一个平面。如图 4-2，晶体平面沿每个坐标轴的截距是离原点为 1、3 和 2 个原子间隔距离，取其倒数得 1、1/3 和 1/2 再乘以他们的最小公倍数 6，最终获得具有相同比例的最小整数 6、2 和 3。因此，该平面用密勒指数表示为（623）平面。负截距可在相应的数上方加一横线表示（例如 -2 可写为 $\bar{2}$）。

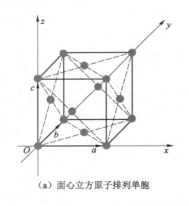

(a) 面心立方原子排列单胞　　(b) 相同原子排列原胞

图 4-1　立方原子排列矢量 a、b 和 c 是
每个方向上的单位矢量

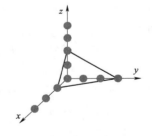

图 4-2　用密勒指数（623）
描述的晶体平面

晶体内的方向用矢量表示，并可按比例缩放，因此可用 $ha+kb+lc$ 的形式来表示。此处的 a、b 和 c 是沿着图 4-1（a）所示的坐标系的各轴的单位矢量，h、k 和 l 是整数。因此该晶格方向可用 $[hkl]$ 方向来描述，用方括号表示晶向，以区别于密勒指数所表示的晶面。对于立方单胞而言，$[hkl]$ 的晶格方向垂直于 (hkl) 晶格平面。在晶体内部存在等值平面。例如，图 4-1（a）的面心立方单胞晶格，（100）、（010）和（001）平面的

区别与原点的选择有关。一组相应的等效平面的集合被称为 {100} 集合，这种情况下就用大括号表示一组等效平面。

4.2.2　化学键模型和能带模型

半导体材料的电学属性通常可以采用两种模型来解释，分别是化学键模型和能带模型。下文将依次简单描述这两种模型，需要注意的是这两种模型描述方式并不普遍适用于所有半导体材料，但它们能较为简单地介绍杂质掺杂对半导体电子学特性的影响。

1. 化学键模型

以单晶硅为例，化学键模型是利用将硅原子相结合的共价键来描述单晶硅半导体的物理特性。图 4-3 显示了电子在二维硅晶格中的成键和移动过程，其中图 4-3（a）中每个硅原子都以共价键与四个相邻的硅原子连接，而每个共价键需要两个电子。由于硅原子共有四个价电子，因此每个共价键共用一个来自中心硅原子的电子和一个来自相邻硅原子的电子。在低温条件下，半导体显示出绝缘体的特性，不能导电。然而，在较高温度条件下，共价键的某些电子可获得足以脱离键的能量，部分共价键遭到破坏，如图 4-3（b）所示，这种情况下，有两种过程可使半导体材料导电。

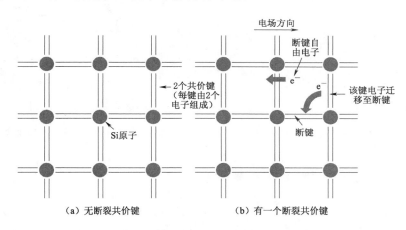

（a）无断裂共价键　　　　　　（b）有一个断裂共价键

图 4-3　二维硅晶格示意图，被释放电子的运动及邻近键电子
向留下的空位的运动（空穴运动）

（1）电子从被破坏掉的共价键中释放出来自由运动。

（2）电子也能从相邻的共价键中移动到由被破坏共价键所产生的空穴里，而相邻共价键便遭到破坏。这样就能使遭到破坏的共价键（或称为空穴）得到传播。

与电子相反这些空穴呈正电性并可自由运动。空穴运动的概念类似于液体中气泡的运动。气泡的运动虽然实际上是液体的运动，但也可简单视为与液体相反方向的气泡运动。因此，半导体内的电流可看作是导带中电子和价带中空穴运动的总和。

2. 能带模型

能带模型是根据价带和导带间的能级来描述半导体的运作特性。如图 4-4 所示，电子在共价键中的能量对应于其在价带（valence band，VB）的能量。而电子在导带（conduction band，CB）中是自由运动的。价带顶和导带底之间的能量差被称为禁带宽度（Bandgap，E_g），反映了使电子脱离价带跃迁到导带所需的最小能量。禁带是指能带结构中能态密度为零的能量区间，因此禁带中不存在可自由移动的电子或空穴。只有电子进入导带才能产生电流。同时空穴在价带中也能以相反于电子的方向运动，从而产生电流。这种模型被称为能带模型。

能带模型可以用于描述三种不同电学属性材料，即绝缘体、导体及半导体。对绝缘体而言，其禁带宽度较大导致激发电子所需要的能量较大，因此可激发至导带的自由移动电子数目极少，导致绝缘体几乎不导电。对导体而言，其导带与价带部分重叠（禁带宽度为零），因此电子几乎不需要任何能量就可跃迁至导带中成为自由移动电子，从而令导体导电。半导体实际上是一种具有较窄禁带宽度的绝缘体。在低温条件下，价带电子不能获得足够能量跃迁至导带成为自由移动电子，此时半导体不导电。而在高温条件下，价带电子能够获得足够能量跃迁至导带中，从而令半导体成为导体。导体、绝缘体和半导体的能带模型示意图如图 4-5 所示。

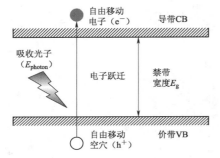

图 4-4　能带模型中电子跃迁示意图

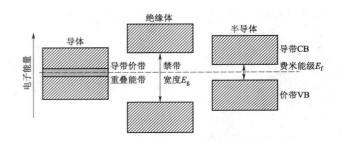

图 4-5　导体、绝缘体和半导体的能带模型示意图

4.2.3　允许能态的占有概率和能量密度

真空中的电子所能得到的能量值基本是连续的，但在晶体中的情况就可能截然不同了。孤立原子中电子的能级是彼此分离的，当几个原子比较紧密地集合在一起时，原来的能级就形成允许的能量带（以下简称允带），如图 4-6 所示。当原子在晶体中规律性排列时，原子之间存在一个平衡的原子间距 d。图 4-6（a）表示晶体的一种情况，此时在原子平衡间距 d 处，晶体具有被禁带所隔开的电子允带（相当于原子能级）；图 4-6（b）则表示晶体的另一种情况，在不同晶体材料的平衡间距 d 处，能带互相重叠，实际上得到的是一个连续的允带。

在低温时，晶体内的电子占有最低的能态。由此可推测，晶体的平衡状态是电子全都处在最低允许能级的一种状态。但是实际情况却并非如此，泡利不相容原理（Pauli exclusion principle）规定每个允许能级最多只能被两个自旋方向相反的电子所占据。这意味着，在低温情况下（0K），晶体的某一能级以下的所有能态都被两个电子所占据，该能级被称为费米能级（E_F）。随着温度升高，一些电子得到超过费米能级的能量。考虑到泡利不相容原理，任意给定能级 E 的一个所允许的电子能态的占有概率 $f_e(E)$ 可以根据统计

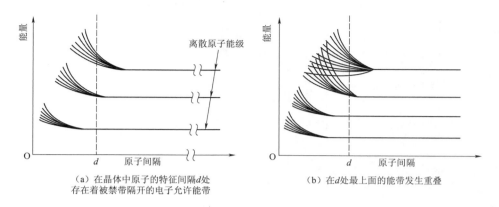

（a）在晶体中原子的特征间隔 d 处　　　　　（b）在 d 处最上面的能带发生重叠
存在着被禁带隔开的电子允许能带

图 4-6　许多相同的原子集合成晶体时，独立原子中分离的电子
允许能级如何形成允带的示意图

规律计算，其结果可有费米-狄拉克分布函数（Fermi-Dirac distribution）所表示，即

$$f_e(E) = \frac{1}{1 + e^{\frac{E - E_F}{kT}}} \qquad (4-1)$$

式中　k——玻尔兹曼常数；

　　　T——热力学温度。

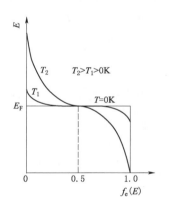

该函数的关系曲线如图 4-7。图中可见，当温度接近于 0K 时，能量低于 E_F 时，$f_e(E)$ 基本为 1；能量高于 E_F 时，$f_e(E)$ 基本为零。随着温度的升高，分布函数逐渐变得不再集中，能量高于 E_F 的能态具有一定的占有概率，而能量低于 E_F 的能态具有一定的空位概率。当温度高于 0K 时，处于 E_F 能级的 $f_e(E) = 0.5$，这也是费米能级的另一种物理意义。

反而言之，在任意给定能级 E 的空穴能态占有概率 $f_h(E)$ 与电子能态占有概率 $f_e(E)$ 之和为 100%，因此可推出 $f_h(E)$ 为

$$f_h(E) = 1 - f_e(E) = \frac{1}{1 + e^{(E_F - E)/(kT)}} \qquad (4-2)$$

图 4-7　电子能态的费
米、狄拉克分布函数

如能带模型中所述单位体积半导体中，禁带能量范围内其态密度为零，而在允带内则不为零。在允带边缘可将载流子看成类似于自由载流子。对于靠近导带边（在无各向异性情况下）的能量 E，单位体积、单位能量的允许状态数 $N(E)$ 为

$$N(E) = \frac{8\sqrt{2\pi}\, m_e^{*\frac{3}{2}}}{h^3} (E - E_C)^{\frac{1}{2}} \qquad (4-3)$$

式中　h——普朗克常数；

　　　m_e^*——有效电子质量；

　　　E_C——导带最低能级。

对于靠近价带边的能量，存在类似的表达式。这些允许状态的分布如图 4-8 所示。

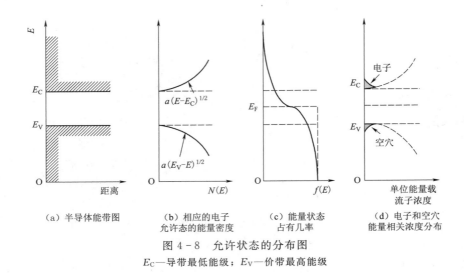

（a）半导体能带图　　（b）相应的电子　　（c）能量状态　　（d）电子和空穴
　　　　　　　　　　　允许态的能量密度　　占有几率　　　　能量相关浓度分布

图 4 − 8　允许状态的分布图

E_C—导带最低能级；E_V—价带最高能级

4.2.4　平衡态电子空穴浓度

已知式（4−2）和式（4−3），由此可以计算电子和空穴的实际能量分布，其结果如图 4−8（d）所示。由于费米、狄拉克分布函数的性质，导带中的大多数电子和价带中的空穴都聚集在带边附近，因此每个带中的载流子总数可通过积分求得。单位体积晶体中，在导带内的电子数 n 为

$$n = \int_{E_C}^{E_{Cmax}} f_e(E) N(E) \, \mathrm{d}E \tag{4−4}$$

因为 $E_C − E_F \gg kT$，所以对于导带 $f_e(E)$ 可简化为

$$f_e(E) \approx \mathrm{e}^{-\frac{E − E_F}{kT}} \tag{4−5}$$

并且用无穷大来代替积分上限 $E_{C\,max}$，其误差可忽略不计，则式（4−4）可改写为

$$n = \int_{E_C}^{\infty} \frac{8\sqrt{2}\,\pi\,m_e^{*\frac{3}{2}}}{h^3} (E − E_C)^{\frac{1}{2}} \mathrm{e}^{\frac{E_F − E}{kT}} \mathrm{d}E = \frac{8\sqrt{2}\,\pi\,m_e^{*\frac{3}{2}}}{h^3} \mathrm{e}^{\frac{E_F}{kT}} \int_{E_C}^{\infty} (E − E_C)^{\frac{1}{2}} \mathrm{e}^{-\frac{E}{kT}} \mathrm{d}E$$

$$\tag{4−6}$$

将积分变量变为 $x = (E − E_C)/(kT)$，则

$$n = \frac{8\sqrt{2}\,\pi}{h^3} (m_e^* kT)^{\frac{3}{2}} \mathrm{e}^{\frac{E_F − E_C}{kT}} \int_0^{\infty} x^{\frac{1}{2}} \mathrm{e}^{-x} \mathrm{d}x \tag{4−7}$$

式中　$\int_0^{\infty} x^{\frac{1}{2}} \mathrm{e}^{-x}$——标准型积分，取值 $\sqrt{\pi}/2$。

因此

$$n = 2 \left(\frac{2\pi\,m_e^* kT}{h^2} \right)^{\frac{3}{2}} \mathrm{e}^{\frac{E_F − E_C}{kT}} \tag{4−8}$$

$$n = N_C \mathrm{e}^{\frac{E_F − E_C}{kT}} \tag{4−9}$$

式中　N_C，T——常数，统称为导带内的有效态密度，可通过比较式（4−8）和式（4−9）
　　　　来确定具体值。

同理，单位体积晶体中在价带内的空穴总数为

$$p = N_V e^{\frac{E_V - E_F}{kT}} \qquad (4-10)$$

式中　N_V——价带内的有效态密度可用上述同样方法确定其具体值。

对于无表面的、纯净理想半导体而言，因为导带中每一个激发电子都会在价带中留下一个空穴，所以 n 等于 p，即

$$n = p = n_i \qquad (4-11)$$

$$np = n_i^2 = N_C N_V e^{\frac{E_V - E_C}{kT}} = N_C N_V e^{-\frac{E_g}{kT}} \qquad (4-12)$$

式中　n_i——本征载流子浓度；

　　　E_g——禁带宽度。

从式（4-11）可看出

$$N_C e^{\frac{E_F - E_C}{kT}} = N_V e^{\frac{E_V - E_F}{kT}} \qquad (4-13)$$

于是可得到 E_F 为

$$E_F = \frac{E_C + E_V}{2} + \frac{kT}{2} \ln \frac{N_V}{N_C} \qquad (4-14)$$

由式（4-14）可得，在无表面的、纯净理想半导体中，E_F 位于带隙中央附近，其偏离带隙中央程度取决于导带和价带的有效态密度差。

4.3　半导体 p-n 结

本节将重点介绍由 p 型和 n 型半导体所构成的 p-n 结。归根结底，太阳电池实际是一种大面积的 p-n 结能量转化器件。因此深刻理解 p-n 结的工作原理及物理属性是理解太阳电池工作原理的关键。本节将依次详细介绍构成 p（n）区的Ⅲ族和Ⅴ族掺杂、载流子浓度及其输运性质、能带结构中的费米能级、p-n 结静电学及其他条件下的特性。

4.3.1　Ⅲ族和Ⅴ族掺杂

除了能带模型中所述通过调节外部环境温度来改变半导体的电学属性，在半导体中掺杂其他杂质原子也可改变半导体的电学属性。杂质原子可通过两种方式掺入晶体结构：一种方式是挤在基质晶体原子间的位置上，这种情况下杂质被称为间隙杂质；另一种方式是替换基质晶体的原子，保持晶体结构中有规律的原子排列，这种情况下杂质被称为替位杂质。以单晶硅为例，通过掺入比原半导体材料多一个价电子的Ⅴ族杂质（如磷原子），可以制备 n 型半导体材料。而掺入比原半导体材料少一个价电子的Ⅲ族杂质（如硼原子）则可以制备 p 型半导体材料。p（n）型半导体材料是指空穴（自由电子）浓度远大于自由电子（空穴）浓度的杂质半导体，上述杂质均为替位杂质。

具体而言，一个磷原子替换了一个硅原子的部分晶格。磷原子最外层有 5 个电子，其中 4 个价电子与周围硅原子组成共价键，而第 5 个电子不在共价键内，因此也不在价带中。第 5 个电子被磷原子所束缚而不能自由移动，因此它也不在导带内。可以推测，与束缚在共价键的其他电子相比，释放该电子仅需较小的能量，而实际情况也正是如此。由于

该电子与束缚于氢原子的电子相似，参考氢原子的电离能可粗略估计所需的能量，其电离能公式为   .

$$E_i = \frac{m_0 q^4}{8 \varepsilon_0^2 h^2} = 13.6\,\text{eV} \qquad (4-15)$$

式中 m_0——电子静止质量；

　　q——电子电荷；

　　ε_0——真空介电常数。

由于氢原子外层电子的轨道半径比原子间的距离大得多，因此式（4-15）中的 ε_0 可用硅的介电常数（$\varepsilon_{Si} = 11.7\varepsilon_0$）代替。因为轨道电子受到硅晶格的周期作用力，所以电子的质量也要用硅的电子有效质量（$m_0^* = 0.2m_0$）来代替，因此，在掺杂磷元素的单晶硅中磷原子最外层非共价键中电子的电离能为

$$E_i' \approx \frac{m_0^* q^4}{8 \varepsilon_{Si}^2 h^2} = \frac{0.2}{11.7^2} \frac{m_0 q^4}{8 \varepsilon_0^2 h^2} = 0.02\,\text{eV} \qquad (4-16)$$

该能量要远小于硅的带隙能量（1.12eV）。自由电子位于导带中，因此束缚于磷原子的多余电子，其能量位于低于导带底的能量为 E_i' 的位置，如图4-9（a）所示，也就是在禁带中额外加入一个允许能级。

与此类似，硼原子最外层只有3个电子，因此没有足够的价电子与周围硅原子形成四个共价键，这就造成了一个束缚于硼原子的空穴。释放空穴所需能量与式（4-16）所给出的结果相同。因此，一个硼原子在禁带中接近价带顶 E_i' 的位置引入了一个电子允许能级，如图4-9(b) 所示。

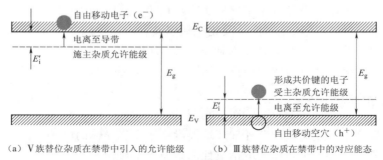

(a) Ⅴ族替位杂质在禁带中引入的允许能级　　(b) Ⅲ族替位杂质在禁带中的对应态

图4-9　允许能级和对应能态

4.3.2　载流子浓度

因为从Ⅴ族原子释放多余电子所需的能量很小，在室温下大多数多余电子都可获得此能量。因此，大部分多余电子都离开了Ⅴ族原子，留下带净正电荷且不可自由运动的原子，而这些电子则可穿过晶体做自由运动。因为Ⅴ族原子向导带贡献出电子，所以被称为施主杂质，该种掺杂被称为施主掺杂。施主掺杂的电子数量分布概念如图4-10所示。

图4-10（c）显示的费米-狄拉克分布函数表明施主能级的占有几率小，这意味着大多数电子都离开施主位置进入导带。在此情况下，导带中的电子和价带中的空穴总数可由如下半导体中的电中性条件得到，即

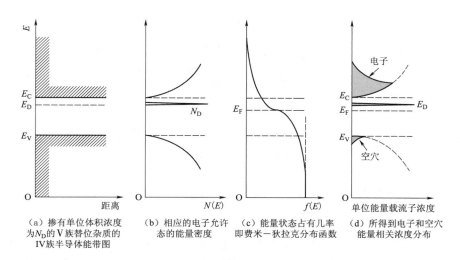

（a）掺有单位体积浓度
为N_D的V族替位杂质的
IV族半导体能带图

（b）相应的电子允许
态的能量密度

（c）能量状态占有几率
即费米-狄拉克分布函数

（d）所得到电子和空穴
能量相关浓度分布

图 4-10　施主掺杂的电子数量分布概念

$$p-n+N_D^+=0 \tag{4-17}$$

式中　p——价带中空穴浓度；

n——导带中电子浓度；

N_D^+——电离施主的浓度。

需要注意的是式（4-12）同时也适用于掺杂半导体。由于绝大多数施主杂质都将电离，因此N_D^+约等于总的施主浓度N_D。由式（4-17）可看出，n将大于p。实际上，当N_D增大时，n将远大于p。因此，可利用式（4-12）近似求解p和n为

$$\begin{cases} n \approx N_D^+ \approx N_D \\ p \approx \dfrac{n_i^2}{N_D} \ll n \end{cases} \tag{4-18}$$

当掺有III族杂质时，类似情况也将发生，这些杂质较容易吸收价带电子形成共价键，从而在价带中留下可自由移动的空穴。因此这种杂质被称为受主杂质，该种掺杂被称为受主掺杂。一个电离的受主有一个净负电荷，因此利用半导体电中性条件可得

$$p-n-N_A^-=0 \tag{4-19}$$

式中　N_A^-——电离受主浓度。

这种情况下近似求解是

$$p \approx N_A^- \approx N_A, n \approx \frac{n_i^2}{N_A} \ll p \tag{4-20}$$

4.3.3　掺杂半导体中的费米能级

将已经推导出的电子和空穴浓度公式［式（4-9）和式（4-10）］应用到更加广泛的情况。对于掺杂有施主杂质的材料（即 n 型半导体材料），这些方程变为

$$n=N_D=N_C e^{\frac{E_F-E_C}{kT}} \tag{4-21}$$

或等效为

$$E_F - E_C = kT\ln\frac{N_D}{N_C} \qquad (4-22)$$

同样对于有掺有受主杂质的材料（即 p 型半导体材料），这些方程变为

$$p = N_A = N_V e^{\frac{E_V - E_F}{kT}} \qquad (4-23)$$

$$E_V - E_F = kT\ln\frac{N_A}{N_V} \qquad (4-24)$$

根据式（4-24）可知，随着半导体材料掺杂程度的加重，费米能级将离开带隙中央，而接近导带（n 型半导体材料）或价带（p 型半导体材料）。

4.3.4　载流子输运性质

1. 载流子的漂移

在外电场 ξ 的影响下，一个随机运动的自由载流子（如电子）在与电池相反的方向有一个加速度 $a = q\xi/m$，在此方向上，其速度随时间不断增加。而晶体内的电子处于一种不同的情况，它运动时的质量不同于自由电子的质量，电子不会持续地加速，最终将与晶体原子、杂质原子或晶体结构缺陷相碰撞。这种碰撞将造成电子的无规则运动（类似于花粉的"布朗运动"）。换而言之，电子从外电场所获得的加速度将逐渐降低。两次碰撞之间的平均时间称为弛豫时间（relaxation time）t_r，该物理参数由电子无规则热速度所决定，而该速度通常要比电场给予的速度大得多。在两次碰撞之间由电场所引起的电子平均速度的增量称为漂移速度。导带内电子的漂移速度为

$$v_d = \frac{1}{2}at = \frac{1}{2}\frac{q\,t_r}{m_e^*}\xi \qquad (4-25)$$

电子载流子迁移率则定义为

$$\mu_e = \frac{v_d}{\xi} = \frac{q\,t_r}{m_e^*} \qquad (4-26)$$

导带电子的对应电流密度则是

$$J_e = qnv_d = qn\mu_e\xi \qquad (4-27)$$

而对价带内的空穴，其对应电流密度则是

$$J_h = qpv_d = qp\mu_h\xi \qquad (4-28)$$

总电流就是这两部分的和，半导体的电导率 σ 可表示为

$$\sigma = \frac{1}{\rho} = \frac{J}{\xi} = qn\mu_e + qp\mu_h \qquad (4-29)$$

式中　ρ——电阻率。

虽然式（4-26）的推导略有简化，但它使我们对于载流子的迁移率 μ_n 和 μ_p 随掺质的浓度、温度和电场强度的变化有了一个较为直观的理解。对于结晶质量很好的纯度较高的半导体来说，载流子由于基材晶体原子碰撞而使其速度变得紊乱。然而，电离的掺杂原子是非常有效的散射体，因为它们带有净电荷。因此，随着半导体掺杂浓度的升高，t_r 和迁移率均会降低。

对于高质量的硅，载流子迁移率与单位体积的掺杂程度 N（单位为 cm^{-3}）的相互关

系的经验表达式是

$$\mu_e = 65 + \frac{1265}{1 + (N/8.5 \times 10^{16})^{0.72}} \qquad (4-30)$$

$$\mu_h = 47.7 + \frac{447.3}{1 + (N/6.3 \times 10^{16})^{0.76}} \qquad (4-31)$$

同理，非刻意掺杂的杂质及晶格缺陷将进一步降低迁移率。

当温度升高时，基体原子的振动将更加剧烈，使这些原子变为更大的"靶"，进而降低了两次碰撞间的平均时间及迁移率。重掺杂时，这个影响变得不太显著，因为此时已电离的杂质是有效载流子的散射体。

电场强度的提高最终将使载流子的漂移速度增加到可与无规则热速度相抗衡。因此，电子的总速度最终将随着电场强度的增加而增加，减小了碰撞之间的时间以及迁移率。

2. 载流子的扩散

除了漂移运动以外，半导体中的载流子也可以由于扩散而流动。当粒子（如气体分子）浓度过高时，若不受到限制，它们就会自己分散，这是大家都熟悉的一个物理现象。此现象出现的基本原因是这些粒子的无规则热运动。

如图 4-11 所示，粒子通量与浓度梯度的负值成正比。

因为电流与荷电粒子通量成正比，所以对应于电子一维浓度梯度的电流密度是

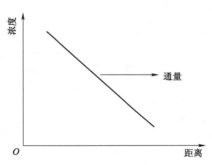

图 4-11　存在浓度梯度时，
载流子的扩散流

$$J_e = q D_e \frac{\mathrm{d}n}{\mathrm{d}x} \qquad (4-32)$$

式中　D_e——电子的扩散常数。

同样，对于空穴，有

$$J_h = -q D_h \frac{\mathrm{d}p}{\mathrm{d}x} \qquad (4-33)$$

需要注意的是式（4-32）和式（4-33）之间符号不同是由于所涉及的电荷类型相反。根本而言，漂移和扩散两个过程是相互关联的，因而迁移率和扩散常数并不是两个独立的物理参数，两者通过爱因斯坦关系互相关联，即

$$\begin{cases} D_e = \dfrac{kT}{q}\mu_e \\ D_h = \dfrac{kT}{q}\mu_h \end{cases} \qquad (4-34)$$

kT/q 是在与太阳电池有关的关系式中经常出现的参数，它具有电压的量纲，室温时为 26mV。

4.3.5　p-n 结静电学

最常见的太阳电池的本质就是一种大面积的 pn 结二极管。这种二极管是由半导体的

n区（即 n 型半导体材料）和 p 区（即 p 型半导体材料）相接触而形成的。就光伏能量转换效率而言，太阳电池器件的基本要求是半导体结构的电子非对称性。图 4-12（a）表示 p-n 结具有所要求的非对称性。由于 n 区的电子浓度远高于空穴浓度（$n \gg p$），因此，电子容易流过这种材料而空穴却很难通过。而对 p 型材料来说，情况却正好相反。当半导体材料受到光照时，材料内产生过剩电子空穴对（e-h）。载流子输运性质的固有非对称性促使所产生的电子从 p 区向 n 区流动，而空穴流方向则相反。受到光照的 p-n 结在短路时，导线中将有电流流过。如图 4-12（b）所示，这种光生电流是叠加到普通二极管伏安特性之上的，从而使光伏电池获得了其工作区。

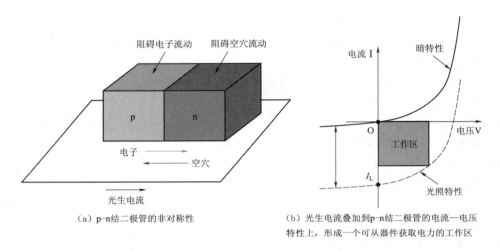

（a）p-n 结二极管的非对称性　　　　（b）光生电流叠加到 p-n 结二极管的电流—电压
　　　　　　　　　　　　　　　　　　　　特性上，形成一个可从器件获取电力的工作区

图 4-12　二极管的非对称性和工作区

　　如图 4-13，相互独立的 n 型和 p 型半导体，如果将两者拼在一起，可以预料电子将从高浓度区（n 型侧）向低浓度区（p 型侧）流动，而空穴的流动与此类似。然而，n 型侧由于失去电子所呈现出的电离施主（正电荷）将造成这个边的电荷不平衡。同样，p 型侧由于失去空穴将呈现负电荷。这些剩余电荷将建立一个阻碍电子和空穴继续自由扩散的电场，最终达到一个平衡状态。

　　通过研究费米能级，可以得到平衡状态的特性。处于热平衡的系统只能有一个费米能级。可以预料，在距离 p-n 结足够远的地方，孤立的材料状态将不再受该结的影响。如图 4-14 所示，在结附近必定有一个过渡区，在过渡区中，电势变化为 ψ_0，即

$$q\psi_0 = E_g - E_1 - E_2 \tag{4-35}$$

E_1 和 E_2 的表达式已由式（4-22）和式（4-24）给出，如图 4-14 中显示。因此

$$q\psi_0 = E_g - kT\ln\frac{N_C}{N_D} - kT\ln\frac{N_V}{N_A} = E_g - kT\ln\frac{N_C N_V}{N_A N_D} \tag{4-36}$$

而由式（4-12），有

$$n_i^2 = N_C N_V e^{-\frac{E_g}{kT}} \tag{4-37}$$

因此

$$\psi_0 = \frac{kT}{q}\ln\frac{N_A N_D}{n_i^2} \tag{4-38}$$

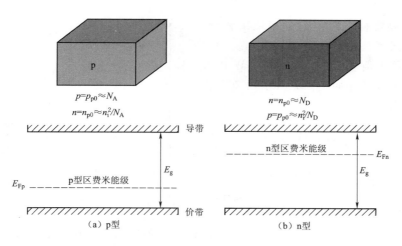

图 4-13 相互独立的 n 型和 p 型半导体及其能带图

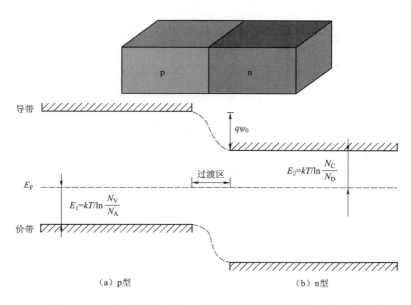

图 4-14 将互相独立的 n 型和 p 型半导体合并在一起组成
的 p-n 结及热平衡状态下的能带图

外加电压，将使二极管两边的电势差变化 V_a。因此，过渡区两端的电势将变成 $(\psi_0 - V_a)$。

画出对应于图 4-14 的载流子浓度图，这些载流子浓度与费米能级和各自能带之间的能量差呈指数关系。用对数坐标表示的载流子浓度如图 4-15 所示。与图 4-15 相对应的空间电荷密度 p 的分布如图 4-16(a) 的虚线所示，耗尽区边缘附近的急剧变化导致第一个近似，即耗尽近似。

在这个近似中，器件被划分为两个区域，其一为假设空间电荷密度处处为零的准中性区；其二为假设载流子浓度很小，对空间电荷密度的贡献仅来自电离杂质的耗尽区。这个近似实质上只是使空间电荷分布曲线更为陡峭，正如图 4-16(a) 中实线所表示的那样。

借助于这种近似，要求出耗尽区如图 4-16(b) 和图 4-16(c) 所示的电场和电势分布比较简单。只要将空间电荷分布依次积分，并记住电场强度是电势的负梯度即可。耗尽区电场强度最大值 ξ_{max}、耗尽区宽度 W 以及该区在结两边所延伸的距离 l_n 和 l_p 分别可由下列各式表示

$$\xi_{max} = -\left[\frac{\frac{2q}{\varepsilon}(\psi_0 - V_a)}{\frac{1}{N_A} + \frac{1}{N_D}}\right]^{\frac{1}{2}} \quad (4-39)$$

$$W = l_n + l_p = \left[\frac{2\varepsilon}{q}(\psi_0 - V_a)\left(\frac{1}{N_A} + \frac{1}{N_D}\right)\right]^{\frac{1}{2}} \quad (4-40)$$

$$l_p = W\frac{N_D}{N_A + N_D}, l_n = W\frac{N_A}{N_A + N_D} \quad (4-41)$$

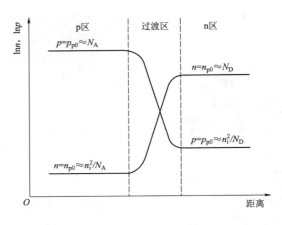

图 4-15 对应于图 4-14 的电子和空穴浓度分布

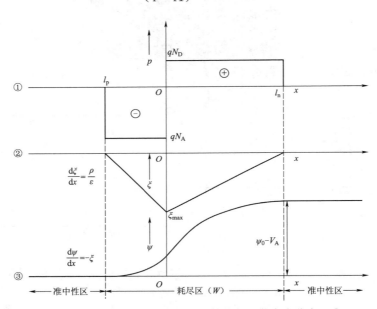

图 4-16 对应于图 4-14 的 p-n 结空间电荷密度分布（①），相应电场强度（②），相应电势分布（③）

4.3.6 p-n 结的暗特性与光照特性

分析 p-n 结二极管过程中可将二极管合理地近似分成耗尽区和准空间电荷中性区，而耗尽区边缘的少数载流子浓度与施加到二极管上的电压呈指数关系。此外，当准中性区是均匀掺杂而且多数载流子电流很小时，少数载流子主要通过扩散方式运动。因此，可对靠近耗尽区边缘的准中性区中的少数载流子浓度分布进行计算。在二极管 n 型一侧的少数载流子（空穴）的电流密度为

$$J_{\mathrm{h}} = -q D_{\mathrm{h}} \frac{\mathrm{d}p}{\mathrm{d}x} \tag{4-42}$$

根据连续性方程可得

$$\frac{1}{q} \frac{\mathrm{d}J_{\mathrm{h}}}{\mathrm{d}x} = -(U-G) \tag{4-43}$$

式中　U——载流子净负荷率；

　　　G——由于外部作用（如光照等）所引起的净产生率。

　　在 n 型区的负荷率可由下式表示

$$U = \frac{\Delta p}{\tau_{\mathrm{h}}} \tag{4-44}$$

式中　τ_{h}——n 型区内少数载流子（空穴）寿命，该数值基本为固定常数；

　　　Δp 是过剩少数载流子浓度，其值等于 n 型区内空穴的总浓度 p_{n} 减去平衡状态下的

　　　空穴浓度 p_{n0}。

　　将式（4-42）～式（4-44）联立，可得到

$$D_{\mathrm{h}} \frac{\mathrm{d}^2 p_{\mathrm{n}}}{\mathrm{d}x^2} = \frac{p_{\mathrm{n}} - p_{\mathrm{n0}}}{\tau_{\mathrm{h}}} - G \tag{4-45}$$

　　在无光照时，$G=0$，且 $\mathrm{d}^2 p_{\mathrm{n0}}/\mathrm{d}x^2 = 0$。因此，上述方程可简化为

$$\frac{\mathrm{d}^2 \Delta p}{\mathrm{d}x^2} = \frac{\Delta p}{L_{\mathrm{h}}^2} \tag{4-46}$$

其中

$$L_{\mathrm{h}} = \sqrt{D_{\mathrm{h}} \tau_{\mathrm{h}}}$$

式中　L_{h}——被称为扩散长度，是一种长度量纲。L_{h} 在太阳电池工作中是一个十分重要

　　　的参数。

　　式（4-46）的通解是

$$\Delta p = A \mathrm{e}^{\frac{x}{L_{\mathrm{h}}}} + B \mathrm{e}^{-\frac{x}{L_{\mathrm{h}}}} \tag{4-47}$$

式中　A，B——常数，可通过两个边界条件求出：① 在 $x=0$ 处，$p_{\mathrm{xb}} = p_{\mathrm{n0}} \mathrm{e}^{qV/(kT)}$；② 当

　　　$x \to \infty$ 时，p_{n} 是有限的，因此 $A=0$。

　　这些边界条件给出特解

$$p_{\mathrm{n}}(x) = p_{\mathrm{n0}} + p_{\mathrm{n0}} \left[\mathrm{e}^{\frac{qV}{kT}} - 1 \right] \mathrm{e}^{-\frac{x}{L_{\mathrm{h}}}} \tag{4-48}$$

以及

$$n_{\mathrm{p}}(x') = n_{\mathrm{p0}} + n_{\mathrm{p0}} \left[\mathrm{e}^{\frac{qV}{kT}} - 1 \right] \mathrm{e}^{-\frac{x'}{L_{\mathrm{p}}}} \tag{4-49}$$

　　如果少数载流子浓度已知，即可简单计算少数载流子电流。在准中性区内电流是扩散电流，在 n 型一侧有

$$J_{\mathrm{h}} = -q D_{\mathrm{h}} \frac{\mathrm{d}p}{\mathrm{d}x} \tag{4-50}$$

　　将式（5-48）代入上式可得

$$J_{\mathrm{h}}(x) = \frac{q D_{\mathrm{h}} p_{\mathrm{n0}}}{L_{\mathrm{h}}} (\mathrm{e}^{\frac{qV}{kT}} - 1) \mathrm{e}^{-\frac{x}{L_{\mathrm{h}}}} \tag{4-51}$$

同样，在 p 型区，有

$$J_e(x') = \frac{q D_e n_{p0}}{L_e}(e^{\frac{qV}{kT}}-1)e^{-\frac{x'}{L_e}} \tag{4-52}$$

这些关系式得到的电流分布如图 4-17(a)所示。为了计算二极管的总电流，必须知道同一点上的电子和空穴的分量。现在，我们来考虑耗尽区的电流密度，由连续性方程可得到

$$\frac{1}{q}\frac{\mathrm{d}J_e}{\mathrm{d}x} = U-G = -\frac{1}{q}\frac{\mathrm{d}J_h}{\mathrm{d}x} \tag{4-53}$$

因此，通过耗尽区的电流密度变化量为

$$\delta J_e = |\delta J_h| = q\int_{-W}^{0}(U-G)\mathrm{d}x \tag{4-54}$$

W 通常比 J_e 和 J_h 的特征衰减长度 L_e 和 L_h 小得多。这表明图 4-17(a)与实际比例非常不相符。既然 W 很小，那么式（5-54）中的积分可以忽略，因此，$\delta J_e = |\delta J_h| \approx 0$。这样一来，如图 4-17(b)所示的那样，$J_e$ 和 J_h 在整个耗尽区基本上是恒定的。如果按比例绘出 W，这第五个近似就显得更加合理。由于在耗尽区各点的 J_e 和 J_h 都已知，现在就可以求出总电流 J_{total} 为

$$J_{total} = J_e|_{x'=0} + J_h|_{x=0} = \left(\frac{q D_e n_{p0}}{L_e} + \frac{q D_h p_{n0}}{L_h}\right)(e^{\frac{qV}{kT}}-1) \tag{4-55}$$

由于 J_{total} 是不随位置变化而改变，现在就能够画出整个二极管的 J_e 和 J_h 的分布曲线，如图 4-17（b）虚线所示。

分析的结果导出了理想二极管电流—电压定律，即

$$I = I_0(e^{\frac{qV}{kT}}-1) \tag{4-56}$$

其中

$$I_0 = A\left(\frac{q D_e n_i^2}{L_e N_A} + \frac{q D_h n_i^2}{L_h N_D}\right)$$

式中　I_0——饱和电流，该参数是二极管特别重要的特性之一；

　　　A——二极管的横截面积。

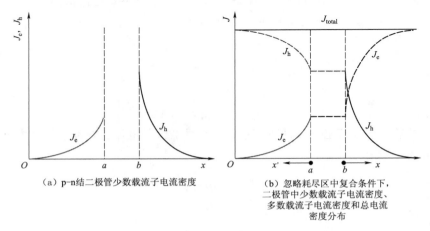

（a）p-n结二极管少数载流子电流密度

（b）忽略耗尽区中复合条件下，
二极管中少数载流子电流密度、
多数载流子电流密度和总电流
密度分布

图 4-17　二极管电流密度

基于二极管在无光照条件下的特性，可以研究其在理想光照条件下的特性。为了简化分析，假定光照时电子—空穴对的产生率在整个器件中都相同，这相当于太阳电池受到能量为电池禁带宽度的单色光照射的特殊情况。这样的光只能被弱吸收，因而在整个与特性有关的距离内，电子-空穴对的产生率基本不变。应当强调，这种均匀产生率的情况与太阳能转换的实际情况并不相符。在光照条件下，式（4-45）仍然有效，只是此时 G 不再为零而是一个常数。因此，在二极管 n 型一侧有

$$\frac{\mathrm{d}^2 \Delta p}{\mathrm{d}x^2} = \frac{\Delta p}{L_{\mathrm{h}}^2} - \frac{G}{D_{\mathrm{h}}} \tag{4-57}$$

由于 G/D_{h} 是常数，上式通解为

$$\Delta p = G_{\tau_{\mathrm{h}}} + C e^{\frac{x}{L_{\mathrm{h}}}} + D e^{-\frac{x}{L_{\mathrm{h}}}} \tag{4-58}$$

而该式的边界条件与无光照条件下的二极管保持一致。这就得到特解为

$$p_{\mathrm{n}}(x) = p_{\mathrm{n0}} + G_{\tau_{\mathrm{h}}} + \left[p_{\mathrm{n0}}(e^{\frac{qV}{kT}} - 1) - G_{\tau_{\mathrm{h}}} \right] e^{-\frac{x}{L_{\mathrm{h}}}} \tag{4-59}$$

而相应的空穴电流密度为

$$J_{\mathrm{h}}(x) = \frac{q D_{\mathrm{h}} p_{\mathrm{n0}}}{L_{\mathrm{h}}} (e^{\frac{qV}{kT}} - 1) e^{-\frac{x}{L_{\mathrm{h}}}} - q G L_{\mathrm{h}} e^{-\frac{x}{L_{\mathrm{h}}}} \tag{4-60}$$

对于 p 型一侧的电子电流密度也有相应表达式。此时耗尽区内电流密度的变化为

$$|\delta J_{\mathrm{e}}| = |\delta J_{\mathrm{h}}| = qGW \tag{4-61}$$

因此，通过前文所述方法可得到如下电流—电压特性关系式

$$I = I_0(e^{\frac{eV}{kT}} - 1) - I_{\mathrm{L}} \tag{4-62}$$

其中

$$I_{\mathrm{L}} = qAG(L_{\mathrm{e}} + W + L_{\mathrm{h}})$$

式中 I_{L}——光生电流。

根据式（4-62）做出光照条件下 p-n 结二极管的电流-电压特性曲线，如图 4-18 所示。

图 4-18 中包含了太阳电池特性的三个重要参数信息即：短路电流 I_{SC}、开路电压 U_{OC} 和填充影子 FF。其中 I_{SC} 在理想情况下等于光生电流 I_{L}；U_{OC} 可令式（4-62）中 $I = 0$，从而得到其理想值

$$U_{\mathrm{OC}} = \frac{kT}{q} \ln\left(\frac{I_{\mathrm{L}}}{I_0} + 1\right) \tag{4-63}$$

从式（4-63）中可看出 U_{OC} 与 I_0 有关，所以该参数取决于半导体的性质。在图 4-18 的第四象限中，任意一点的输出功率等于图中虚线所构成的矩形面积。在某个特定工作点可获得其最大输出功率，该点被称为峰值功率点（maximum power point，MPP）。而 FF 就与 MPP 紧密相关，它被定义为

$$FF = \frac{U_{\mathrm{MP}} I_{\mathrm{MP}}}{U_{\mathrm{OC}} I_{\mathrm{SC}}} \tag{4-64}$$

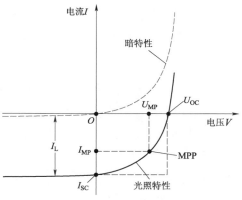

图 4-18 有光和无光条件下 p-n 结二极管的电流—电压特性

如图 4-18 中由虚线线条所分别构成的矩形面积的比值，对常规太阳电池而言，其值一般在 $0.7 \sim 0.8$。理想情况下，FF 只是 u_{OC} 的函数。此外，FF 还与归一化 u_{OC} 有关。u_{OC} 的定义是 $U_{OC} / (kT/q)$。当 $u_{OC} > 10$ 时，FF 与 u_{OC} 的经验公式为

$$FF = \frac{u_{OC} - \ln(u_{OC} + 0.72)}{u_{OC} + 1} \tag{4-65}$$

因此，太阳电池的能量转化效率 η 可由下式得到

$$\eta = \frac{U_{MP} I_{MP}}{P_{in}} = \frac{U_{OC} I_{SC} FF}{P_{in}} \tag{4-66}$$

式中　P_{in}——太阳电池入射光的总功率。

如今商用太阳电池的效率通常为 $18\% \sim 20\%$。

4.4　太阳电池特性

本节将重点讨论太阳光谱响应和影响太阳能工作特性的环境因素。由于大部分商用太阳电池组件都在室外环境下工作，受外界因素影响较大。因此研究太阳电池的外部环境影响因素就显得极其重要。本节将依次详细阐述太阳电池对入射太阳光的光谱响应、环境温度对太阳电池的影响、太阳电池内部寄生电阻对电池性能的影响。

4.4.1　光谱响应

当单个光子的能量 E_{ph} 比构成电池的半导体材料的禁带宽度 E_g 大时，太阳电池就会吸收这个光子并产生一个电子空穴对，在这种情况下，太阳电池对入射光的光子产生响应，E_{ph} 超出 E_g 的部分迅速以热量形式散失。

太阳电池的量子效率（Quantum Efficiency，QE）可以定义为：假设照射到太阳电池上的光子流为 n_{ph}，这些光子可在电池内部产生电子空穴对 $\left(n_{e-h} = \frac{I_L}{q}\right)$，最终这些载流子对太阳电池输出电流产生贡献的概率。在通常情况下，如果没有特别说明，"量子效率"一词指的是外部量子效率（External Quantum Efficiency，EQE），外部量子效率可以通过一些易于直接实验测量的数据，例如电池的输出电流以及实验用光源的辐照度等数值计算为

$$EQE = \frac{I_L}{q\, n_{ph}} = \frac{I_{SC}}{q\, n_{ph}} = \frac{n_e}{n_{ph}} \tag{4-67}$$

式中　n_e——在短路情况下，单位时间内通过外电路的电子流量；

　　　n_{ph}——单位时间内波长为 λ 的入射光子流量。

太阳电池能够响应的最大波长被 E_g 所限制。当 E_g 在 $1.0 \sim 1.6eV$ 范围内时，入射阳光的能量才有可能被最大限度地利用。单独考虑这个因素，就将太阳电池最大可能转换效率限制在 44% 以下。硅的禁带宽度为 $1.12eV$，与理想值接近。而禁带宽度为 $1.4eV$ 的砷化镓，因其是直接带隙半导体材料，所以就理论而言更加适合光伏应用。

值得注意的物理量是太阳电池的光谱响应度（spectrum response，SR），用每瓦特功率入射光所产生的电流强度表示。理想情况下，这个值随着波长的增加而增加。然而，在

短波长辐射下，电池无法利用光子的全部能量；在长波长辐射下，电池对光线的吸收作用较弱，导致大部分光子在远离 p-n 结的区域被吸收，而构成电池的半导体材料有限的扩散长度限制了电池对光的响应，即

$$SR = \frac{I_{SC}}{P_{in}(\lambda)} = \frac{q\,n_e}{\frac{hc}{\lambda}n_{ph}} = \frac{q\lambda}{hc}EQE = \frac{q\lambda(1-R)}{hc}IQE \tag{4-68}$$

式中　P_{in}——入射光的功率；

　　IQE（Internal Quantum Efficiency）——内部量子效率。

与外部量子效率 EQE 不同的是，内部量子效率的运算将电池顶部的反射 R 排除在外，换言之，EQE =（1-R）IQE，所以 EQE 一直小于或等于 IQE。当 λ 趋向于零时，SR 也趋向于零，因为每瓦特的入射光中所包含的光子数目随波长的减小而减少。电池光谱响应度对入射光波长的强烈依赖，使得太阳电池的性能与太阳光的光谱成分密切相关。再者，光学损失和载流子复合损失等一系列其他的因素，暗示了实际太阳电池的性能与计算中的理想值存在明显差距。

4.4.2　温度影响

太阳电池的工作温度是由环境温度、封装电池的组件特性、照射在组件上的日光强度以及一些其他变量所决定的。

暗饱和电流 I_0 随着温度的上升而增加，则

$$I_0 = B\,T^\gamma \exp\left(-\frac{E_{g0}}{kT}\right) \tag{4-69}$$

式中　B——独立于温度的量；

　　E_{g0}——温度为零时构成太阳电池的半导体材料的禁带宽度；

　　γ——包含了其余用于确定 I_0 的与温度相关的参量。

短路电流 I_{SC} 随着温度上升而增加。这是因为带隙宽度随温度上升而减少，从而使更多的光子具有足够的能量来产生电子空穴对。然而，该影响对硅太阳电池而言较为微弱

$$\frac{1}{I_{SC}}\frac{dI_{SC}}{dT} \approx +0.006\ ℃^{-1} \tag{4-70}$$

对于硅太阳电池来说，工作温度上升的主要影响是开路电压 U_{OC} 和填充因子 FF 的下降，因而导致了输出电功率的下降。这些影响可以从图 4-19 中看出。

硅太阳电池的 U_{OC} 和 FF 受温度的影响可用下列等式表示

$$\frac{dU_{OC}}{dT} = -\frac{\left[U_{g0} - U_{OC} + \gamma\left(\frac{kT}{q}\right)\right]}{T} \approx -2mV/℃ \tag{4-71}$$

$$\frac{1}{U_{OC}}\frac{dU_{OC}}{dT} \approx -0.003\ ℃^{-1} \tag{4-72}$$

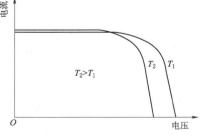

图 4-19　温度对太阳能电流—电压特性的影响

$$\frac{1}{FF}\frac{\mathrm{d}(FF)}{\mathrm{d}T} \approx \frac{1}{6}\left(\frac{1}{U_{oc}}\frac{\mathrm{d}U_{oc}}{\mathrm{d}T} - \frac{1}{T}\right) \approx -0.0015 \ ^{\circ}\mathrm{C}^{-1} \qquad (4-73)$$

U_{oc}的值越高，受温度的影响一般就越小。

对硅太阳电池而言，温度对最大输出功率 P 的影响为

$$\frac{1}{P_{MP}}\frac{\mathrm{d}P_{MP}}{\mathrm{d}T} \approx -(0.004 \sim 0.005) \ ^{\circ}\mathrm{C}^{-1} \qquad (4-74)$$

4.4.3 寄生电阻影响

太阳电池通常都伴随有寄生串联电阻 R_s 和分流电阻 R_{sh}，两种寄生电阻都会导致 FF 降低。如图 4-20 显示了包括两种寄生电阻的太阳电池等效电路。

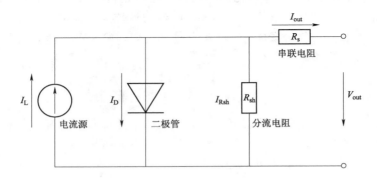

图 4-20　包含串联和分流电阻的太阳
电池等效电路

R_s 主要来源于半导体材料的体电阻、金属接触与互联、载流子在顶部扩散层的运输，以及金属和半导体材料之间的接触电阻。R_s 的影响如图 4-21(a)所示。而 R_{sh} 是由于 p-n 结的非理想性和结附近的杂质造成的，它会引起 p-n 结的局部短路，尤其是在电池边缘。R_{sh} 的影响如图 4-21(b)所示。

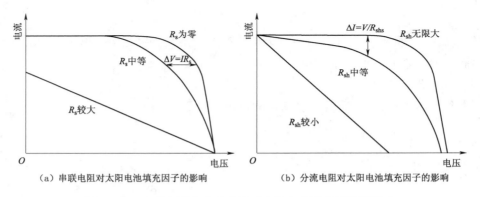

（a）串联电阻对太阳电池填充因子的影响　　　　（b）分流电阻对太阳电池填充因子的影响

图 4-21　串联电阻和分流电阻对太阳电池填充因子的影响

由于 FF 决定了太阳电池的功率输出，最大输出功率与串联电阻有关，即

$$P_{\mathrm{M}} \approx (U'_{\mathrm{MP}} - I'_{\mathrm{MP}} R_{\mathrm{s}}) I'_{\mathrm{MP}} \approx P_{\mathrm{MP}} \left(1 - \frac{I'_{\mathrm{MP}}}{U'_{\mathrm{MP}}} R_{\mathrm{s}}\right) \approx P_{\mathrm{MP}} \left(1 - \frac{I_{\mathrm{SC}}}{U_{\mathrm{OC}}} R_{\mathrm{s}}\right) \quad (4-75)$$

此处引入太阳电池的特征电阻 R_{ch} 其定义为

$$R_{\mathrm{ch}} = \frac{U_{\mathrm{OC}}}{I_{\mathrm{SC}}} \quad (4-76)$$

则归一化串联电阻 r_{s} 表达式是

$$r_{\mathrm{s}} = \frac{R_{\mathrm{s}}}{R_{\mathrm{ch}}} \quad (4-77)$$

由此可知

$$FF \approx FF_0 (1 - r_{\mathrm{s}}) \quad (4-78)$$

更加准确的经验公式为

$$FF \approx FF_0 (1 - 1.1 r_{\mathrm{s}}) + \frac{r_{\mathrm{s}}^2}{5.4} \quad (4-79)$$

该经验公式在 $r_{\mathrm{s}} < 0.4$ 且 $u_{\mathrm{OC}} > 10$ 时有效。

归一化分流电阻 r_{sh} 也同样适用于上述方法，即

$$r_{\mathrm{sh}} = \frac{R_{\mathrm{sh}}}{R_{\mathrm{ch}}} \quad (4-80)$$

类似可得出 FF 表达式为

$$FF \approx FF_0 \left(1 - \frac{1}{r_{\mathrm{sh}}}\right) \quad (4-81)$$

而更加准确的经验公式为

$$FF_{\mathrm{sh}} = FF_0 \left[1 - \frac{u_{\mathrm{OC}} + 0.7 FF_0}{u_{\mathrm{OC}} r_{\mathrm{sh}}}\right] \quad (4-82)$$

式 （4-82） 在 $r_{\mathrm{sh}} > 0.4$ 时有效。

如果同时存在串联和分流电阻的话，太阳电池的 $I-U$ 曲线为

$$I = I_{\mathrm{L}} - I_0 \left[\exp\left(\frac{U + I R_{\mathrm{s}}}{nkT/q}\right) - 1\right] - \frac{U + I R_{\mathrm{s}}}{R_{\mathrm{sh}}} \quad (4-83)$$

式中　n——太阳电池中的理想因子（无量纲），其数值范围在 $1 \sim 2$。

为结合串联电阻和分流电阻的影响，可以使用前文所提到的 FF_{sh} 的表达式，只要将式中 FF_0 的值用 FF 代替即可。

4.5　第二代太阳电池

除了以硅（Si）基为主要材料的商业太阳电池，还有采用其他材料和结构的太阳电池。第二代光伏技术（Second Generation Photovoltaic）以薄膜、廉价和可弯曲半导体薄膜材料为特征，以中国汉能等为代表目前也逐步占据一定的光伏市场份额。本节将分别简单介绍几种具有代表性的第二代太阳电池的结构及特性。

4.5.1　GaAs 基系单结电池

20 世纪 60 年代，研究人员就已开始在硅基太阳电池的研究基础上研发砷化镓

（GaAs），但成果并不理想。这是因为受当时单晶材料制备条件所限制，GaAs 的单晶材料质量远远差于 Si 的单晶材料。具体而言，单晶 GaAs 的纯度和完整性都远不如 Si 的材料好，因此不能满足器件的要求。

此后，研究人员采用液相外延（liquid phase epitaxy，LPE）技术来研制 GaAs 太阳电池。该型电池在 GaAs 单晶片衬底上生长出 GaAs/GaAs 同质 p-n 结太阳电池。LPE 技术的设备简单，价格便宜，生长工艺也相对简单、安全，毒性较小，是生长 GaAs 太阳电池材料的简便易行的技术。用 LPE 技术研制 GaAs 太阳电池时遇到的主要问题是 GaAs 材料的表面复合速率高。这是由于 GaAs 是直接带隙半导体材料，其对短波长光子的吸收系数可高达 $10^5\,\mathrm{cm}^{-1}$ 以上，高能量光子基本上被数百埃米（Å，注 $1\text{Å}=10^{-10}\,\mathrm{m}$）厚的表面层所吸收；从而在表面层附近产生了大量的光生载流子，但许多光生载流子被表面复合中心所复合掉了，并不能被收集成为太阳电池的电流。因而，较高的表面复合速率大大降低了 GaAs 太阳电池的短路电流 I_{sc}。此外，GaAs 并没有像 SiO_2/Si 那样好的表面钝化层，不能用简单的钝化技术来降低 GaAs 表面复合速率。因而，在 GaAs 太阳电池研究的初期，电池效率长时间未能超过 10%。

直到 1973 年，研究人员在 GaAs 表面生长出一层 $Al_xGa_{1-x}As$ 窗口层后，这一困难才得以解决。当 $x=0.8$ 时，$Al_xGa_{1-x}As$ 是间接带隙半导体材料，其带隙宽度约为 2.1eV，对光的吸收很弱，大部分光将透过 $Al_xGa_{1-x}As$ 层进入 GaAs 层中，因此 $Al_xGa_{1-x}As$ 层起到了窗口层的作用。由于 $Al_xGa_{1-x}As$ 和 GaAs 的晶格常数接近，其界面的晶格失配小，界面态的密度低，对光生载流子的复合较少。而且 $Al_xGa_{1-x}As$ 与 GaAs 的能带带阶主要发生在导带边，即 $\Delta E_c \gg \Delta E_v$，如果 $AlGa1-xAs$ 为 p 型层，那么 ΔE_c 可以构成少子（电子）的扩散势垒，从而减小了光生电子的反向扩散，降低了表面复合。同时 ΔE_v 不高，基本上不会妨碍光生空穴向 p 边的输运和收集。因此，采用 $Al_xGa_{1-x}As/GaAs$ 异质界面结构使 LPE 制备的 GaAs 电池效率迅速提高，最高效率超过了 20%。1990 年以后，金属有机化学气相沉积（Metal Organic Chemical Vapor Deposition，MOCVD）技术逐渐被应用到 GaAs 太阳电池的研究和生产中。MOCVD 技术生长的外延片表面平整，各层的厚度和浓度均匀并可准确控制，因而用 MOCVD 技术制备的 GaAs 太阳电池的性能明显改进，效率进一步提高，最高效率已超过 25%。

相比于 Si 材料，GaAs 材料存在密度大、机械强度差、价格贵等缺点。为了更加广泛地应用 GaAs 太阳电池，研究人员在寻找廉价材料来替代 GaAs 衬底来形成 GaAs 异质结太阳电池，以克服以上缺点。研究人员首先在衬底材料上采用廉价的 Si 来代替原本的 GaAs 衬底，从而试图生长出 GaAs/Si 异质结太阳电池。如今通过采用先进的分子外延生长（Molecular Beam Epitaxy，MBE）技术和 MOCVD 技术，已可以在 Si 衬底生长出 GaAs 外延层。但由于 GaAs 与 Si 两者的单胞结构和晶格常数相差太大（4%），且它们的热膨胀系数相差 2 倍，因此很难生长出晶格完整性好的 GaAs 外延。即便在 Si 衬底上生长出了 GaAs 外延层，但当生长出的 GaAs 外延层的厚度约大于 $4\mu\mathrm{m}$ 时，便会出现龟裂，并且位错密度也很高（大于 $10\,\mathrm{cm}^{-2}$），因而制备出的 GaAs/Si 太阳电池的效率受到极大的限制。

由于在 Si 上生长 GaAs 存在诸多困难，研究人员将注意力转向了锗（Ge）衬底。

Ge 的晶格常数（5.646Å）与 GaAs 的晶格常数（5.653Å）相近，且两者的热膨胀系数也比较接近，所以容易在 Ge 衬底上实现 GaAs 单晶外延生长。Ge 衬底不仅比 GaAs 衬底便宜，而且其机械牢度是 GaAs 的 2 倍，不易破碎，从而提高了电池的成品率。

采用 MOCVD 技术和 MBE 技术则容易实现 GaAs/Ge 异质结构的生长。用 MOCVD 技术在 Ge 衬底上生长 GaAs 外延层的技术关键是避免在 GaAs/Ge 界面形成寄生 p-n 结，而将此界面变为有源界面。因为 Ge 寄生 p-n 结的极性可能与 GaAs 电池本体 p-n 结的极性相反，这会造成太阳电池的开路电压 U_{oc} 下降。即使寄生 p-n 结的极性与电池本体 p-n 结的极性相同，但寄生结的电流同本体 p-n 结的电流不相匹配也将导致太阳电池的短路电流 I_{sc} 下降。因此 Ge 寄生 p-n 结的存在会导致太阳电池的效率下降。此外，Ge 的温度系数较大，寄生结的存在也降低了电池整体的耐温性能。

寄生结的形成可能同镓（Ga）原子在 Ge 中扩散较快，在 Ge 中形成了 p 型受主杂质有关。解决这问题的途径是采用两步生长法，首先在 600～630℃下用慢速（0.2μm/h）在 Ge 衬底上生长一薄层（厚度约 1μm）GaAs 层，然后在 680℃ 或 730℃下快速（4μm/h）生长较厚 GaAs 层（3.2μm）。为了消除界面缺陷，MBE 关键的工艺步骤是首先在 Ge 衬底上外延生长一薄层 Ge（厚度约 100nm），以形成平整的、无杂质的 Ge 表面。如果没有这一外延 Ge 层，直接让 GaAs 在 Ge 衬底表面成核，由于表面无杂质和生长速度失去控制，将导致很高的位错密度；而且，外延 Ge 层必须在 640℃退火大约 20min，加之采用 Ge（001）衬底沿［110］方向偏 6°将会形成双台阶 Ge 表面，大大抑制了反向畴界的形成。如果退火处理不充分，就会形成反向畴界。然而，由于 Ga 面在 Ge 上的生长不是自终止的，而砷（As）面在 Ge 上的生长超过 350℃是自终止的，所以，如果先生长 Ga 面，其淀积的速率需要校正，以确保生长一个完整的 Ga 单层。

4.5.2　GaAs 系多结叠层电池

采用单一材料成分制备的单 pn 结太阳电池效率受到肖克利-奎泽尔极限效率（Shockley-Queisser Efficiency Limit）的限制和其他不利环境因素影响，其最高效率往往不到 30%。这是因为太阳光谱的能量范围很宽，分布在 0.4～4eV，而材料的禁带宽度 E_g 则是一个固定值。太阳光谱中能量小于 E_g 的光子不能被太阳电池吸收；而能量远大于 E_g 的光子虽然会被太阳电池吸收，从而激发出高能光生载流子，但这些高能光生载流子会在数皮秒内弛豫到能带边，其所携带的大于 E_g 的额外能量则会通过释放声子的形式传递给周围晶格，最终变成热能逸失。解决该问题的途径之一是寻找能充分吸收太阳光谱的太阳电池结构，其中最有效的方法便是采用叠层电池。

叠层电池的原理是用具有不同带隙宽度 E_g 的材料作成多个子太阳电池，然后把它们按 E_g 的大小从宽至窄顺序摞叠起来，组成一个串接式多结太阳电池。其中第 i 个子电池只吸收和转换太阳光谐中与其带隙宽度 E_g 相匹配的波段的光子，即每个子电池吸收和转换太阳光谱中不同波段的光，而叠层电池对太阳光谱的吸收和转换等于各个子电池的吸收和转换的总和。因此，叠层电池比单结电池能更充分地吸收和转换太阳光，从而提高太阳电池的转换效率。以三结叠层电池为例来说明叠层电池的工作原理，选取 3 种半导体材料，它们的带隙分别为 E_{g1}、E_{g2} 和 E_{g3}，其中 $E_{g1} > E_{g2} > E_{g3}$ 按顺序、以串联的方式将这 3 种材料连续制备出 3 个子电池，于是形成由 3 个子电池构成的叠层电池。带隙为 E_{g1} 的子电池在最上面（称为顶电池），带隙为 E_{g2} 的子电池在中间（称为中电池），带隙为 E_{g3} 的子电池在最下面（称为底电池）；顶电池吸收和转换太阳光谱中 $h\upsilon \geqslant E_{g1}$ 部分的光子，中电池吸收和转换太阳光谱中 $E_{g1} > h\upsilon \geqslant E_{g2}$ 部分的光子，而底电池则吸收和转换太阳光谱中 $E_{g2} > h\upsilon \geqslant E_{g3}$ 部分的光子。在叠层太阳电池中，太阳光谱被分成 3 段，分别被 3 个子电池吸收并转换成电能。很显然，这种三结叠层电池对太阳光的吸收和转换比任何一个带隙为 E_{g1} 或 E_{g2} 或 E_{g3} 的单结电池有效得多，因而它可大幅度地提高太阳电池的转换效率。

根据叠层电池的原理，构成叠层电池的子电池的数目愈多，叠层电池可达到的效率愈高。对叠层电池的效率与子电池的数目的关系进行的理论计算表明，在地面光谱 1 个光照的条件下，1 个、2 个、3 个和 36 个子电池组成的单结和多结叠层电池的极限效率分别为 37%、50%、56% 和 72%。显然，两结叠层电池比单结电池的极限效率要高很多。而当子电池的数目继续增加时，效率提高的幅度变缓，三结叠层电池比两结叠层电池的极限效率提高了 6%，而 36 结叠层电池的极限效率比三结叠层电池的极限效率只提高了 12%。另外从实验的角度考虑，制备四结、五结以上的叠层电池都十分困难，各子电池材料的选择和生长工艺都将变得非常复杂，这势必影响到材料和器件的质量和成本，因而给太阳电池的性能造成不利影响，这样反而降低了太阳电池的转换效率。实际上，目前三结叠层电池获得的效率最高。

以 $Al_xGa_{1-x}As/GaAs$ 所构成的叠层太阳电池为例，介绍叠层电池的结构和工艺流程。$Al_xGa_{1-x}As$ 作为与 GaAs 太阳电池相匹配的顶电池材料，是最早用于 AlGaAS/GaAs 系列叠层电池结构的研究。采用 MOCVD 技术生长的电池面积为 $0.5cm^2$ 的 AlGaAs/GaAs 双结叠层电池，其在 AM0 和 AM1.5 效率分别达到 22.3% 和 23.9%。但其存在如何生长高质量的 AlGaAs 层和如何实现上下电池之间的电学串联连接等问题，后续没有新的进展。直到 2001 年，利用 MOCVD 技术制备出 $Al_{0.36}Ga_{0.64}As/GaAs$ 叠层电池，其结构为 pp-n-n 结构的 $Al_{0.36}Ga_{0.64}As$ 的顶电池，$n^+-Al_{0.15}Ga_{0.85}As/p^+-GaAs$ 隧道结和 p-n 结构的 GaAs 底电池，电池的效率高达 27.6%（AM1.5，25℃，$0.25cm^2$）。图 4-22 显示了 $Al_{0.36}Ga_{0.64}As/GaAs$ 的叠层电池结构。

为进一步改进电池性能，在 $Al_xGa_{1-x}As$ 顶电池的生长过程中采用 Se 代替 Si 作为 n 型掺杂剂，提高了 $Al_xGa_{1-x}As$ 层的少子寿命，因而提高了 $Al_xGa_{1-x}As$ 顶电池的短路电流密度 I_{sc}。采用 GaAs 隧道结连接顶电池和底电池，只是用 C 代替 Zn 作为 p 型掺杂剂，减少隧道结内部 p 型杂质的扩散，提高了隧道结的峰值电流密度，因而减小了隧道结的电学损失。经过这些改进，$Al_{0.36}Ga_{0.64}As/GaAs$ 叠层电池的效率提高到 28.85%（AM1.5，25℃，$0.25cm^2$），这是迄今为止 AlGaAS/GaAs 叠层电池的最高效率。图 4-23 显示出了 AlGaAs/GaAs 叠层电池结构。但是，与 InGaAs/GaAs 叠层电池结构相比较而言，AlGaAs/GaAs 的界面复合速率要高许多，这导致 AlGaAs/GaAs 叠层电池的（$13.34mA/cm^2$）比 InGaAs/GaAs 叠层电池的短路电流密度（$14mA/cm^2$）小。这一缺点是影响 AlGaAs/GaAs 叠层电池效率提高的主要障碍。

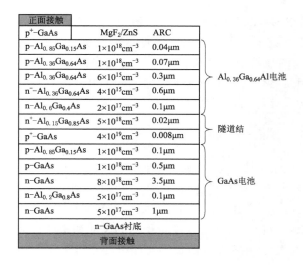

图 4-22　效率为 27.6% 的 $Al_{0.36}Ga_{0.64}As/GaAs$ 叠层电池结构

正面接触		
p$^+$-GaAs	MgF$_2$/ZnS	ARC
p-Al$_{0.85}$Ga$_{0.15}$As	1×10^{18} cm^{-3}	0.04μm
p-Al$_{0.36}$Ga$_{0.64}$As	1×10^{18} cm^{-3}	0.07μm
p-Al$_{0.36}$Ga$_{0.64}$As	3×10^{15} cm^{-3}	0.3μm
n$^-$-Al$_{0.36}$Ga$_{0.64}$As	4×10^{16} cm^{-3}	0.5μm
n-Al$_{0.6}$Ga$_{0.4}$As	2×10^{17} cm^{-3}	0.1μm
n$^+$-GaAs	5×10^{18} cm^{-3}	0.02μm
p$^+$-GaAs	4×10^{19} cm^{-3}	0.01μm
p-Al$_{0.85}$Ga$_{0.15}$As	1×10^{18} cm^{-3}	0.1μm
p-GaAs	1×10^{18} cm^{-3}	0.5μm
n-GaAs	8×10^{16} cm^{-3}	3.5μm
n-Al$_{0.2}$Ga$_{0.8}$As	5×10^{17} cm^{-3}	0.1μm
n-GaAs	5×10^{17} cm^{-3}	1μm
n-GaAs衬底		
背面接触		

（AlGaAs电池／隧道结／GaAs电池）

图 4-23　效率为 28.85% 的 AlGaAs/GaAs 叠层电池结构

4.5.3　Ⅲ-Ⅴ族量子阱电池

虽然Ⅲ-Ⅴ族多结叠层电池极大地提高了太阳电池的能量转换效率，但由于多结叠层电池的结构复杂，各子结材料之间的晶格常数和热膨胀系数均要匹配。因而对各个子电池材料的选择和连接各个子电池的隧道结材料的选择都十分严格，而且制备工艺也十分复杂。这些都造成了Ⅲ-Ⅴ族多结叠层电池的成本较高，而这一缺点限制了它的实际应用范围。研究人员试图寻找其他相对简单的工艺或途径来提高太阳电池的效率。

而量子阱太阳电池就是其中一种较为可行的办法。量子阱太阳电池是指在 p-i-n 型太阳电池的本征层中植入多量子阱（MQW）或超晶格低维结构所构成的太阳电池。该型电池可有效提高太阳电池的能量转化效率。含多量子阱的 p-i（MQW）-n 型太阳电池的能带结构如图 4-24 所示。电池的基质材料和势垒材料具有较宽的带隙 E_b，阱层材料具有较窄的有效带隙 E_a，E_a 值的大小由阱量子限制能级的基态决定。因此，p-i（MQW）-n 型电池的吸收带隙可以通过阱层材料

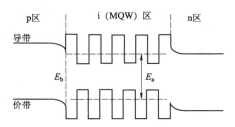

图 4-24　p-i（MQW）-n 多量子阱超晶格结构能带示意图

的选择和量子阱宽度（垒宽 L_b、阱宽 L_a）来剪裁，以扩展对太阳光潜长波范围的吸收，从而提高光电流 I_L。量子阱太阳电池的 I_{sc} 主要取决于阱层的有效吸收带隙 E_a，而 U_{OC} 不仅取决于基质材料的带隙 E_b，还与 A/I_{sc} 的比值有关，A 是比例常数，根据器件的结构所确定。所以，一般来讲，p-i（MQW）-n 太阳电池的 U_{OC} 将小于不含 MQW 基质材料电池的开路电压。

多量子阱电池的实验研究重点材料，主要集中在晶格匹配的 AlGaAs/GaAs 和 InP/

InGaAs 系统，以及晶格不匹配的应变超晶格 GaAs/InGaAs 和 InP/InAsP 系统。从总体来看，量子阱太阳电池还处于探索试验阶段。量子阱太阳电池的优点是扩展了长波响应，能在很薄的有源层（约 $0.6\mu m$）中获得较高的短路电流密度；另外，它还可以形成应变结构，因而扩充了晶格匹配的容限选择。但是器件的暗电流密度较大降低了电池的开路电压。量子阱太阳电池性能的提高有赖于结构设计与工艺冗余度的进一步优化。

4.5.4　Ⅲ-Ⅴ族量子点

　　Ⅲ-Ⅴ族量子点太阳电池的原理与Ⅲ-Ⅴ族量子阱太阳电池的原理相似。量子阱太阳电池是在 p-i-n 型太阳电池的 i 层（本征层）中植入多量子阱（MQW）结构，而量子点太阳电池是在 p-i-n 型太阳电池的 i 层（本征层）中植入多个量子点层，形成基质材料/量子点材料的周期结构。由于量子点的量子限域效应，可通过改变量子点的尺寸和密度对量子点材料层的带隙进行调整。有效带隙 E_{eff} 由量子限域效应的量子化能级的基态决定。相临量子点层的量子点之间存在很强的耦合，使得光生电子和空穴可通过共振隧穿效应穿过全层，这就提高了光生载流子的收集效率，也就是提高了太阳电池的内量子效率 IQE，因而提高了太阳电池的短路电流密度 I_{sc}。另外，量子点太阳电池的开路电压 U_{oc} 有所降低，但不明显，因而量子点太阳电池的理论效率比普通 p-i-n 型太阳电池的效率要高。理论计算表明，InAs/GaAs 量子点太阳电池的效率可高达 25%，而没有量子点层的 p-i-n 型 InAs/GaAs 太阳电池的效率只有 19%。

4.5.5　铜铟镓硒薄膜电池

　　铜铟镓硒（Copper Indium Gallium Selenium，CIGS）薄膜太阳电池的 p-n 结是由 p 型 CIGS 膜和 n 型 ZnO/CdS 双层膜组成的反型异质结。它的 p 型区只有 CIGS 薄膜，而 n 型区则相当复杂，不仅有 n^+-ZnO、i-ZnO 和 CdS，而且还含有表面反型的 CIGS 薄层。研究表明，高效 CIGS 薄膜太阳电池的 CIGS 吸收层表面都是贫 Cu 的，它的化学配比与体内不同，可能变为 $CuIn_3Se_5$、$Cu(In，Ga)_3Se_5$ 或类似的富 In、Ga 的有序空位化合物（Ordered Vacancy Compounds，OVC）。OVC 层是 n 型的，它的禁带宽度比 CIS 的大 0.26eV，而且禁带的加宽主要是由价带下移而导带基本不变，因此得到如图 4-25 所示的能带结构。从图中可以看出，一个由 CIS 组成的同质 p-n 结深入到 CIS 内部而远离有较多缺陷的 CdS/CIS 界面，从而降低了界面复合率。同时，CIGS 能带在靠近 ZnO/CdS 处下降形成一个空穴传输层，使界面处空穴浓度减小，也降低界面复合。因此，CIGS 表面缺 Cu 层的存在有利于太阳电池性能的提高。

　　图 4-25 已给出 CIGS 薄膜太阳电池的典型

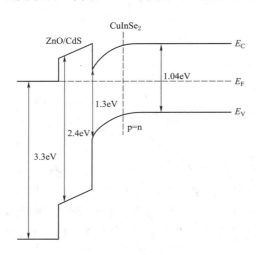

图 4-25　CIGS 薄膜电池的能带结构

结构，除玻璃或其他柔性衬底材料以外，还包括 Mo 底电极层、CIGS 吸收层、CdS 缓冲层（或其他无镉材料）、i-ZnO 和 Al-ZnO 窗口层、MgF_2 减反射层和 Ni-AI 顶电极层等七层薄膜材料。下面将分别叙述除 CIGS 吸收层外的其他各层材料。

1. Mo 底电极层（即背接触层）

Mo 背接触层是 CIGS 薄膜太阳电池的最底层，它直接生长于衬底上。在背接触层上直接沉积太阳电池的吸收层材料。因此背接触层的选取必须要与吸收层之间有良好的欧姆接触并尽量减少两者之间的界面态。同时背接触层作为整个电池的底电极，承担着输出电池功率的重任，因此它必须要有优良的导电性能。从器件的稳定性考虑，背接触层既要与衬底之间有良好的附着性，又要与其上的 CIGS 吸收层材料不发生化学反应。经过大量的研究和实验证明，金属 Mo 是 CIGS 薄膜太阳电池背接触层的最佳选择。

2. CdS 缓冲层

高效率 Cu（In，Ga）Se_2 电池大多在 ZnO 窗口层和 CIGS 吸收层之间引入一个缓冲层，目前使用最多且得到最高效率的缓冲层是 Ⅱ-Ⅵ族化合物半导体 CdS 薄膜。它是一种直接带隙成过渡，减小了两者之间的带隙台阶和晶格失配，调整导带边失调值，对于改善 pn 结质量和电池性能具有重要作用。由于沉积方法和工艺条件的不同，所制备的 CdS 薄膜具有立方晶系的闪锌矿结构和六角晶系的纤锌矿结构。这两种结构均与 CIGS 薄膜之间有很小的晶格失配。CdS 缓冲层还有两个作用：①防止射频溅射 ZnO 时对 CIGS 吸收层的损害；②Cd、S 元素向 CIGS 吸收层中扩散，S 元素可以钝化表面缺陷，Cd 元素可以使表面反型。Cs 材料存在着明显的绿光（$h\upsilon > 2.42eV$）吸收，显然不利于短波谱段的光生电流收集。随 CdS 层厚度或 CdS 薄膜中缺陷密度（大于 $10^{17} cm^{-2}$）的增加，不仅会降低短路电流密度 I_{sc}，还会使 $CuInSe_2$ 和低 Ga 含量 CIGS 电池出现明显的 $I-U$ 扭曲现象。薄化 CdS 层（小于等于 50nm）可以基本消除 $I-U$ 扭曲，从而提高填充因子值。另外，工艺过程中含 Cd 废水的排放以及报废电池中 Cd 的流失均造成环境污染，这无疑是使用 CdS 缓冲层的缺点。

3. i-ZnO 和 Al-ZnO 窗口

在 CIGS 薄膜太阳电池中，通常将生长于 n 型 CdS 层上的 ZnO 称为窗口层。它包括本征氧化锌（i-ZnO）和铝掺杂氧化锌（Al-ZnO）两层。ZnO 在 CIGS 薄膜电池中起重要作用。它既是太阳电池 n 型区与 p 型 CIGS 组成异质结成为内建电场的核心，又是电池的上表层，与电池的上电极一起成为电池功率输出的主要通道。作为异质结的 n 型区，ZnO 应当有较大的少子寿命和合适的费米能级的位置。而作为表面层则要求 ZnO 具有较高的电导率和光透过率，因此 ZnO 分为高、低阻两层。由于输出的光电流是垂直于作为异质结一侧的高阻 ZnO，但却横向通过低阻 ZnO 而流向收集电极，为了减小太阳电池的串联电阻，高阻层要薄而低阻层要厚。通常高阻层厚度取 50nm，而低阻层厚度选用 300～500mm。ZnO 是一种直接带隙的金属氧化物半导体材料，室温时禁带宽度为 3.4eV。自然生长的 ZnO 是 n 型，与 CdS 薄膜一样，属于六方晶系纤锌矿结构。其晶格常数为 $a=3.2496$Å，$c=5.2065$Å，因此 ZnO 和 CdS 之间有很好的晶格匹配。

由于 n 型 ZnO 和 CdS 的禁带宽度都远大于作为太阳电池吸收层的 CIGS 薄膜的禁带宽度，太阳光中能量大于 3.4eV 的光子被 ZnO 吸收，能量介于 2.4eV 和 3.4eV 之间的光子会被 CdS 层吸收。只有能量大于 CIGS 禁带宽度而小于 2.4eV 的光子才能进入 CIGS 层并被它吸收，对光电流有贡献。这就是异质结的"窗口效应"（如果 ZnO 和 Cds 很薄，可有部分高能光子穿过此层进入 CIGS 中）。可以看出，CIGS 太阳电池似乎有两个窗口，由于薄层 CdS 被更高带原且均为 n 型的 ZnO 覆盖，所以 CdS 层很可能完全处于 p-n 结势垒区之内使整个电池的窗口层从 2.4eV 扩大到 3.4eV，从而使电池的光谱响应 SR 得到提高。

4. MgF$_2$ 减反射层和 Ni-Al 顶电极层

CIGS 薄膜太阳电池的顶电极采用真空蒸发法制备 Ni-Al 栅状电极。Ni 能很好地改善 Al 与 ZnO：Al 的欧姆接触。同时，Ni 还可以防止 Al 向 ZnO 中的扩散，从而提高电池的长期稳定性。整个 Ni-Al 电极的厚度为 1～2μm，其中 Ni 的厚度约为 0.05μm。太阳电池表面的光反射损失大约为 10%。为减少这部分光损失，通常在 ZnO：Al 表面上用蒸发或者溅射方法沉积一层减反射膜（Anti-Reflection Coating，ARC）。在选择减反射材料时要考虑以下条件：①在降低反射系数的波段，薄膜应该是透明的；②减反膜能很好地附着在基底上；③要求减反膜要有足够的力学性能，并且不受温度变化和化学作用的影响。在满足上述条件后，减反膜在光学方面有以下要求：

（1）薄膜的折射率 n_1 应该等于基底材料折射率 n 的平方根，即 $n_1 = n^{1/2}$。对 CIGS 薄膜电池来讲，ZnO 窗口层的折射率为 1.9，故减反射层的折射率应为 1.4 左右，MgF$_2$ 的折射率为 1.39，满足 CIGS 薄膜电池减反射层的条件。

（2）薄膜的光学厚度应等于该光谱波长的 1/4 即 $d = \lambda/4$。目前，仅有 MgF$_2$ 减反膜广泛应用于 CIGS 薄膜电池领域，并且在最高效率 CIGS 薄膜电池中得到应用。

4.6 第三代太阳电池

4.5 节介绍了几种第二代太阳电池。除此之外，还有一些高级概念太阳电池（Advanced Concept Solar Cells）由于制备条件等因素所限，目前仍然停留在概念或模拟阶段。但根据其模拟结果显示其理论最高效率将远远高于现阶段的所有商用电池，同时由于薄膜化特点该型电池成本也会进一步降低。这一类电池被统称为第三代太阳电池（third generation photovoltaic）。本节将分别简单介绍几种具有代表性的第三代太阳电池工作原理及特性。

4.6.1 碰撞离化电池

载流子倍增现象于 1950 年在半导体体材料中被发现。该现象中由于载流子增加从而大大提高了太阳电池的光电流，进而提高了太阳电池的整体能量转换效率。这种倍增主要是由碰撞离化效应造成的，其机理如图 4-26 所示。由于吸收了一个高能量光子，激发一对高能量的电子空穴对，当导带中的高能量电子跃迁到导带底部时，其释放的能量又会激发产生另一对电子空穴对，这样吸收 1 个光子将产生 3 对电子-空穴对，该过程被称为碰撞离化效应（Impact Ionization Effect）。碰撞离化效应在体材料中非常微弱，20 世纪 90 年代后期，阿瑟·诺基克（Arthur Nozik）研究发现在量子点超晶格结构中碰撞离化效应更为明显，具体原因还不明确，但这与量子点小尺寸效应降低了对动量守恒的要求有关。

2004 年洛斯阿拉莫斯国家实验室（Los Alamos National Laboratory）的维克多·克勒默通过实验证实了诺基克理论的正确性。2006 年他发现硒化铅（PbSe）的量子点被高能紫外线轰击时能使 1 个光子产生 7 个电子。诺基克的团队不久后证明了量子点效应同样发生在其他一些半导体上，如硫化铅（PbS）和碲化铅（PbTe）。诺基克实验室最近又论证了硅材料量子点的超电子效应，利用量子点技术制造出的硅材料电池，其成本将远远低于单晶硅。虽然许多光子具有足够的能量在半导体材料中产生多个自由电子，但在实际的光电转换中，1 个

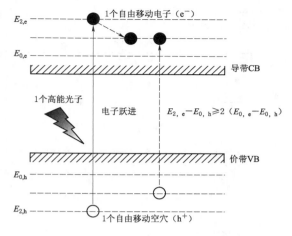

图 4-26　碰撞离化效应过程示意图

光子通常只能激发 1 个自由电子。这是因为在光子作用下产生的自由电子往往会与其周围的原子发生碰撞，消耗了电子多余的能量，不能激发更多的自由电子。该技术在短时期内还无法盈利，目前的研究工作主要集中在电子空穴对的分离、输运和收集等方面。

4.6.2　上下转化电池

　　中间带和载流子倍增太阳电池均要求材料具有好的光学和电学性质，这就使制备高转换效率的器件变得极为困难。如果把这些要求分离，就会使优化设计变得简单。以上讨论的各种太阳电池均是用自然光照射，也可采用聚光技术。光伏器件的理论极限就是在聚光条件下算得的，因此通过修正入射光谱可提高标准单结电池的转换效率，这就是所谓的上转换和下转换太阳电池。上转换即至少吸收 2 个能量小于带宽的光子，然后发射出一个能量大于带宽的光子；下转换即吸收 1 个能量至少 2 倍于带宽的光子，发射出 2 个能量稍大于带宽或等于带宽的光子。下转换材料放在标准单结电池的前面，通过把高能量的紫外光转换成可见光来增加光生电流，这就要求它的量子效率大于 1。目前研究发现一些发光材料、多孔渗水硅和纳米晶硅等均具有较高的量子效率。另外量子点中的载流子倍增机制也可用于下转换，但要使量子效率大于 1 仍很困难，相关研究正在进行。在标准单结电池后面附加上转换材料可充分吸收能量小于带宽的光子从而提高转换效率。由于上转换材料不会干扰前面单结电池的入射光，所以即便是低效率的上转换材料亦可增加光生电流，提高电池的转换效率。

4.6.3　热光伏电池

　　热光伏（Thermal Photovoltaic，TPV）电池是太阳电池在红外条件下的一种特殊应用类型。在无电的边远地区，白天可采用太阳电池来发电；而在没有太阳光的夜间，人们可通过 TPV 利用燃气燃煤等取暖炉发出的红外线来发电，也可把 TPV 安置在锅炉或发动机的周围，利用锅炉或发动机散发出的热能来发电。热光伏电池属于第三代太阳电池的

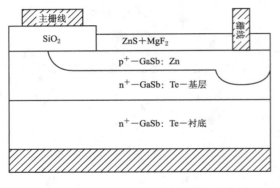

图 4 - 27　GaSb - TPV 电池的结构示意图

范畴，而与其他第三代光伏电池所不同的是 TPV 电池是为数不多的可以实现制备并被用于发电的太阳电池设备。TPV 由 Ge 或 GaSb 等窄禁带半导体材料形成，电池结构与单结Ⅲ - Ⅴ族电池类似。制备方法可采用扩散技术，也可采用液相外延技术。如图 4 - 27 显示了 GaSb - TPV 电池的结构。该电池是用液相外延技术和扩散技术相结合制备的，其中的 n - GaSb 层是用液相外延技术制备的，而 p⁺ - GaSb 层是用 Zn 扩散技术制备的。这是因为 GaSb 的带隙太窄（E_g = 0.726eV@300K），普通的扩散技术容易造成边缘短路，所以必须采用选择性扩散的方法。

4.6.4　热载流子太阳电池

提高光电转换效率的另一条途径是使光生载流子在热弛豫损失前被捕获。由于不需要带边来减缓光激发载流子的能量弛豫（energy relaxation），在太阳光谱相当宽的区域中，载流子吸收都是可以进行的，如果可以避免光生载流子的热弛豫损失（thermalization loss），采用很窄带隙的半导体材料或者金属均可获得这种大范围吸收。热载流子太阳电池（hot carrier solar cell，HCSC）就是基于上述理念，致力于在激发态载流子发生弛豫前抽取它们并利用其能量对外发电，该过程可有效避免热弛豫损失，从而极大地提高 HCSC 的能量转换效率。如图 4 - 28 显示了 HCSC 的结构及其工作原理。HCSC 的结构与其他多 p - n 结单片集成的叠层电池相比，在维持高转换效率的条件下具有相对较简单的结构。因此，HCSC 可以利用能量损耗低的薄膜制备工艺，选择丰富无毒的原材料。热载流子太阳电池是通过晶格内声子的相互作用，降低光生载流子冷却的速率，使其在被收集前保持较高的能量状态。这种结构的电池具有较高的开路电压，也解决了光伏器件载流子热能化损失的问题。在热载流子太阳电池中，除了要求吸收材料本身减缓载流子的冷却速率外，还必须通过一个接收窄范围能量的接触不断从器件抽取载流子。

关于热载流子太阳电池的报道很少，最初的研究主要集中在选择性能量接触方面。有研究人员采用双势垒共振隧道结构作为选择性能量接触，用单层 Si 量子点作为共振能级。延缓载流子冷却速率是一个很困难的问题，人们曾经在强光照射（高浓度载流子）条件下观察到该现象，这是因为在该条件下声子瓶颈效应（Phonon Bottleneck Effect）限制了载流子的衰减机制。阴阳离子质量相差较大的化合物在自身允许的声子模式中有一个间隙，可减缓衰减机制增加瓶颈效应，如氮化镓（GaN）和氮化铟（InN），实验证明后者确实具有较缓慢的冷却速率。Gavin Conibeer 等在理论上通过调整量子点超晶格中的声子带结构重复了这一效应，但这还有待实验来验证。热载流子太阳电池虽然很有前景，但该技术的研究尚处于理论初步阶段，要得到高转换效率的电池还需走很长的路。

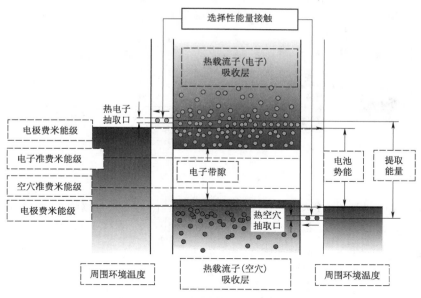

图 4 - 28　HCSC 的结构及工作示意图

4.7　太阳电池互联和组件装配

本节将重点介绍影响太阳电池组件的几种因素和关键问题，其中包括：失谐太阳电池组件、热点过热效应、抗候性、温度因素和降格失效问题。并将具体解释上述问题的发生原因以及目前的解决办法，相信对实际光伏设计规划和施工具有一定指导意义。

4.7.1　组件和电路设计

实际情况中，太阳电池很少单独使用，而是将具有相似特性的电池互相串并联并封装成太阳电池组件，从而形成太阳电池阵列的基本组体单元。因为从单个单晶硅太阳电池所能得到的最大电压大约只有 600mV，所以电池一般被串联在一起从而获得所需要的工作电压。一般而言 36 个电池串联在一起形成一个额定电压为 12V 的充电子系统。在峰值日照情况下（100mW/cm²），一个电池的最大电流大约是 30mA/cm²，电池并联在一起以获得所需的电流。

在理想情况下，组件中的电池会表现出相同的特性，并且整个组件与单独电池的 I-U 曲线应具有相同的形状，只是坐标轴的尺度会根据串并联电池数量而有所改变。因此对于由 N 个串联和 M 个并联起来的电池组件而言，其 I-U 曲线可由下式表示

$$I_{\text{total}} = MI_{\text{L}} - MI_0 \left[\exp\left(\frac{qU_{\text{total}}}{nkTN} \right) - 1 \right] \tag{4-84}$$

4.7.2　非相同特性电池及其组件

在实际情况中，所有电池都具有不同的特性，输出最小的电池限制了整个组件的总输出。组件中电池的最大输出的总和与组件实际达到的最大输出之间的差别就是失谐损耗。失谐电池之间的并联的示意图如图 4-29 所示。

图 4-30 和图 4-31 说明了在这种情况下确定开路电压和短路电流的方法。

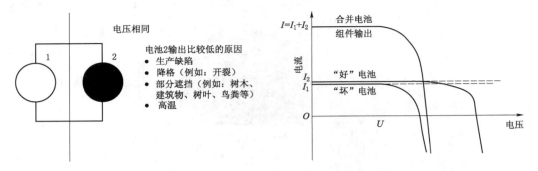

图 4-29　并联的两个失谐电池

图 4-30　并联的两个失谐电池以及对电流的影响

失谐电池之间的串联示意图如图 4-32 所示。

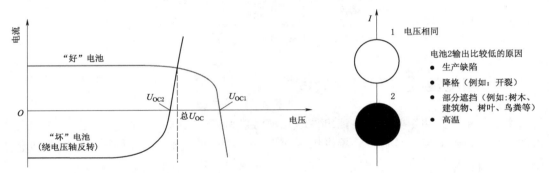

图 4-31　计算并联的两个失谐电池总 U_{OC} 的简便方法

图 4-32　串联的两个失谐电池

图 4-33 和图 4-34 说明了在这种情况下确定开路电压和短路电流的方法。

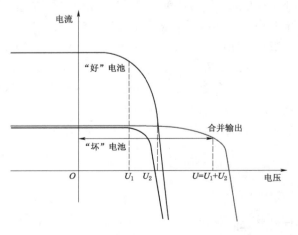

图 4-33　串联的两个失谐电池以及对电压的影响

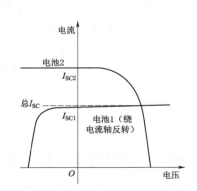

图 4-34　计算串联的两个失谐电池总 I_{SC} 的简便方法

假如上面图中的电池被替换成电池组件、电池串、电池模块或者源电路，也会出现相似的效果和曲线形状。来自于不同厂家的电池或组件，即使额定电流相同，仍可能具有不同的光谱响应，从而导致失谐损耗问题的出现。

4.7.3　热点过热

存在于组件里的失谐电池可导致某些电池产生能量而某些电池消耗能量。最坏的情况是，当组件或者组件串被短路时，所有"好"电池的输出都会消耗在"坏"电池上。图4-35中的电池串里有一个"坏"电池。图4-36说明了这个"坏"电池对整个组件输出的影响。

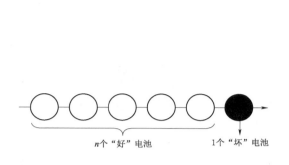

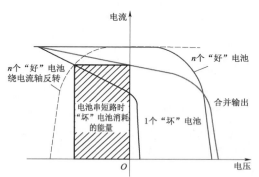

图4-35　一个"坏"电池位于电池串中，减少了通过"好"电池的电流，导致这些"好"电池产生较高的电压，从而让"坏"电池反偏

图4-36　n个"好"电池串联1个"坏"电池对整体电池组件性能的影响

由"好"电池产生的电压反偏"坏"电池，如图4-37所示。

能量在"坏"电池上的消耗导致电池p-n结的局部击穿。在很小的区域会产生很大的能量消耗，导致了局部过热，或者称为"热点"，从而会导致电池或玻璃开裂、焊料熔化等破坏性的结果。电池组也会发生同样的问题，如图4-38所示。

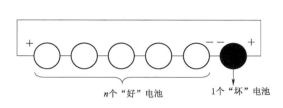

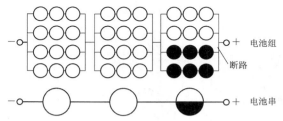

图4-37　串联电池串中"坏"电池反偏

图4-38　一组电池中的潜在"热点"（上图的电池组和下图的电池串等效）

对于热点问题和失谐电池，一个解决办法是在原电路基础上加装旁路二极管。通常情况下，当光线不被遮挡时，每个二极管处于反偏压，每个电池都在产生电能。当一个电池被遮挡时会停止产生电能，成为一个高阻值电阻，同时其他电池促使其反偏压，导致连接

电池两端的二极管导通，原本流过被遮挡的电池的电流被二极管分流。有旁路极管和故障电池的电路如图 4-39 所示。

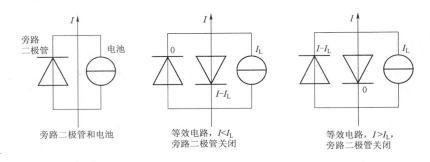

图 4-39　一个旁路二极管和一个电池并联

具有故障电池的电池阵列的输出如图 4-40 所示。

实际上，将每个电池配备一个旁路二极管过于昂贵，所以二极管通常会连接于一组电池的两端，如图 4-41 所示。被遮挡的电池的最大功率消耗大约等于该电池所在电池组的总发电能力。对于硅太阳电池，在不引起损坏的情况下，一个旁路二极管最多连接 10～15 个电池。因此对于通常的 36 电池组件，至少需要 3 个旁路二极管以保证不被热点所损坏。

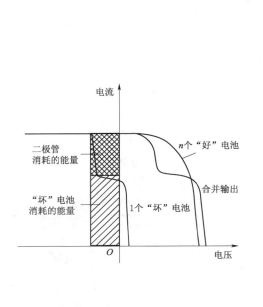

图 4-40　有一个旁路二极管的"坏"电池
对整个电池组件输出性能的影响

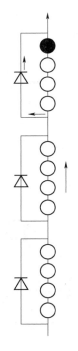

①如果一个电池被遮挡，电流被整个电池组分流

②这个电池组被反偏到二极管的"膝处电压"

③被遮挡的电池被反偏到该组其他电池总电压和该膝处电压之和

④因此，被遮挡的电池最大浪费的能量约等于电池组里所有电池的发电容量

图 4-41　组件中联结一组电池
两端的旁路二极管

不是所有的商业组件都具有旁路二极管。如果没有配备，要保证组件不会被长时间短接，并且那部分组件不会被周边建筑物或临近的电池阵列所遮挡。在每个太阳电池内部集成一枚二极管的方案也是可行的，它是确保各个电池都不被损坏的一个低成本方法。如图4-42所示，对于并联组件，另外的问题是当使用旁路二极管时会发生热失控串电池的旁路二极管比其余的热，承载了很大一部分电流，因此导致更热。因此应当选用能够承受组件合并所产生的并联电流的二极管。

合格的二极管应当能够承受其保护组件的2倍的开路电压或者1.3倍的短路电流的工作条件。如图4-43所示，一些组件包含阻塞二极管，保证电流只会从组件里流出。例如，它可以防止夜间时蓄电池对太阳电池放电。因为阻塞二极管会消耗一部分收集的电能，所以不是所有电池串都具有，当使用阻塞二极管时，与旁路二极管相似，应当可以承受其所保护组件2倍开路电压或者1倍短路电流的情况。

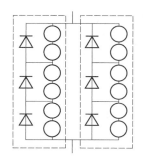

图4-42　并联组件中的
旁路二极管

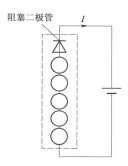

图4-43　通过使用阻塞二
极管确组件中的电
流单向流动

4.7.4　组件构造

太阳电池组件阵列经常被用于荒芜偏远的地区，那些地方可能不与中央电网连接或不适合依赖燃料的供能系统运行。因此组件必须能够扩充和无维护运转。现在市场上较成熟的商业太阳电池组件寿命一般是20～25年，而整个光伏产业正在努力寻求达成30年的组件寿命。封装是影响太阳电池寿命的主要因素。图4-44是一个典型的封装示意图。

合格的组件需接受不同次序的检查，这些检查包括组件的电学、光学和机械结构检查。如果每个样品符合以下所有的要求，组件就达到了质量标准。

（1）没有明显的肉眼能看到的缺陷。

（2）在STC情况下，经过单个测试后

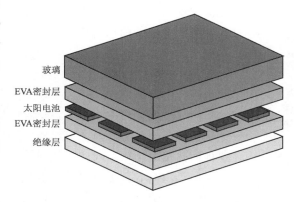

玻璃
EVA密封层
太阳电池
EVA密封层
绝缘层

图4-44　一个典型的封装示意图

的最大输出功率的降格小于 5％，在所有测试程序之后的最大输出功率的降格小于 8％。

（3）通过绝缘性测试和高电压测试。

（4）样品不存在任何明显的断路或接地故障。

以下讨论最重要的针对环境情况的防护（也称为"抗候性"）方面的问题。

4.7.5 抗候性

太阳电池组件必须能够经受例如灰尘、盐、沙子、风、雪、潮湿、雨、冰雹、鸟、湿气的冷凝和蒸发、大气气体污染物、每日和季节温度的变化，并能在长时间紫外光照射下保持性能。

顶部盖板必须具有并且保持对于 350～1200nm 波段太阳光的良好的透过率。它必须具有好的抗冲击性能，具有坚硬、光滑、平坦、耐磨，以及能利用风、雨或喷洒的水进行自我清洁的抗污表面。整个结构必须没有能使水、灰尘或其他物质存留的突出物体。长时间湿气的渗入是大部分组件失效的原因。水蒸气在电池板或者电路上的冷凝会导致短路或者腐蚀。因此密封组件必须对气体、蒸汽或液体有很强的抵御性。最易受侵入的地方是电池和封装材料之间的界面以及所有不同材料相接触的界面。用于黏结的材料必须精心选择，以保证能在极限环境下保持附着。通常的封装材料是乙烯-醋酸乙烯共聚物（EVA）、特氟轮（Teflon）和铸件树脂。EVA 被普遍应用于标准组件，通常在真空室中处理，也应用于真空室中。Teflon 用于小型特殊组件上，它的前面不再需要覆盖玻璃。树脂封装有时被用在建筑一体化的大型组件上。

回火过的低铁含量卷制玻璃是当前作为顶层表面的最佳选择，因为它相对便宜、坚固、稳定，具有高透光率、密封性和良好的自清洁能力。回火使玻璃能够抵御热应力。低铁玻璃可以使透光率达到 91％。一个最新的进展是具有抗反射涂层玻璃的成功研制，利用腐蚀处理或浸渍涂布，从而达到了高达 96％的透光率。Tedlar、Mylar 或玻璃一般被用于组件的背面以防止湿气侵入。但是所有聚合物在一定程度上都具有可浸透性。典型的组件短期性能损失是由于城市和乡村环境中灰尘的堆积和污染所造成的。

4.7.6 温度因素

对于晶体硅材料，尤其需要组件尽可能地在较低的温度下运行，这是因为：

（1）在低温下电池的输出会增加。

（2）热循环和热应力将会减少。

（3）温度每升高 10℃，降格速率会增长大约 1 倍。

为了减少组件的降格速率，最好能够排除红外辐射，因为红外线的波长太长而不能被电池很好的吸收，然而还没有十分经济合理的方法可以解决这个问题。组件和太阳电池阵列要很好地利用辐射、传导和对流等机制进行冷却，并最小化对无用辐射的吸收。通常情况下，在组件的热量散失中，对流和辐射各占一半。

不同的封装类型具有截然不同的热特性，制造者利用这点制造出不同的产品来满足不同的市场需求。一个典型制造商可能提供以下一些特性不同的组件：海洋组件、注塑成型组件、袖珍型组件、层压式组件、光伏屋顶瓦片、建筑一体化薄板。

额定电池工作温度（NOCT）的定义为：当组件中电池处于开路状态，并在以下具有代表性的情况时所达到的温度。

（1）电池表面光照强度＝800W/m²。

（2）空气温度＝20℃。

（3）风速＝1m/s。

（4）支架结构＝后背面打开。

目前商业化组件性能最佳的组件在运行时 NOCT 为 33℃，最差组件在运行时 NOCT 为 58℃，比较典型的组件运行时 NOCT 为 48℃。用来估算电池温度的近似表达式为

$$T_{cell} = T_{air} + \frac{NOCT-20}{800} \times S \qquad (4-85)$$

式中　　T_{cell}——电池温度；

　　　　T_{air}——空气温度或环境温度；

　　　　S——光照强度，W/m²。

当风速很大时，组件的温度将会比这个值低，但是在静态情况下温度会较高。对于建筑一体化组件，温度效应尤其应该值得重视，必须确保使尽可能多的空气流经组件的背面，以防止温度过高。

电池包装密度（即有效电池面积占组件总面积的比值）同样对操作温度有影响，包装密度较低的电池具有较低的 NOCT，例如：

（1）50％的电池包装密度——－41℃（NOCT）。

（2）100％的电池包装密度——48℃（NOCT）。

圆形和正方形电池的相对包装密度，如图 4－45 所示。

具有白色背面并在组件中稀疏排列的电池，通过"零深度聚光效应"，同样可以使输出少量地增加，如图 4－46 所示。部分光线照射到电池的电极部分以及电池之间的组件区域，这些光被散射后最终照射到组件的有效区域。

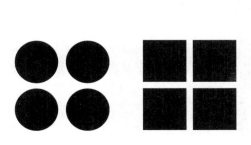

图 4－45　圆形和正方形电池的
相对包装密度示意图

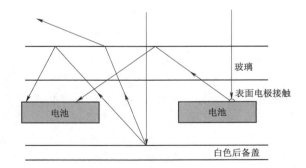

图 4－46　具有白色后备盖并且在组件中稀疏
排列的电池的零深度聚光效应

热膨胀是另一个设计组件时必需考虑到的温度效应。图 4－47 表明了电池随着温度升

高所发生的热膨胀。如图 4 - 47 所示，电池之间的空间可以增加一定量 δ，公式为

$$\delta = (a_g C - a_c D)\Delta T \qquad (4 - 86)$$

式中 a_g，a_c——玻璃和电池的膨胀系数；

$\qquad$ C——相邻电池间中心之间的距离；

$\qquad$ D——表示电池的长度。

通常情况下，电池与电池之间采取环形互联，是为了减少循环应力。双重互联是为了降低在这样的应力下而自然疲劳失效的概率。除了相互连接的应力，所有的组件界面会受到温度相关的循环应力，甚至最终可能导致脱层。

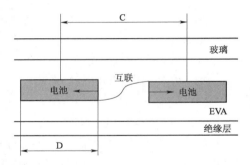

图 4 - 47　随着温度的上升，使用应力减轻环以适应电池间的热膨胀

4.7.7　降格和失效

组件的操作寿命主要是由封装的耐久性决定。光致退化能够引起硼掺杂硅电池的降格。实际应用表明，在 20～30 年预期寿命之后，太阳能组件就会以不同的形式降格或者失效。长期的性能研究表明，典型的性能损耗范围每年在 1%～2% 之间。每年运行时由各种降格所引起的预期输出减少量如下：

（1）前表面污损——前表面灰尘的积累会降低组件的性能。组件的玻璃表面通过风雨的洗刷实现自我清洁，将这些损失保持在 10% 以下；然而对于其他材料的表面而言这个损失的百分比可能更高。

（2）电池的降格——组件中逐渐的降格主要是由以下因素引起的：①由于金属接触附着力的降低或者腐蚀引起 R 变大；②由于金属迁移透过 pn 结导致 R 减小；③抗反射涂层的老化；④电池中活跃的 p 型材料硼形成硼氧化合物而造成衰减。

（3）组件的光学老化封装材料的变色可导致性能逐渐下降。紫外线、温度或湿气会造成通体变黄；组件边缘的密封、架设或终端盒等部分的外来物质的扩散，会发生局部的发黄现象。

（4）电池短路——短路容易在电池互联的地方出现，如图 4 - 48 所示。对薄膜电池这是个比较常见的问题。因为在薄膜电池中顶电极和背电极距离较近，由于针孔以及电池材料腐蚀或损坏的区域而导致的短路概率更大。

（5）电池断路这是个比较常见的故障。尽管多余的连接点和互联的主栅线能通常确保电池正常地运作。电池的破裂可以导致断路，如图 4 - 49 所示。导致电池破裂的原因可能有以下几种：①热应力；②冰雹或碎石；③在生产或者装配过程中造成的"隐性裂痕"，一般在生产检验时无法发觉，但是之后就会出现。

（6）互联的断路和寄生串联电阻。循环热应力和风力负荷会导致连接件的疲劳，从而导致互联电路的断路故障，寄生串联电阻会随时间的推移而逐渐增大。随着锡铅合金的老化，焊接处会变脆且会破裂分离成锡和铅的碎片，导致了电阻的增加。

（7）组件的断路和寄生串联电阻。断路故障和老化的影响也会在组件结构中出现，最典型的是在总电线和接线盒中发生。

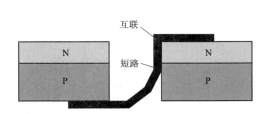

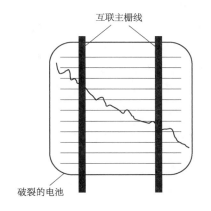

图 4 - 48　互联区域的短路导致电池故障　　　　图 4 - 49　互联主栅线对防止电池破裂
造成的短路故障所起到的作用

（8）组件电路短路。虽然所有组件在出售前都会经过测试，然而生产缺陷通常可能引起组件短路。它们的出现是因为风化所致的绝缘老化，从而导致脱层、破裂和电化学腐蚀。

（9）组件玻璃破损。顶部玻璃损坏可能出现的原因有人为故意破坏、热应力、安装操作不当、风或者冰雹的影响。在较低的风速下，屋顶的碎石被风吹起，越过安装在屋顶上的倾斜组件的表面，落下垂直击中邻接的组件，造成组件的破裂。

（10）组件脱层。这在早期的组件中是比较普遍的一个故障，但是现在已不构成主要问题。一般是由于较低的焊点强度、潮湿和光热老化等环境问题，或者因为受热和潮湿产生的膨胀不等而引起的。这个在比较热和潮湿的气候里比较常见。当湿气经过封装材料时，由于太阳光和热诱发化学反应而导致脱层。

（11）热点故障。热点故障指失谐的、破裂的或者被遮挡的电池能导致热点故障。

（12）旁路二极管故障。用于克服电池失谐问题的旁路二极管，也有可能产生故障，通常是由于过热或规格不符造成的。如果把二极管运行温度控制在 128℃ 以下就可以降低问题产生的可能性。

（13）封装材料的失效。紫外线的吸收剂和其他密封定剂能保证封装材料具有更长的寿命，然而随着流失和扩散，这些成分会逐渐耗尽，一旦浓度低于某个临界水平，封装材料会快速地降解。特别是 EVA 层颜色的变深，伴随着乙酸的形成，会导致某些太阳能阵列输出功率的逐渐减小，特别是对于聚光系统。最近对 EVA 的光稳定性的改进已经减少了这种问题的发生。

4.8　小结

本章节从微观半导体材料特性到宏观 p - n 结二极管性能，具体介绍了太阳能光伏电池的工作原理和输出 I - V 属性。同时根据电池技术分类介绍了硅基商业电池以外的一些太阳电池（例如：第二代和第三代太阳能光伏电池）的工作原理和各自的优缺点。最后，具体讨论电池组件在实际工作发电中可能存在的一些问题。半导体及太阳电池工作原理部分内容（4.2～4.3节）对于没有电力电子相关基础的读者而言可能较为陌生，需要读者花费更多的时间去理解和思考。而对于长期从事太阳能光伏相关工作的读者来说，本章节能基本涵盖整个太阳电池的重点和难点，也是对太阳能光伏技术的一种系统性地回顾。

第 5 章　太阳能光伏发电系统的设计与应用

5.1　光伏系统组成和应用

第 4 章较为详细地介绍并讨论了光伏发电系统中最主要的部件——太阳电池的性能和其工作原理。本节将继续介绍光伏发电系统所需要的其他部件，而且还将介绍整个系统的性能和太阳能光伏商业化生产的可行性。由于地面环境中太阳能系统的电力输出是间歇性的且难以预测，因此，如果要求系统不间断供电的话，就需要某种形式的储能装置或备用电源。本节也将探讨目前和今后可能利用的储能方式。此外，太阳电池以直流形式对外输出电能，其最大功率点的电压会随太阳光的强度和电池工作温度而变化。而目前最常见的供电方式和用电负载都是交流形式的，因此在太阳电池组件与用电负载之间需要某种形式的功率调节装置。本节最后将介绍功率调节装置应具备的一般特点。

5.1.1　能量的储存

1. 电化学电池

在过去安装的光伏系统中，主要选用电化学电池组作为储能装置。已经使用的有铅酸蓄电池，少数场合也使用镍镉蓄电池。这种储能方式的主要缺点是蓄电池的成本过高以及大规模储能时需要材料太大。

为了能在电动车辆上以及供电系统的短期储能（"负载均衡"）方面得以应用，有多种蓄电池系统正在研制中。这就使未来用于光伏系统的蓄电池成本有望降低。目前来看，比较有前景的系统包括锌-氯蓄电池和高温电池，如钠-硫以及锂-硫化铁蓄电池等。

在电化学储能方面，特别适合于独立光伏发电系统的一项新成果是氧化还原蓄电池。氧化还原对的概念是指溶液内部的一种氧化和还原状态。在氧化还原蓄电池中，两种氧化还原对的溶液彼此分开并保持完全绝缘。充电时一个氧化还原对被氧化，而另一种溶液中的氧化还原对被还原。放电时的情况则相反。

最受重视的氧化还原对溶液是铬（氧化还原对：Cr/Cr^+）和铁（氧化还原对：Fe/Fe^+）的酸性氯化物溶液。如图 5-1 所示为最简单的氧化还原储能系统装置。每个槽内装有一种氧化还原对溶液，这些溶液通过泵加压而流经能量转换区，在这里，溶液被一个高选择性离子交换膜隔开。每种溶液用惰性碳电极作为引出电极。隔膜能阻止铁离子和铬离子通过，但氯离子和氢离子则很容易地通过。

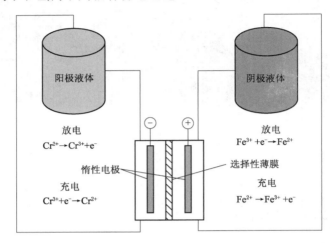

图 5-1 一种可反复充电的氧化还原储能系统装置示意图

当储能系统充电时，铬溶液里的铬离子大部分处在还原态（Cr^{2+}），而铁溶液里的铁离子大部分处在氧化态（Fe）。放电时，发生如下反应：

在阳极，铬离子被氧化

$$Cr^{2+} \longrightarrow Cr^{3+} + e^- \tag{5-1}$$

在阴极，铁离子被还原

$$Fe^{3+} + e^- \longrightarrow Fe^{2+} \tag{5-2}$$

H 离子从阳极穿越隔膜到达阴极，而 C 离子向相反的方向运动以保持电中性。

在外电路中，电子从阳极流向阴极，使电流从电池两端引出。对电池充电时，外加电压加在电池两端，促使反应向相反方向进行。几个电池可以将其溶液互相并联，而在电学意义上相互串联以提高输出电压。

氧化还原储能系统不同于普通蓄电池的特点是：由能量转换区的尺寸决定系统功率的大小和由所用液槽容积和溶液浓度决定储能容量，而这两者可独立选定。这一特点使该系统对独立光伏系统特别理想，因为独立光伏系统往往需要一星期或更长时间的能量储备，以应对低日照时期的需要。因为溶液较稀，可采用廉价塑胶材料作为液槽和管道。此外，系统允许的充放电次数在理论上是无限的，预计系统的工作寿命可达 30 年。这个方法的缺点是电解液的能量密度比较低。一定体积的荷电溶液所产生的电能，大约等于 1/100 体积的石油类燃料所产生的电能，不过主要区别在于溶液可以再次充电。

2. 大容量储存方式

蓄电池是一种既适用于小型光伏发电系统也适用于大型光伏发电系统的储能装置。能量储存装置作为常规电网的一个组成部分，其作用在于提高含太阳能发电装置的电力系统的可利用率。在这方面，值得注意的是几种大容量储能技术已经在这样的电网中使用。

对于大规模储存电能来说，最成熟的技术是抽水蓄能法。在非供电高峰时，把水从低位水库注入高位水库，用这种方法把能量储存起来；在供电高峰期间，水向相反方向流动，驱动涡轮发电。抽水蓄能法可重新获得原有电能的 2/3。目前，这种方法因缺乏适合建立储能装置的地点而受到限制。针对该系统提出的一项研究成果可在某种程度上消除上述缺点。其做法是把系统中的低位水库建在地下几百米的坚硬岩石中。对于一定的储能容量来说，大的落差还可以允许高位水库做得小一些。

在压缩空气储能厂，用过剩能量把压缩空气储存在地下容器内。虽然这项技术实际上比抽水蓄能法要复杂，但它的优点是具有高的能量储存密度和地下容器选址的灵活性。虽然装置可能较大，但经济上还是可行的。世界上第一台工业用装置位于德国的亨托夫市（Huntorf），其运转容量超过 50 万 kW·h。抽水蓄能装置必须大一个数量级才能获得充分的经济效益。

此外，用转换成氢的方法储存电能是特别适合于光伏系统的一可行途径。其电解只需要较低的直流电压。虽然该系统目前效率很低，但是光电解能够在半导体表面直接完成。氢作为储能介质，具有如下一些优点：可以用管道经济地远距离输送；适合用作传统发动机燃料或燃料电池的燃料而有效地发电。这些特点引发了一个"氢能经济（Hydrogen Economy）"概念的产生。在这里，氢将成为人类的基本燃料。从光伏储能的观点来看，氢的一个主要缺点是目前的储能效率仍然较低（低于 50%）。

5.1.2　功率调节装置

通常，光伏发电系统是由太阳电池、储能装置、某种形式的备用电源（辅助发电机或电网）以及交流或直流电负载组成。为了在这些不同的系统构件之间提供一个界面，必须有功率调节和控制装置，如图 5-2 所示。

最简单的太阳电池系统是电池直接接到负载上，无论何时，只要有充足的光照，就可以供电。使用直流电动机带动水系抽水，就是这种系统的一个例子，最简单的系统是在电池储备有足够能量的情况下给直流负载供电，这样就不需要备用发电机了。在这种情况下，为了防止阳光充足期间因过度充电而损坏蓄电池，系统中只需安装一个调节器。较复杂的一种是采用类似的系统给交流负载

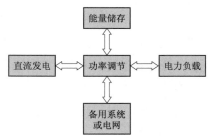

图 5-2　功率调节和控制装置图

供电，在这种情况下，需要用一个逆变器把大阳电池和蓄电池的直流输出功率转换成交流形式。再复杂一些的系统还要包括备用发电机（或供电网），在这种情况下，需采用某种控制方式来决定何时启动备用电源。

功率调节装置的主要研究方向是提高逆变器的性能并降低其成本。关键的性能参数是效率和空载功率损耗。

5.1.3　光伏应用

过去，由于太阳电池的成本很高，商业性应用仅限于远离电网地区的小型电力系统。电信系统是太阳电池商业市场的支柱。这些系统的涌盖范围，从需要峰值几 kW 发电容量的微波中继站电源，到供边远地区无线电话业务用的额定功率仅几十 W 的小型组件。

其他大量应用还有向导航设备和报警设备、铁路交叉口装置、气象及污染监控装置、使用外加电流的防腐蚀技术以及电子消费品（如计算器和钟表）等供电。太阳电池也已经应用于发展中国家的电视教学以及疫苗冷藏的电力供应上。

随着太阳电池成本的不断下降，与发展中国家相关的其他应用在经济上的可行性逐渐提高。小规模的抽水灌溉和饮水净化就是两个例子。开放性的援助计划也许可为这个市场提供一个途径，这或许可以克服购置太阳能系统所带来的资金问题。

第一个可能对世界能源需求带来重大冲击的光伏应用是在北美地区设立的住宅供电系统。在所设想的运作模式中，住宅系统还可能与供电网络相连，而电网具有长期储能的作用。对于大规模发电（例如大容量的集中型电站）而言，太阳电池的成本必须降至约为住宅用电池成本的一半才显竞争力。薄膜太阳电池工艺实现这样低成本的可能性要大得多。

除少数应用外，任何一个光伏系统除了太阳电池以外还需要其他的部件。一个光伏系统可能包括太阳电池、能量储存装置、电力储存装置、功率调节和控制装置以及备用发电机。功率调节装置的主要部分一般是逆变器，它能把太阳电池和蓄电池的直流输出电力转换为一般负载所需要的交流形式。

过去，太阳电池的商业性应用只限于边远地区的小规模供电。将来，随着太阳电池成本的不断下降，应用范围会更加广泛。在美国的电网覆盖地区，住宅供电被看作是一个很有潜力的应用，利用目前新开发出来的技术，这种应用在经济上是可行的。

5.2　独立光伏发电系统设计

过去，光伏系统的主要市场在于向边远地区提供小型而可靠的电源。这些系统通常在未配备其他备用供电设备的情况下运转，所以太阳电池是负载的唯一电力来源。本节将讨论这种独立型系统的设计。图 5-3 是简单的太阳能发电系统的示意图。大多数这样的小型系统的负载是使用直流电力，而这正是太阳电池所能产生的。除太阳电池阵列和蓄电池组以外，系统的其他部件还包括用于防止在晚上蓄电池组向太阳电池充电的阻塞二极管和用于防止在强烈日光照射下蓄电池组过度充电的调节器。

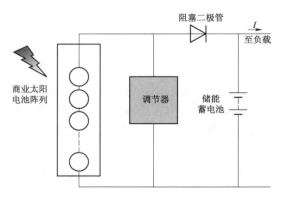

图 5-3　独立式太阳能发电系统简图

5.2.1　太阳能光伏组件性能

现在的太阳电池组件一般含有足够多的串联单体电池，以便能产生足够高的电压以供 12V 的蓄电池充电。组件的串联可以增加系统的输出电压，而并联可以增加系统的输出电流。由于诸多实际原因，为了对标称电压为 12V 的蓄电池充电，要求串联的单体电池数比最初预期的数量要略多一些。对于铅-酸蓄电池组而言，要使一个标称 12V 的蓄电池完全充电，需要 14V 以上的电压。如果使用硅阻塞二极管，最少还需增加 0.6V，以确保其正向偏置。另外，组件在现场的工作温度常常超过 60℃，然而温度每升高 1℃，组件的开路电压将下降 0.4%。这就是说，在 25℃ 下开路电压为 20V 的组件，在实际工作时开路电压大约会减少 3V。不同的组件设计会导致电池在现场的工作温度有所不同。例如，背面空气能够较好循环的组件比背面空气不能较好循环的组件温度要低一些。

为了获得最佳性能，组件的安装应该是在北半球时面向南，在南半球时面向北，而且与水平面成一定角度，角度大小依所在地点的纬度而定。可获得全年最大输出的角度大约等于纬度角。对本章所描述的有 10~30 天蓄电池储能容量的系统而言，为了提高系统在冬天的输出，这个角度的最佳值大约要增加 15°。

为了对 12V 蓄电池充电而设计的组件，通常在白天光照下都能产生足够高的充电电压。电流输出与照射到组件上的阳光强度几乎成正比。因此，在设计本节所叙述的系统时，注意的焦点在于组件的电流输出。

有关组件性能的最后一点是积聚灰尘的影响。这是一个周期性的影响，雨后灰尘覆盖达到最小。数据显示，对于用玻璃覆盖的组件而言，由于这种影响而引起的平均损失是 5%~10%。

5.2.2　蓄电池性能

1. 性能要求

在目前价格下，光伏系统的竞争优势在于其高可靠性和低维修费用。为了实现这些特性，所设计的系统通常配备较大的辅助蓄电池储能装置，使它能顺利地渡过可能的最差日照期。一般而言，独立光伏系统的维修主要是蓄电池的维修。

对于如此大容量的蓄电池来说，蓄电池上的充放电循环是一种季节性的循环，夏天对蓄电池充电，而冬天让蓄电池放电。在这种季节性循环之上又加上小得多的日循环，白天给蓄电池充电，而晚上消耗掉其电荷量的很小部分。由于这种随季节更换而变化的储能特性，采用低自放电率的蓄电池是十分重要的。另外，还希望有高的充电效率（能够从蓄电池输出的电荷量与向蓄电池充电的电荷量之比）。

2. 铅酸蓄电池组

太阳能发电系统最常用的蓄电池组是铅酸蓄电池组。对于专门的太阳能系统来说，像汽车上常用的含锑型铅蓄电池并不合适，因为它们的自放电率高（每月高达额定容量的30%），而且寿命短。

最适合于独立供电系统的商用蓄电池组是固定式也就是浮充式电池组。这些蓄电池组是作为不断电系统的应急电源而设计的。在这种应用中，蓄电池组保持在满充状态，一旦主电源失效，该电池组便能立刻满足负载需求。在这类应用中，蓄电池组的使用寿命一般超过 15 年。这些蓄电池组通常设计为 8 或 10 小时放电率，采用铅钙或纯铅极板。最近，这种类型的蓄电池已经发展到能符合光伏工作模式的特殊要求。

在本节所描述的这类光伏发电系统中，蓄电池以一种相当独特的方式工作。蓄电池在夏天保持完全充电状态，而在冬天大都只处于不完全充电状态。长时间处于充电不足状态会使蓄电池的极板上形成硫酸铅结晶，其结晶尺寸比放电时所形成的要大得多。这个称为硫酸化的过程会使蓄电池容量减少、寿命降低。良好的设计应保证蓄电池的储能足够大，使它在冬天的月份里也能保持在接近满充的状态，同时也能确保在这些月份里电解液中的硫酸维持较高的浓度而降低冻结的可能性。

在夏天，太阳电池会产生超过负载需要的过剩能量，因而蓄电池有可能被过度充电，这是不希望发生的情况，原因如下所述。蓄电池过度充电会引起一个称为"析气（Gassing）"的过程——氢气和氧气从电池中逸出，使电解质损失且引起危险；它还会导致极板的过度生长以及活性材料从极板上脱落，缩短蓄电池的寿命。从另一方面来说，实践证明，将铅、酸蓄电池组定期过充却是有所助益的。过充所产生的气体会搅拌电解液，防止较浓物质在电池底部分层。过度充电或均衡充电（Equalizing Charge）也保证了蓄电池组中较差的电池可得到充电的机会。

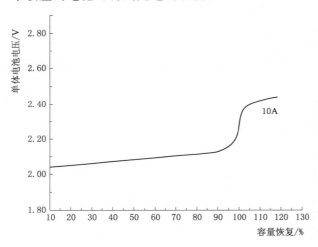

图 5-4 适用于光伏太阳能系统的铅酸蓄电池的恒流充电特性

当用恒流充电时蓄电池组中单体电池两端电压如何随电池的充电程度而变化如图 5-4 所示。当充电到大约 95% 时，单体电池两端电压会突然升高。这相当于析气点。为了限制析气点量，同时考虑到定期过充有好处，那么对于图示的情况，合理的折中办法是是用电压调节器把蓄电池组中每个单体电池的电压限制在大约 2.35V。

需要考虑的问题是电池容量随放电率和温度变化的关系。蓄电池的容量一般是在一定放电率下所测出的输出安培小时数，如图 5-5 所示。在 10h 放电率下，当每个单体电池放电到 1.85V 时，电池组容量规定为 550Ah（55 安培下连续放电 10h）。可以看出，蓄电池在 10h 放电率下的实测容量（如图 5-5 所示为 750Ah）超过规定的值。在 300 小时放电率下（这更符合太阳能系统工作条件），蓄电池的容量几乎是所规定值的两倍。由此可见，在设计太阳能系统时，不仅电池的容量很重要，而且规定该容量的放电率也是很重要的。

蓄电池的容量随着温度的降低而减小，这是很遗憾的，因为蓄电池大多是在冬天发挥作用。一方面，在大约 20℃ 以下温度每降低 1℃ 容量大约下降 1%。由于以上原因，再考虑到电解质冻结的可能性，最好是将蓄电池与寒冷的环境隔绝开。另一方面，高温会加速蓄电池的老化、增加自放电速率、加速电解质的消耗，因此蓄电池组需要得到适当的遮盖以避免高温。

在中等充电率和放电率下，铅酸电池组有 $80\% \sim 85\%$ 的充电量可以被重新放电使用。而这种效率不足的主要原因是充电时的析气。但是在独立光伏工作模式中，冬天里不大可能出现析气现象，因为此时蓄电池要向大量的负载供电。因此，在这些关键月份里蓄电池的充电效率要比上述值高得多，有文献曾报道过高达 95% 的库仑效率。

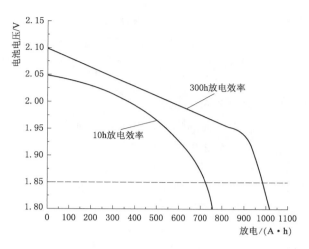

图 5-5　不同放电率下铅酸蓄电池的恒流放电曲线

3. 镍-镉蓄电池组

极板盒式的镍-镉蓄电池组也已用到光伏太阳能系统中。它们的主要优点是：

（1）能经受过度充电而不损坏。

（2）能经受长时间少量充电而不损坏。

（3）机械强度好，更便于运输。

（4）能经受冷冻而不损坏。

但是，它们的主要缺点是：

（1）价格较高（在大量应用的情况下，对同样容量，其价格约高三倍）。

（2）充电效率低（对于太阳能工作是 $59\% \sim 60\%$）。

（3）在太阳能应用的低放电速率下，所获得的电池容量额外增加量远比采用铅、酸蓄电池少。

就目前而言，在大多数太阳能应用中，这种电池组的优点尚不足以掩饰其缺点。

5.2.3　电池的电能储能

许多能量系统设计者想设计出一种效率高，成本低并可以直接存储电能的系统。直到现在，文中已经描述了许多种可以通过光伏发电存储热能的办法。然而对于光伏发电系统，太阳能转换后形成的热能不能被立即存储起来，如果想将此能量存储起来必须使之转换为电能，再使用电池将电能存储起来。介于此，本节中仅对如何直接将电能存储到电池中做讨论。

尽管有许多类型的电池，仅有两种在光伏发电中常用。镍镉化合物电池和铅板蓄电池。到目前为止，既在家庭中广泛应用又在工业中广泛使用的最常见的类型是铅酸蓄电池。此种类型的电池常用于摩托车和工业机车的启动。尽管许多现有的概念都很相似，但以下讨论中重点说明铅酸蓄电池。

需要强调一点的是建设使用镍镉化合物电池的镍镉光伏系统的成本比铅酸蓄电池光伏

系统的高很多。然而镍镉光伏系统的寿命更长，尤其在升高运行环境温度的条件下。但是如果按 20 年的寿命来算，使用镍镉化合物电池的镍镉光伏系统中节省下来的所有花费（包括资本费用、运行和维护费用以及设备更换费用）与它超过铅酸蓄电池光伏系统的建设成本相当。

1. 有关电池的化学反应

铅酸蓄电池的化学建立过程很简单。不同于金属板被不导电的材料隔离使离子可以移动，而是将金属板浸到一种含有六价硫离子的酸性电解溶液中，在放电的过程中，从电解溶液中将六价硫离子吸引到金属板的空隙中。此过程降低了电解液的比重使水的浓度增大。放电过程中此化学反应按相反的方向进行，六价硫离子从金属板中被吸出进入到电解液，因此电解液的比重增加。基本的化学反应方程式是

$$PbO_2 + Pb + 2H_2SO_4 \underset{充电}{\overset{放电}{\rightleftharpoons}} 2PbSO_4 + 2H_2O \tag{5-3}$$

正极　负极

放电过程中在电池板上形成硫酸铅沉淀。尽管此现象在放电过程中很正常，但如果要求电池能及时放电就要求六价硫离子从金属板转移到电解液中。如果放电过程中继续生成硫酸铅沉淀，那么放电过程就很难进行。一旦这种硫酸盐化作用继续发展，那么这个电池将很有可能失去放电能力，永久不能使用。除了要关注硫酸盐化作用，在充电过程中也有许多有害的化学反应在电池中进行。

2. 电压

当充电完毕时，若电池在空载条件下运行，阴阳两极金属板的电压差大约为 2.1V，电解液的比重是 1.265（当周围温度是 25℃）。当电池放电完毕时，若此时电池无载运行，阴阳两极金属板的电压差大约为 1.93V，电解液的比重是 1.100。

在许多应用实例中，使用较高的电压来存储电能。比如，将 3 个电池单元串联形成额定电压为 6V 的电池，或将 6 个电池单元串联形成额定电压为 12V 的电池。然后将这些串联后的电池组继续串联形成更高额定电压的电池用于储能子系统中。储能的容量以 Ah 为单位，常通过并联额外的电池组使之增大。

3. 放电

系统设计者必须注意到有关放电循环的两方面：放电的速率和放电的程度。如果从设备中流出大量的负载电流，电池要有足够的裕度来容纳这些大量的负载电流不至于被破坏。有一个数在设计耗用电流时会经常用到，这个数的得来是基于 10h 就可以把电池中的电放完的假设，即

$$I_{设计} = \frac{C_{电池}}{10} \tag{5-4}$$

式中　$C_{电池}$——电池的额定容量，A·h。

如果按这个速率放电，电池的电压在放电过程中就会保持在一个较高的值上，有利于电池寿命的延长。这个公式的意思是，当负载的平均电流是 100A，那么要求电池的容量是 1000A·h。

为了避免产生硫酸铅沉淀或发生其他使电池不能再使用或无法恢复的化学反应，电池不能充分放电。在实际操作中为了提高循环次数，就放掉 80% 的电量，剩余 20% 的电量。

所以可利用电池电量的计算，即

$$C_{使用}=0.8C_{电池} \tag{5-5}$$

式（5-5）出来的容量作为满足给定要求的值，但是还要增加 25% 的额外裕度。

4. 温度

在设计电池系统时电解液温度这个条件非常关键。通常给定的电池容量是在温度为 25℃ 的时候，随温度的增大，电池容量明显增加。随放电过程的进行，电池容量减少的越来越多。例如，当电解液的温度降低到 0℃ 的时候，电池的容量将减少为电解温度为 25℃ 时容量的 82%。这就意味着，如果想要系统运行在这种温度的条件下，设计者需要再额外增加 22% 的电池容量裕度。以上的例子都是基于 10 小时就可以把电池的电放完的假设。在温度降低时电池容量的降低远比增加放电速率重要。

有关温度的考虑是避免电解液凝固。如果电解液凝固，电池板或电池箱就会断裂造成永久性的破坏。对于一个充满电的电池来说，通常它的凝固温度为 -30℃。然而，当充分放电后，电池凝固的温度和水的凝结温度相同为 0℃。为适应温度较低的运行环境，需要对电解液的比重做一些调整。

5. 充电

一旦电池被充电，为避免受到破坏，充电过程应在短时间内完成。如果在金属板的阴阳两极所加的电压超过了放电时的电压，覆盖在金属板上的硫酸铅沉淀就会脱落到电解液中使水变成硫酸溶液。在此期间，尤其是在充电完毕的这个时间段内，电解液将开始沸腾。由于充电电流使电解液中的水分解，在阴极金属板和阳极金属板上分别生成氢气和氧气，所以要安全排放这些气体并且要定期更换电解液中的水（这两项是很重要的维护工作），这种操作方式叫做气体处理。

对于一个放电完毕的电池来讲，在最开始充电时需要一个持续稳定的电压或电流。当充电电压低于电池析气电压（25℃ 时为 2.39V）时，充电的速率达到最大。电池析气电压随温度而增加。现在常使用那种高质量的充电控制器，因为它结合了温度感应器从而可以计算出电池已经充了多少电。起初的充电电流主要是使电池用 5h 就可以使之充满的电流。即

$$I_{初始}=\frac{C_{电池}}{5}(A) \tag{5-6}$$

当先前释放的电量都被充满后，充电的速率将会衰退到结束电流的状态，主要是以 20h 可以将电充满的电流。即

$$I_{初始}=\frac{C_{电池}}{20}(A) \tag{5-7}$$

可以实现这些功能的充电器已经商业化了，同时为了获取具体额定电压或电流的电池要和电池制造商提前联系。

6. 自放电

一个充满电的电池不能在很长一段时间（几天的时间）内维持它的电量，它需要经常充电。这个过程常出现在电池没有经常充电或放电的情况下，称为自放电。当电池温度是 25℃ 时，对于常用的铅板蓄电池电量在 5 个月的时间内就会丢失大约一半的容量。然而在

更高的温度时，如 40℃时，对相同的电池来说它的电量会在短短 2 个月的时间内减少为它的额定容量的一半。对电池储能系统来说，在日常正常循环中，这种情况考虑的很少。然而在铅板蓄电池持续充电过程中要求电流要持续不断，因此要考虑这种情况。

7. 循环效率

由于在充电和放电过程中存在不同种类的损失，因此不是所有用于充电的能量适用于放电。充电过程中释放的能量转换成充电过程中输入能量的速度叫循环效率。此值受多种因素影响，如电池结构、已充电次数、放电率。对铅板蓄电池来说它的循环效率在75%～80%之间，对镍镉化合物电池，它的循环效率是 65%。

8. 电池寿命

电池寿命指假设每次电池都以合适的速度放电（释放 80% 的电量）、及时的充电且没有滥用的前提条件下，电池可以完成充放电深循环的次数。通常汽车点火启动光电池有良好的初始记录，可以提供短期的循环使用，但到最后只能完成 20～100 次的深循环。最新发明的汽车点火启动光电池最后能完成 500～1100 次的深循环。工业电动电池（如电动吊车中使用的电池）最后能完成 1500～2000 次的深循环。

5.2.4　功率控制

阻塞二极管通常接在蓄电池和太阳电池阵列之间，以防止在夜间蓄电池通过太阳电池阵列漏电。当太阳能电池方阵向蓄电池充电时，其充电电压等于太阳电池阵列电压减去二极管上的电压降。对于硅二极管而言，其压降大约是 0.6～0.9V，但若使用肖特基二极管或锗二极管，则压降少到 0.3V。

为防止蓄电池组过度充电，需要某种形式的电压调节，对于小型太阳电池阵列，可以用简单的线性分流调节器耗散不需要的功率。图 5-6 是一个 12V/60W 太阳电池阵列的调节器电路图。将 R_{V1} 调整到调节器接通的位置上，大约 14.1V 为宜。当蓄电池充电到高于这一电压时，充电电流就通过 R 和 TR1 分流，而不再继续对蓄电池充电。

对大型太阳电池阵列而言，这种办法并不可行，因为它会产生大量的热。较好的方法是由分散的太阳电池本身以热的形式消耗掉多余的能量。这可通过将太阳电池阵列的一部分短路或开路来实现。

图 5-7 是短路型调节器的工作原理示意图。晶体管能把太阳电池阵列并联的各个部分依次地短路掉以维持蓄电池电压在所希望的限制值以下。虽然个别单体电池的短路是容许的，但如果整列串联的单体电池都短路就可能会出现问题。输出低于平均电流的单体电池就会变成反向偏置，实际上该电池要耗散电池组件的全部峰值输出。采用这种短路型调节器，现场失效是常见

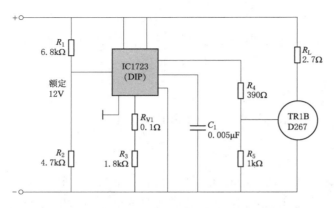

图 5-6　12V/60W 太阳电池阵列的调节器电路图

的。因此，除非太阳电池组件中装有旁路二极管之类的特殊保护元件，否则不宜采用这种方法。

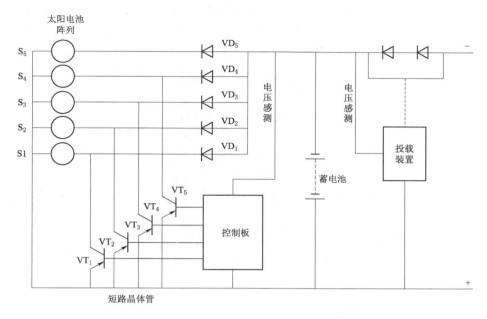

图 5-7　短路型调节器的工作原理示意图

5.2.5　混合能源系统

在一些项目中使用混合能源系统是一个既稳定节能又经济划算的选择。该系统用光伏发电来满足部分或绝大部分的电力负载需求，并使用柴油或汽油发电机作为备用。这样的设计可以大大提高光伏发电系统的利用率，降低蓄电池的所需容量，并且也相应地减少了系统中光伏组件的数量。当然，在许多项目中，发电机和光伏发电系统间的兼容性很差。但是像农村用电这种可以由当地居民自行进行系统维护的项目，是非常值得考虑使用混合能源系统的，如图 5-8 所示。

图 5-8 为混合动力示意图，其中纵轴为日负载量（kW·h/天），横轴是太阳能/负载功率比。这个功率比指的是光伏组件的额定峰值功率（即设备在 $1kW/m^2$ 日光照射下的输出值）除以每日负载量（W·h/天），所以整体的单位为 $W_p/(W·h)$。

使用图 5-8 时，第一步要先假设被设计的系统完全由光伏系统供电，然后再查出它在图中所处位置，可以看出混合系统

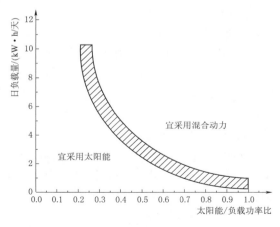

图 5-8　混合动力示意图

更好地适用于大型负载或阵列负载转换率较高的情况。后者指的是在多云的地区，只好配置很大面积的太阳电池板，因此该比值会很高。在这种情况下减少太阳电池板的面积，使用其他种类的能源方案会更为经济。图 5-8 仅作为参考，还有许多其他因素制约着光伏/混合系统的选择。此外，随着太阳能技术的不断成熟，其价格相对于传统发电机将持续下降，上述曲线也会随之逐渐改变。

5.2.6 光伏系统简易设计方法

尽管现在市场上已经拥有很多成熟的电子制表软件模型（如：PVSysts）用于光伏系统的设计和太阳能能源分布图，但有一套简易系统设计方法仍然是目前业界广泛使用设计模型的理论与实践基础，代表着保守稳健的设计思想。传统方法的核心是提高系统利用率，同时将太阳能电池板的数量根据蓄电池容量进行优化。下面以为墨尔本偏远地区某微波中继站供电的独立式光伏发电站为例，简述该光伏电站的主要设计步骤及关键参数。

1. 确定供电对象负载

为尽可能精确地明确负载特性，进而对配件和成本进行优化设计，我们必须获取以下信息：

（1）供电对象（即微波中继站）的系统额定电压（U_N）。

（2）负载所允许的电压浮动范围。

（3）日均负载数据（$W_日$）。

（4）年均负载数据（$W_年$）。

以微波中继站为例，其额定电压（U_N）范围约为 $(24\pm5)V$，额定电流（I_N）约为 4.17A，则日均负载（$W_日$）$U_N I_N t = 24V \times 4.17A \times 24h = 2.4kW \cdot h$，其储备电能为 15 天用量。

2. 选择蓄电池容量

对于无线电通信这种关键系统而言，最好采用比较保守的设计方案，一般要求蓄电池（24V 输出电压）存储满足中继站正常工作 15 天的用电量。则该蓄电池总容量（$C_{电池}$）应至少为 $4.17A \times 24h \times 15$ 天 $= 1500A \cdot h$。

3. 倾斜角度的初步估计

太阳能板倾角的选择取决于安装地点的位置，一般初步估计倾角约等于其地理纬度。以墨尔本地区为例，它所处纬度为 37.5°S，因此该处太阳能板的安装倾角可初步估计为 31.2°（朝北，向赤道方向倾斜）。

4. 辐照量

利用已有太阳能辐照数据估算出投射在指定或最优倾斜面上的辐照量。以墨尔本地区为例，其年均最优平面太阳总辐照量为 1701（$kW \cdot h$）$/m^2$。该假设在倾斜角较小时是合理的。

5. 初步估算太阳电池容量

根据以往经验，一般要选择安装总峰值电流（即在 $1kW/m^2$ 日光照射下）为平均负载

5 倍的太阳能板容量，之所以选择如此大的比值是因为：

(1) 夜间无阳光，光伏电站无法发电。

(2) 早上、傍晚和多云天气时，太阳辐照减弱，光伏电站发电低于额定值。

(3) 满足中继站正常工作，同时需为蓄电池组充电。

(4) 蓄电池受限于充电效率。

(5) 蓄电池有潜在漏电问题。

(6) 灰尘减少光线射入。

利用估算出的太阳能阵列容量以及通过修正过的太阳能辐照数据，可以计算全年产生的总电荷量。在计算过程中需要考虑灰尘覆盖引起的电量损失，虽然可能估计偏高，一般可以假设灰尘造成 10％的损失（$Q_{灰尘}=0.9$）。某研究报告指出，当太阳光垂直入射于组件时，两次雨水冲刷之间由尘泥覆盖引起的能量损失最大为 3％（$Q_{灰尘}=0.97$），并且会随着倾角的增加而变大，倾角为 24°时损失为 4.7％，而倾角为 58°时损失可达 8％。鸟类粪便对太阳能板的危害更为严重。

系统的全年发电量可以通过比较负载的全年用电量得出。在评估负载耗电量的时候，需要将蓄电池漏电情况计算在内，通常将此设定为每个月蓄电池充电量的 3％（$Q_{灰尘}=0.97$）。假设蓄电池在夏天一直保持满电状态，那么蓄电池的全年充电状态也就可以确定了。

综上所述，可满足中继站正常工作的光伏电站年均总发电量（$W_{年}$）应为 2.4（kW·h）/天×365 天÷0.9÷0.97＝5017kW·h。

6. 优化太阳能板倾角

保持组件发电容量不变，略微调整倾斜角度并重复计算调整，直至蓄电池的放电深度降至最小值为止。这样得到的倾角为最优倾角。

7. 优化光伏组件容量

利用最优倾角，结合对蓄电池的放电深度的测量，不断重复上述调整过程来优化太阳能板的发电容量。查资料可知墨尔本地区太阳日照峰值时间约为 6h，如采用额定功率为 250W 的太阳电池组件，则其日均发电量为 250W×6h＝1.5kW·h，其年均发电量为 1.5kW·h×365＝547.5kW·h。所需该型太阳电池组件数量为 5017kW·h÷547.5kW·h＝9.16≈10。

8. 总结整个设计

此种简易设计方法主要有三个方面的局限性：

(1) 首先需要设计一个确定蓄电池容量的办法，来配套上述方法的使用。同时还必须考虑光伏组件和蓄电池双重成本间的变化关系。

(2) 这种技术只能在日光直射和漫射数据已知的前提下有效。

(3) 方法中的送代计算测试需要使用计算机。

5.3 住宅和集中型并网光伏发电系统设计

本节将讨论有关太阳电池长期应用的一些潜在问题。太阳发电可能对世界能源需求作出重大贡献的两个领域是提供住宅用电和大规模集中型光伏电站的发电。为了达到这个阶段，太阳电池的产量必须很大，而且一项新技术要进入商用领域需要经过相当长的发展时间，因此在新世纪来临之前，用户未必能超过几个百分比。但这并不意味着在此之前这类经济实用的系统不会出现。经济分析表明，采用第 4 章所述的经改良的硅材料生产技术进行大量生产时，所生产的太阳能电池组件的售价将使这些组件在供给住宅用电方面具有一定竞争力。为了在大规模集中型光伏电站的应用上可以与其他发电方式竞争，对光伏组件成本的要求则必须倍加严格。

5.3.1 住宅系统设计

1. 储能方式的选择

虽然在电力部门无法供电的地区，带蓄电池的独立光伏供电系统是具有吸引力的，但在有供电网络的地区却难以生存，因为这需要大幅度降低小型储能系统的价格。采用5.1.1 节所描述的氧化还原系统，或许有可能达到降低价格的目的。

在没有找到廉价的储能方法之前，最可行的方法是将光伏供电系统与电网相连，这样就不需长期的能量储存。在这种并网方式中，可能存在几种不同的系统结构，而任何一种系统都必须有一个逆变器，以便将太阳电池的直流输出转换为交流形式。

尽管供电网可作为一个长期的储能媒介，但仍需提出就地短期储能是否有必要的问题。就地短期储能有助于系统顺利地度过夜晚和短期的恶劣天气。在长期恶劣天气的情况下，有了短期储能，供电网可以在适当的时候给住户供电。当然也可采用不配备就地储能装置的系统，特别是在电力公司有能力并且愿意回收多余电力时。这种情况下，光伏组件的最佳尺寸随着回收价格的提高而增大。

从住户的角度出发，最佳系统取决于太阳电池系统和储能系统之间的相对成本，以及电力公司的电费费率结构。一天中不同时段的电费差价越大，则需要越大的储能装置。如果电力公司愿意用相当于标准电价一部分的合理价格来回收住户所产生的多余电力，则会使储能装置的最佳尺寸相应地减小。蓄电池储能是最具可行性的储能方法。其主要缺点是蓄电池对住宅环境有潜在的危害性且需要定期维护。尽管如此，在适当的通风和具有蓄电池电子保护装置的情况下，这种储能方式还是可行的。

2. 组件的安装

研究结果显示，安装太阳电池组件的廉价方法是整合式安装，就是将光伏组件整合成覆盖屋顶的材料，如此一来组件可同时具有产生电力和保护部件的双重作用。或者，经改造的组件可以安装成支座式。虽然两者的安装费用相近，但采用前种方式，即利用光伏组件代替传统屋顶材料，将可获得额外的益处。

这种用途的光伏组件，其最佳尺寸估计为 $0.8m \times 2.5m$，相应的组件重量约为 $25kg$。布线费用将随方阵输出电压增高而下降。但当直流电压超过 $100V$ 时，这种依赖关系就不甚显著了。有参考文献指出，从审美的观点来看，长宽比为 $2:1$，颜色为暗土色并具有亚光表面的矩形组件比较美观大方。

3. 供热

住宅所用的大部分能源是供热水系统和室内取暖用的低位热能。因此，产生了如何使光伏系统最佳地提供这些热能的问题。三种可能解决的方法是：①利用光伏组件的电力同时提供住户用电和用热需求；②在光伏系统提供电力（但不向供热设备输电）的基础之上，利用额外的太阳能集热器专门向热负载供热；③使用混合的光伏/光热组件（也称总能系统或全能源系统）。

尽管用同一个组件同时实现光伏发电和供热功能的总能系统的构想十分吸引人，但它却存在一些缺点。在这类系统中，太阳电池必须在高温下工作，因而效率较低。由于太阳电池的运作也将带走部分能量，因此集热器的工作效率也比较低。此外，系统所产生的热能和电能的比例一般不会正好符合用户所需。研究表明，住宅用总能系统很难在成本上优于具有最佳面积的光伏组件和光热组件。

究竟应该选择这种总能系统还是纯粹的光伏系统，取决于后者的简易性所带来的优势是否能够弥补由太阳光能转换为电能再转换为热能这种低效率过程所造成的不足。当光伏组件价格较低时，纯光伏系统的优势比较明显。

4. 系统的布局

图 5 - 9 显示了一些可能的系统布局方案。在图 5 - 9(a)所示的第一种方案中，采用蓄电池储能，在光伏组件和蓄电池之间连有一个调节器（防止蓄电池过充），逆变器的输入电压是蓄电池电压；在图 5 - 9(b)中显示了一种更为有效的系统布局，在这种布局下，光伏组件输出中只有用于给蓄电池充电的部分才会流经调节器分路；在图 5 - 9(c)中不采用蓄电池储能的布局方式，组件连接到逆变器，该逆变器设计能确保组件在其最大功率点提供电力；图 5 - 9(d)说明了集热器是如何与上述系统连接的。在以上每一种情况下，逆变器的交流输出均与电力公司提供的电力同步。

5.3.2 集中性发电系统设计

1. 一般考虑

光伏发电的最终目标是在集中型发电站大量发电时，在经济效益上能与传统发电方法相互竞争。若干研究已明确指出实现上述目标的必要条件。

首先，一个很明显的条件是集中型发电站用的太阳电池组件必须更便宜，组件效率更高，希望至少达到 10%。对同样的输出功率而言，低效率会增加所需要的阵列面积，这样也就增加了诸如场地准备、支架结构、安装和维护等成本。这些额外的费用以及功

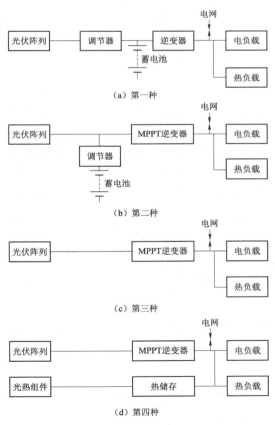

图 5 - 9　住宅用光伏系统可能的系统布局方案
（MPPT 为最大功率跟踪）

率调节装置的费用通常都称为系统平衡成本（Balance-of-System Cost）。必须加以周详的考虑，使系统平衡成本降到最低。

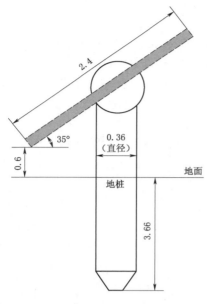

图 5-10　地桩支架系统图（单位：m）

研究表明，大规模应用的光伏组件最佳尺寸大约为 1.2m×2.4m。已对许多不同方案的支架结构进行了研究。支架结构最严苛的负荷来自风力，风力负荷的设计在很大程度上决定了支架结构的成本。低矮的方阵以及方阵场区内相邻方阵或周围围墙的气流屏蔽作用都会大大减小这些负荷。初步结果显示，如图 5-10 的地桩支架系统适用于较小型的装置。

在任何电网中，不太可能只采用地面光伏系统作为唯一电源，这或者是因为长期储能成本太高，抑或是因为若要在阴天能供给所需的电能方阵尺寸就必须很大。这个困难可以通过将光伏系统与低功率非太阳能发电站及短期储能装置联用而解决。在可以预见的未来，光伏发电系统在大型电网中将扮演越来越重要的角色，逐步替代传统燃料。因为这样的电网在满足随时间变化的用电需求时具有相当大的伸缩性，所以只要光伏系统所供电量不超过电网总容量的 10%，系统便可以在没有储能的情况下使用。

由于太阳辐射能量的分散特性，利用光伏系统产生相当大量的能量时需要相当大面积的土地。对于土地利用的问题，可以通过研究一些国家在采用光伏系统产生其所需全部能量时，系统需占用的土地面积占该国国土面积的百分比来审视，其计算结果见表 5-1。尽管表中有些欧洲国家的计算结果很明显地不能令人满意，但是在诸如美国等许多国家中，光伏系统所需要的土地面积却少于目前建筑物（如房屋和道路）所覆盖的面积。因此要在几十年内建造能够供应全世界能量需求的光伏系统的任务虽然艰巨，但在工程上却是可能的。

表 5-1　　　　　　　　所需要的土地面积占该国国土面积的百分比（1970 年）　　　　　　　单位：%

澳大利亚	0.03	挪威	0.50
加拿大	0.20	南非	0.25
丹麦	4.5	西班牙	1
爱尔兰	1	瑞典	0.75
法国	3.5	英国	8
以色列	2.5	美国	1.5
意大利	4	联邦德国	8
荷兰	15		

2. 运转模式

图 5-11（a）所示为一个假想的电力公司一天中的典型负载曲线，同时也显示了当光伏电站连接到该电力公司的电网时，对需要电网提供电力部分负载的影响。如果系统的

用电高峰在傍晚，光伏发电的作用是使电网供电日曲线的高峰变尖，低谷加宽。

如前所述，如果光伏发电系统所供电量仅占电网总容量的很少一部分，则光伏发电系统可在没有储能的情况下运作。正如能承受既有的负载波动一样，电力网络也能够承受太阳能供电的波动。在没有储能装置的情况下，太阳能电站的运作可以节约燃料，并缩减了发电机组处于中等和峰值发电状态的时间。但是，如图 5-11（b）和图 5-11（c）所示，光伏发电使负载曲线高峰变尖，因而提高了用于平衡负载需求的储能装置的使用效率。如图 5-11（b）所示，尽管储能装置是由网络上的常规发电设备而不是由太阳能电站充电，在光伏电站和储能装置间存在一种协同效应，会提高彼此的效能和可利用率。因此，目前配备有储能装置的燃煤或核能发电厂，将来一旦与光伏发电站协同供电就会处于最佳状态。

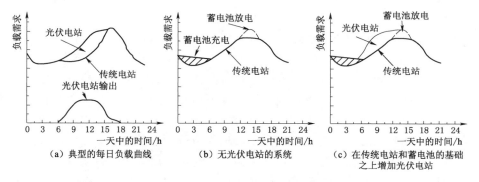

图 5-11　光伏电站的供电影响

有关集中型电站运转的另一重要概念是光伏电站的发电容量信用度（Capacity Credit，即有效发电容量，也有译作产能信用度）。也许有人会认为，光伏电站不会有什么发电容量信用度。因为阴天时它的输出很低，在这样的日子里还需要备用容量来弥补。实际情况并非如此单纯，传统发电装置有时也会因突然出现故障而无法供电。因此计算系统容量的一种方法是根据用电要求规定一个可靠性水平，并计算在此可靠性水平下的最大负载。

图 5-12 显示了一个特定的电力系统在三种不同情况下的计算结果。这三种情况是：①不包括光伏电站的基本系统；②装有 500MW 光伏电站的系统；③包括 500MW 光伏电站并配备 200Wh 蓄电池的系统。在此系统中，光伏电站的发电容量信用度是其峰值容量的 1/3。若加上蓄电池储能，发电容量信用度增加到 580MW。在此例中，用电高峰是在夏天的傍晚 6 点，这是美国许多电力公司典型的供电情况。如果用电高峰是在中午前后，那么光伏电站的发电容量将占峰值用电更大的部分。反之，如果系统用电高峰不在白天（如冬季傍晚），则光伏电站的发电容量信用度将会小得多。

3. 卫星光伏电站

全方位论述光伏发电的书籍或多或少都会提及一些极具想象力的构想，比如利用大型光伏阵列在宇宙空间接收太阳光，并将能量以微波束的方式传送回地面的设想。设想的大意如图 5-13 所示。

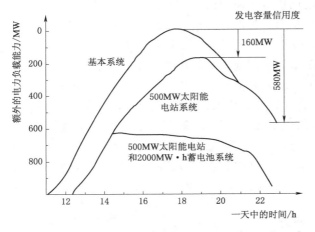

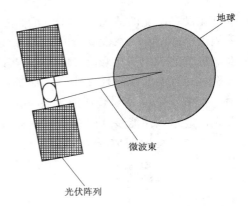

图 5-12 太阳能电站发电容量信用度的电脑模拟结果 图 5-13 卫星太阳能电站

这种光伏电站的主要优点是能够在除上述时间之外的时间里连续获得阳光。这种发电站不需要储能，并可担任常规发电站的角色。其他的优势还包括，在宇宙空间阳光强度较高并且比较容易保持光伏阵列与太阳光线垂直。处在峰值工作状态的空间光伏阵列所产生的电力，为位于阳光充足地区与之同样大小的地面方阵所产生电力的 5～8 倍。由于在将所收集到的能量传输到地面的过程中，能量会有损耗，因而这个倍数会减小一些。

这种光伏电站的主要缺点是战略上的脆弱性和极高的系统平衡成本。此外，如何在空间建立这样的方阵以及如何维护是尚待解决的重大难题。此外，还必须在地面建造巨大的能量接收器。具有所需几何尺度和辐射强度的微波束对环境的影响，也值得仔细研究。

5.3.3 安全注意事项

对于安装在建筑物上的光伏发电系统或并网光伏电站来说，安全问题至关重要。

我们需要考虑的安全问题主要包括：防火、正确布线、安置地点的选择、接地以及对气候变化尤其是强风的防范措施。光伏组件可以根据对火灾的防护等级，分为重度、中度和轻度。将大型高压光伏阵列和负载直接断开并不一定能完全解决故障，因为只要有光照太阳能板就会处于工作状态。业界在对系统的直流保护方面一直存在争议，各国的行业标准也不尽相同。在欧洲，光伏组件和逆变器一般不用接地，但在美国则必须接地。市场上现有的光伏产品遵循各国不同的设计规范，部分标准在附录 2 中列出。

我国于 2019 年开始实施《建筑光伏系统应用技术标准》（GB/T 51368—2019），指出以下几个主要的安全问题：

（1）阻塞二极管和过流器件。和一般发电设备相同，光伏发电系统必须内置防电流过载的控制器件。我们可以用阻塞二极管和过流器件（如断路器和熔断器）来保护光伏组件。阻塞二极管是用来防止大电流接地短路的，而过流装置则可以在阻塞二极管失效时提供熔断保护。阻塞二极管不能取代过流器，属于非强制部件。

（2）光伏阵列放电。如图 5-14 所示，光伏阵列的一个开路高压支路能够产生高于

70V 的高压，这样的高压足以激起电弧，甚至可持续数小时之久。但此类问题可以通过搭接冗余连接来解决，以防止电路开路和电池并联等一系列派生问题。

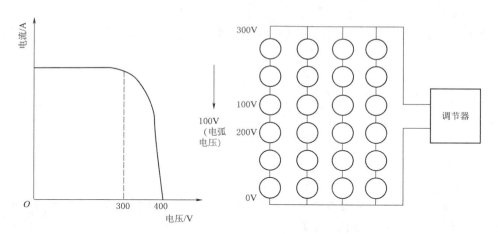

图 5-14　太阳电池的高压可以在断路时激发电弧

（3）接地。光伏系统中的许多设备要求接地以防触电：支架系统——一旦系统接地发生故障，可能会导致支架导通电压，因此组件支架必须接地；电路接地——防止电池电压偏离接地电压太多，从而导致绝缘层被击穿的危险，一般可以在终端电压点或者电压中值点接地。

关于其他国家行业规范的更多细节请参照当地有关设计标准。

从用电安全与用电质量方面考虑，光伏电站必须防止孤岛效应。孤岛效应指在电网失电情况下，发电设备仍作为孤立电源对负载供电这一现象。"孤岛效应"对设备和人员的安全存在重大隐患，体现在以下两方面：一方面是当检修人员停止电网的供电，并对电力线路和电力设备进行检修时，若并网太阳能电站的逆变器仍继续供电，会造成检修人员伤亡事故；另一方面，当因电网故障造成停电时，若并网逆变器仍继续供电，一旦电网恢复供电，电网电压和并网逆变器的输出电压在相位上可能存在较大差异，会在这一瞬间产生很大的冲击电流，从而损坏设备。

想要控制孤岛效应，有两种基本方法，即通过逆变器调节或是通过电网调节。逆变器可以用来检测电网上电压、频率或谐频的变化，也可以监控电网的阻抗。在德国，对于 5kW 以下的单相并网光伏系统推荐同时安装两个独立开关，其中一套开关系统须使用机横开关触发（如继电器等），专门用来监控电网阻抗和频率。

近期有研究表明少量光伏电能进入电网并不会造成孤岛效应。尽管目前电网中的光伏发电仍然较少，但是随着未来太阳能板的普及，电网中必须采取相应的主动保护措施，因为被动保护措施在隔离电网内功率输入/输出相平衡时无法奏效。另外，如果电网中存在大量逆变器相互干扰、感应，也可能会导致严重后果。

我国《光伏发电站防孤岛效应检测技术规程》（NB/T 32014—2013）等标准专门针对孤岛效应给出了一系列防范措施，在所有设备的设计和安装过程中都必须考虑这些要求。除非逆变器在脱离电网以后可以自动断电，或者系统内装有电流绝缘开关（如变压器等、半导体开关亦可），否则用户必须要安装一个由机械开关触发的电网断开装置。因为电网上的多个逆变器会互相提供频率和电压，所以要同时准备主动与被动两套故障预防措施。允许使用的主动预防措施包括频率调整、频率扰乱、功率调整和电流注入等；而被动防护器件则首先感应频率和电压的变化，然后再作出调整。系统必须在孤岛效应发生的两秒钟内断开。

5.4 光伏系统设计案例

5.4.1 实例

实例1：加利福尼亚，科尔曼配电支线1103

太平洋燃气电力公司是美国加州的主要能源企业之一，该公司对其电网内相关的光伏系统作了调查。他们从电网中选取了一段即科尔曼配电支线1103加以分析，以此来评估加装一组500kW$_p$的光伏系统在技术和经济上可能造成的影响。科尔曼电站自1993年6月起开始投入商业运营，其建造成本为12.34美元/W$_p$（光伏组件造价9美元/W$_p$，其他配件花费3.34美元/W$_p$）。但是此成本中大约1.14美元/W$_p$的部分是由于试验目的造成的额外开销。

图5-15给出了该实验区在1993—1994年间一天中安装了单轴日照跟踪系统的光伏阵列的电力输出和负载用电量之间的关系。从图中可以看出，电网的用电峰值明显下降。除此之外，变压器在用电高峰温度也降低了4℃。

图5-16显示科尔曼配电支线1103的月度太阳能能量输出和性能比（即实际能量输出除以理想能量输出所得的比值）。其中某些月份的性能比数值较低是由于逆变器故障造成的。

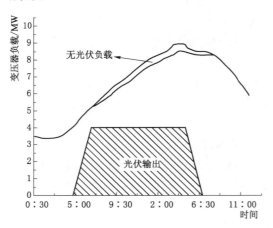

图5-15　某电力系统的变压器
负载量和光伏输出

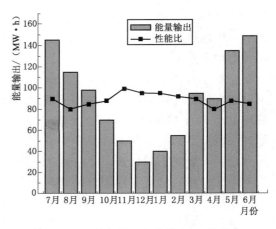

图5-16　科尔曼配电支线1103的月度
太阳能能量输出及性能比

总体来说，这套系统的优点可以归结如下：

（1）能源效益。无须使用传统燃料所带来的能源效益，约折合 143～157（美元/kW）/年。

（2）产能信用度。避免为增加电网容量而额外花费的成本，提高了产能信用度，折合约 1253（美元/kW）/年。

（3）线路功率损耗。由于能量传递总量的下降，减少了线路功率损耗 58500kW·h/年和无功功率 350kvar，节约了 14～15（美元/kW）/年。

（4）变电站维护。通过降低变压器（10.5MVA）的峰值温度延长了其使用寿命，另外由于减少了电路中抽头转换开关的维护，降低了变电站维护成本。总计约合 99（美元/kW）/年。

（5）线路传输增益。线路传输增益在概念上类似于产能信用度，但是主要体现在电网布局和维护上的改善和成本节约等方面，其价值为 45（美元/kW）/年。

（6）系统可靠性。太阳能发电有助于在停电之后的快速恢复供电。对于公共电网系统来说，改进了系统可靠性的价值计约 4（美元/kW）/年，而对于用户来说其挽回的损失则不可估量。系统可靠性提高同时也会减缓设备升级与更新的紧迫性。

（7）环境效益。由于使用太阳能这种清洁能源，每年可减少 15t 二氧化碳排放和 0.5t 氧化氮排放，其环境价值约合 31～34（美元/kW）/年。

（8）减小负载要求。省去了为配合用电高峰而扩容电站的边际开支，价值 28（美元kW）/年。

实例 2：中国河南

近日，安阳市凤凰光伏科技有限公司园区内 500kW$_p$ 光伏电站项目于 2012 年顺利并网发电。该项目是河南省首家通过国家验收并开始发电的光伏电站项目。

据悉，该项目位于河南省安阳市滑县产业聚集区凤凰光伏园区，由凤凰光伏旗下全资子公司上海市凤之阳能源科技有限公司承建，2011 年 10 月动工建设，2011 年 12 月顺利建成并网发电，项目占地面积 10000 余 m²，装机容量为 500kW$_p$，总投资 1000 万元，属于国家金太阳工程项目。使用光伏电池组件与配套电器装置均为优质、高效产品，按照运营期 25 年计算，平均年发电量为 60 余万 kW·h，每年可节约标煤 200 余 t，显著地减少了污染物和温室气体排放，优化了生态环境。该项目的建成发电，不仅对安阳地区发展循环经济、实现科学发展树立了榜样，同时也为安阳市"光伏产业园区"战略和推动光伏产业发展打下了坚实的基础。

5.4.2 国际光伏市场

为应对全球变暖及化石能源日益枯竭，可再生能源开发利用日益受到国际社会的重视，大力发展可再生能源已成为世界各国的共识。2016 年 11 月，《巴黎协定》正式生效，凸显了世界各国发展可再生能源产业的决心。太阳能以其清洁、安全、取之不尽、用之不竭等显著优势，成为发展最快的可再生能源之一。本节将介绍以美国、日本、德国和澳大利亚为代表的光伏应用较为普遍国家的光伏市场发展近况。

1. 美国

近几年光伏价格快速下跌，自 2010 年以来，光伏发电成本下降了 70%，户用光伏、地面光伏电站与其他形式的发电相比具有更强的竞争力。2010 年，在美国安装 10kW 住宅光伏系统花费约为 4 万美元，现在的成本约为 18000 美元。在本世纪初，全美有几十个试点项目的地面光伏电站，现在有接近 3000 个公用事业项目，最新的光伏电价为 18～35 美元/（MW·h）。价格下跌让美国光伏发电量十年中增长了 25 倍，从 2010 年占美国总发电量的 0.1% 上升到今天的 2.5%，可供 1350 万户家庭使用，高于 21 世纪初的 777000 户家庭。2011 年 2 月，美国能源部发起了"SunShot 计划"以降低光伏成本。2017 年初，该计划提前三年成功实现了地面光伏电站的 LCOE 成本目标。随着光伏产品关税的下降，光伏成本仍会继续下跌，SunShot 的商业和户用光伏成本目标也很快实现。

2012 年在加州建成的 143MW Catalina 光伏项目，是美国第一个超过 100MW 发电能力的独立光伏电站。作为里程碑式的跨越，Catalina 光伏成为历史性的项目，为全美大规模光伏项目的繁荣奠定了基础。2014 年 9 月，伯灵顿成为美国第一个依靠可再生能源满足 100% 电力需求的城市。之后，Aspen，Colorado and Georgetown，Texas 等更多城市和州开始了他们的"Solar＋"十年。2015 年 12 月，美国国会批准将光伏投资税收抵免（ITC）的期限历史性地延长 5 年，并在 2022 年前逐步降低。ITC 帮助推动了所有细分市场光伏的重大发展，并为十年间美国承受光伏双反关税成本、201 关税成本的光伏产业继续降本和增量奠定了基础。关于 ITC，TestPV 公众号已有很多科普介绍和动态更新。2016 年 5 月，美国光伏装机达到 100 万个，这是美国经历 40 年才在全美范围内建立了 100 万个光伏系统。此后仅仅用了 3 年，美国就成功完成了第二个 100 万。除此之外，2019 年 12 月，美国加州成功实现其"百万屋顶"计划。2018 年 5 月，加州能源委员会（California Energy Commission）让加州成为第一个要求在该州新建住宅上安装光伏组件的州。这项全球的历史性的规定已于 2020 年 1 月 1 日正式生效，将有助于加州这个美国最大的光伏市场继续创造更多的光伏就业和投资。

美国光伏行业协会（SEIA）十年来一直孜孜不倦地推动着美国光伏行业的发展，反对美国实施的光伏双反、201 保障税、301 保障税政策，积极推动 ITC 政策的延期。2015 年，SEIA 成功推动 ITC 延长 5 年。2019 年 10 月以来，SEIA 持续反对美国 USTR 撤销双面组件豁免 201 关税的决定，并成功游说美国贸易法院临时禁止 USTR 的决定，在 12 月 6 日的听证会上，成功阻击让双面组件重返 201 关税豁免清单。SEIA 还发起了反对美国关税政策的游行，出版了 201 关税对美股光伏产业的影响报告。

2010 年，美国新增装机容量中只有 4% 是光伏，自 2013 年以来，其近三分之一的新增装机容量为光伏，在 2016 年超过 40%，2019 年再次接近 40%。TestPV 认为，如果美国继续保持这一速度，预计在下一个"Solar＋"十年中，光伏将拥有美国最大的新增发电能力。

2. 日本

2011 年 3 月 11 日，经历大地震引发"福岛核事故"之后，日本政府和民众开始更加重视发展光伏等安全的清洁能源，减少对核能的依赖。目前，日本光伏政策主要有可再生能源固定价格买取制度（FIT）、投资税收减免（已到期）、地区补贴和综合性政策等。而日本的国土面积只有中国的 1/25，由于土地紧缺，日本光伏市场以住宅屋顶项目为主，屋顶项目占实际装机容量 50% 以上。统计至 2017 年底为止，住宅型光伏的并网容量约占总并网量 13%，但数量上，10kW 以下的屋顶型光伏总系统数量约 2/3。

其中，于 2012 年 7 月 1 日启动固定上网电价政策规定，大于 10kW 光伏系统上网电价为 40 日元/(kW·h)，补贴 20 年；不足 10kW 的光伏系统上网电价为 42 日元/(kW·h)，补贴 10 年，此后的上网电价每年调整。由于其高额的补贴，促进了其国内的光伏装机市场的迅猛发展。自 2012 年 7 月推行可再生能源固定价格收购制度以来，日本可再生能源发电量占比由 2010 年的 10％上升到 2017 年的 15.6％，其中光伏发电呈现阶梯式增长，2017 年占全国总发电量的 5.7％。

2012—2017 年，日本可再生能源发电的装机量年均增速达到 26％，光伏产业为主要增量。2012 年日本光伏累计装机量为 4.977GW，根据集邦咨询旗下新能源研究中心集邦新能源网 EnergyTrend 统计，截至 2017 年年底，日本光伏累计装机量为 37.819GW，包含屋顶光伏装机量 5.19GW。2017 年日本光伏新增并网装机量为 5.799GW，较 2016 年的 6.83GW，下降了约 15％。

2018 年 6 月 8 日，日本政府在内阁会议上通过了 2017 年度版《能源白皮书》。白皮书把太阳能和风能等可再生能源定位为主力电源，提出到 2030 年度将可再生能源发电比例提升至 22％～24％，光伏发电达到 7％的目标，可再生能源累计装机容量可达到 92～94GW。其中太阳能的份额将达到 64～70GW。

对于长期身处能源危机的日本市场而言，发展以光伏、风电为主的可再生能源仍将是该国未来能源转型的主基调。日本的再生能源并网量在 2015 年度时已经超过燃煤发电；2016 年太阳能发电的总并网量更超过了其他所有类型的再生能源。因此，太阳能发电装置成本与度电成本的降低是市场发展的主要推手，随着补贴的退坡，日本居民屋顶光伏热逐渐退烧，未来大型电站项目所占总装机容量的比重将逐渐上升。预计未来几年光储结合的形式将在日本更为普遍，其中居民屋顶光伏的"复苏"将占很大比例，主要原因是政府加强对锂电池储能系统应用的部署以及大力倡导零能耗住宅（ZEH）方案，农光和水上光伏项目也会在政府的推动下有所增加。

3. 德国

德国推广太阳能的鼓励政策是全欧洲最具成效的。德国于 1991 年开始了"千房示范工程"，而 2000 年则开始实施更大规模的"十万屋顶计划"。在德国购买太阳能板可以享受低息贷款，此政策随后在 2004 年出台的《可再生能源法》中得到了修正与立法保护。这项法律规定了回购电价，从而确保太阳能用户可以通过向电网卖电的方式来补偿其安装系统时所付出的高额开支。回购电价从 2006 年开始以每年 6.5％的速度逐年降低。该项政策促使屋顶光伏系统得到了飞速的增长，在其实施的几年中也诞生了一批超大规模的太阳能电站。

据统计数据显示，2009—2012 年，德国光伏电站新增装机容量呈现逐年增长态势，从 2009 年的 3802MW 增长到 2012 年的 7604MW。另外，从 2012 年的数据来看，德国市场是全球当之无愧的最大光伏市场，不管是从累计装机容量数据还是新增装机容量数据，均居全球第一位。在中国成为世界光伏第一装机大国之前，德国一直占据全球光伏应用第一大国称号，这其中光伏补贴起到一定助推作用，但光伏电站的高额补贴让德国能源转型负担沉重，所以近年欧盟各国的大方向是减少光伏补贴，使之更为市场化。德国作为欧盟的典型代表，其并网补贴自 2009 年后也大幅减少。以装机容量 30kW 的居民屋顶项目为例，并网补贴价格从 2004 年 0.57 欧元/（kW·h）的历史高位，一路降低到 2014 年的 0.12 欧元/（kW·h）。2016 年 6 月通过《可再生能源法》改革方案，德国自 2017 年起将不再以政府指定价格收购绿色电力，而是通过市场竞价发放补贴。其余欧盟国家：瑞士、丹麦、意大利等国无一例外计划减少甚至计划取消光伏 FIT 补贴。目前，德国光伏发电市场已进入平稳调整期，光伏发展增速明显放缓。

4. 澳大利亚

澳大利亚农牧业发达，自然资源丰富，人少地广。光照资源排名世界第一，80％以上的地面光照强度超过 2000kW·h/m²，全国一类地区太阳年辐照总量7621～8672MJ/m²，主要在澳大利亚北部地区，占总面积的 54.18％。二类地区太阳年辐照总量 6570～7621MJ/m²，包括澳大利亚中部，占全国面积的 35.44％。三类地区太阳年辐照总量5389～6570MJ/m²，在澳大利亚南部地区，占全国面积的 7.9％。太阳年辐照总量低于6570MJ/m² 的四类地区仅占 2.48％。澳大利亚中部的广大地区人烟稀少，土地荒漠，适合于大规模的太阳能开发利用，太阳能发电市场潜力巨大。

澳大利亚是世界上光伏最发达的国家之一，2009 年开始推出非常优惠的光伏度电补贴政策，补贴 0.5 澳币/（kW·h），2010 年出现爆发式增长，当年新增装机容量达到383MW，从 2011 年 7 月起，澳大利亚开始消减补贴，到 2013 年开始平衡发展，2017 年后，澳大利亚光伏市场又开始突飞猛进，重新成为全球关注的重要市场之一。

澳大利亚光伏为户用和公共事业级两种，居民个人安装称为户用，工商业分布式及大型地面站称为公共事业级。2018 年澳大利亚户用光伏装机 1.2272GW，同比 2017 年增长42.8％。截至 2018 年年底，澳大利亚户用光伏装机超过了 200 万户。五分之一以上的家庭都安装了光伏系统，也是世界上普及率最高的地区之一。新南威尔士以 326MW 的新增装机容量成为澳大利亚最大的户用光伏装机市场。2018 年澳大利亚公用事业装机更是出现了爆发式增长，达到了 2.0826GW。截至 2020 年，澳大利亚用户侧光伏装机规模约11GW，其中大部分是户用光伏，其增长的脚步没有放缓迹象。太阳电池板价格持续下降，工商业用户数量也会上升，虽然这部分用户安装的系统数量不多，但其规模足够大，预计到 2050 年，工商业与户用光伏装机容量各占半壁江山。

澳洲光伏市场已进入最好的时代，本身光照资源极为丰富，同时技术成熟成本低廉。如今装机容量节节攀升，诸多大型企业消费者也加入了购买光伏电力的潮流。各州政府非常鼓励大型项目投资来带动就业增长和生活成本下降。电力购买协议（PPA）的广泛应用也促进了项目融资，带动了整个市场的发展。

第3篇

光热发电原理及应用

第6章 光热发电原理

6.1 光热发电原理及特点

光热发电是将太阳能转化为热能，通过热功转化进行发电的技术。采用这种光—热—电转换技术的电站称为光热电站。根据收集太阳辐射方式的不同，光热发电技术可分为塔式光热发电、槽式光热发电、碟式—斯特林光热发电和线性菲涅耳式光热发电等聚光发电形式以及太阳池热发电、太阳能热气流发电等非聚光发电形式。

聚光比是区别聚光型光热发电技术的主要指标。聚光比和光热发电的系统效率（光-电转换效率）密切相关。一般来讲，聚光比越大，光热发电系统可实现的集热温度就越高，整个系统的发电效率也就越高。碟式-斯特林光热发电系统的聚光比最高，在600～3000之间；塔式光热发电系统的聚光比在300～1000；线性菲涅耳式光热发电系统的聚光比在150以下；槽式光热发电系统的聚光比在80～100。在聚光比确定的情况下，如果只是单纯提高集热温度，并不一定能够实现系统效率的提高，反而可能会降低光电转换效率。因为，光热发电的系统效率是集热效率和热机效率的乘积，如图6-1所示，在某一聚光比下，随着吸热器工作温度的提高，热机效率会随之提高，但集热效率会出现下降，因而系统效率曲线会出现一个"马鞍点"。因此必须满足聚光比与集热温度的协同提高才能实现光电转化效率的提高。

聚光型光热发电技术的主要特点包括：

（1）利用太阳直射光。这部分太阳光未被地球大气层吸收、反射及折射，仍保持原来的方向直达地球表面。

（2）带有蓄热系统，发电功率相对平稳可控。太阳能资源具有间歇性和不稳定性的特点，白天太阳辐射的变化会引起以太阳能作为输入能源的系统发电功率大幅波动，对电网系统实时平衡和安全稳定运行带来挑战。光热发电站配置蓄热系统，可以将多余的热量储存起来，在云层遮日或夜间及时向动力发电设备进行热量补充，因此可以保证发电功率平

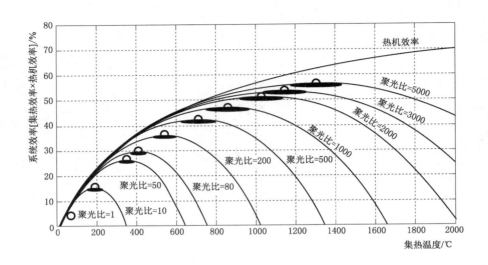

图 6-1 聚光比、吸热器温度和系统效率的关系

稳和可控输出，减少对电网的冲击。

（3）可与常规火电系统联合运行。光热发电站采用汽轮机、燃气轮机等常规设备进行热-电转化驱动发电机发电，容易同燃煤、燃油及天然气等发电系统进行联合循环运行，节约化石燃料的消耗。同时克服太阳能不连续、不稳定的缺点，实现全天候不间断发电，达到最佳的技术经济性。

（4）全生命周期 CO_2 排放极低。光热发电站的全生命周期 CO_2 排放约 $17g/(kW \cdot h)$，远远低于燃煤电站以及天然气联合循环电站。光热发电技术是真正的不影响自然环境和实现经济社会可持续发展的新能源技术，尤其是储热系统是光热发电与光伏发电等其他可再生能源发电竞争的一个关键要素。研究显示，一座带有储热系统的光热发电站，年利用率可以从无储热的 25% 提高到 65%；利用长时间储热系统，光热发电可以在未来满足基础负荷电力市场的需求。

此外，光热发电系统还可以与热化学过程联系起来实现高效率的光热化学发电。光热发电系统余热可以用于海水淡化和供热工程等进行综合利用。近年来还有科学家提出光热发电技术用于煤的气化与煤的液化，形成气体或液体燃料，进行远距离的运输。

6.2 光热发电形式简介

本节对塔式光热发电系统、槽式光热发电系统、碟式光热发电系统、线性菲涅耳式光热发电系统以及太阳池热发电系统、太阳能热气流发电系统等常见的光热发电形式进行简介。

6.2.1 塔式光热发电系统

塔式光热发电是通过多台跟踪太阳运动的定日镜将太阳辐射反射至放置于支撑塔上

的吸热器中，把太阳辐射能转换为传热工质的热能，通过热力循环转换成电能的光热发电系统。塔式光热发电系统主要由定日镜场、支撑塔、吸热器、储热器、换热器和发电机组等组成。按照传热工质的种类，塔式光热发电系统主要有水/蒸汽、熔融盐和空气等形式。

1. 水/蒸汽塔式光热发电系统

以水/蒸汽作为传热工质，水经过吸热器直接产生高温高压蒸汽，进入汽轮发电机组，系统原理如图6-2所示。水/蒸汽塔式光热发电系统的传热和做功工质一致，年均发电效率可达15％以上。水/蒸汽具有热导率高、无毒、无腐蚀性等优点。蒸汽在高温运行时存在高压问题，在实际使用时蒸汽温度受到限制，抑制了塔式光热发电系统运行参数和系统效率的提高。

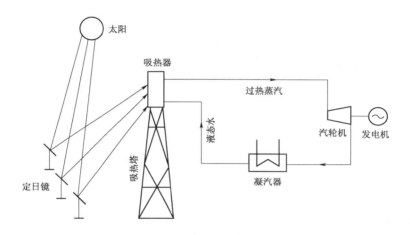

图6-2　水/蒸汽塔式光热发电系统原理图

2. 熔融盐塔式光热发电系统

以熔融盐作为传热介质，在吸热器内加热后，通过熔融盐/蒸汽发生器产生蒸汽，并推动汽轮机发电。如图6-3所示，加热后的熔融盐先存入高温储存罐，然后送入蒸汽发生器加热水产生高温高压蒸汽，驱动汽轮发电机组。汽轮机乏汽经凝汽器冷凝后返回蒸汽发生器循环使用。在蒸汽发生器中放出热量的熔融盐送至低温储存罐，再送回吸热器加热。常用的硝酸钠加硝酸钾的混合盐沸点较高，可达620℃，可以实现热能在电站中的常压高温传输，实现系统高参数运行，传热和蓄热工质一致，减小换热过程损失，年均发电效率可达20％。

3. 空气塔式光热发电系统

一是以空气作为传热工质，空气经过吸热器加热后形成高温热空气，进入燃气轮发电机组发电的光热发电系统。系统原理图如图6-4所示。空气作为传热工质，易于获得，工作过程无相变，工作温度可达1600℃，由于空气的热容较小，空气吸热器的工作温度可高于1000℃，大大提高燃气轮机进口空气温度，减少燃气用量，年均发电效率可达30％。

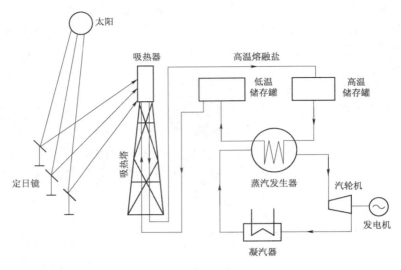

图 6 - 3   熔融盐塔式光热发电系统原理图

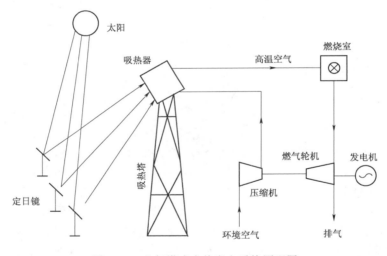

图 6 - 4   空气塔式光热发电系统原理图

6.2.2   槽式光热发电系统

槽式光热发电系统是通过抛物面槽式聚光集热器跟踪太阳，使得直射太阳光聚集到集热管表面，以加热集热管内传热工质，进而参加热力循环发电的系统。槽式光热发电系统一般由抛物面槽式聚光器、集热管、储热单元、蒸汽发生器和汽轮发电机组等单元组成。槽式光热发电站中，抛物面槽式聚光集热器通过串联和并联方式相互连接，并通过模块化布局形成集热场。槽式光热发电系统如图 6 - 5 所示。

迄今为止，槽式光热发电系统是世界上商业化最成功的光热发电系统。槽式光热发电系统结构简单、成本较低、土地利用率高、安装维护方便，导热油工质的槽式光热发电技

图 6-5　槽式太阳能热发电系统

术已经相当成熟。由于槽式系统可将多个槽式集热器串、并联排列组合，因此可以构成较大容量的热发电系统，但也正是因为其热传递回路很长，因此传热工质的温度难以再提高，系统综合效率较低。

集热管里的工质通常是导热油，但随着科学技术的发展工质可以扩展到熔融盐、水、空气等物质。目前，实际应用的工质主要有两种，即导热油和水。槽式光热发电技术按其工质不同，分为导热油槽式光热发电系统（通常简称为导热油槽式系统）和槽式太阳能直接蒸汽发电系统（通常简称为 DSG 槽式系统）。

1. 导热油槽式系统

导热油是抛物面槽式光热发电系统中广泛采用的传热流体。抛物面槽式集热器将收集到的太阳能转化为热能加热吸热管内的导热油，并通过导热油/水蒸气发生器产生高温高压的过热蒸汽，送至汽轮机发电机组做功发电。汽轮机出口低温低压蒸汽经过凝汽器冷凝后，返回蒸汽发生器。经过蒸汽发生器放热后的导热油返回抛物面槽式聚光集热器进行加热，形成封闭的导热油循环回路。其系统工作原理如图6-6所示。当太阳辐照度较高时，可以将部分高温热量通过换热器存储在高温存储罐中，当太阳辐照强度较弱时，提取高温储热罐中的热量用于发电，以平衡太阳能波动对电力输出稳定性的影响。

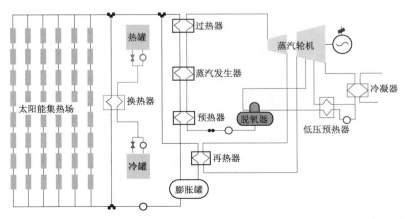

图 6-6　导热油槽式系统工作原理图

导热油也存在许多不足之处：

（1）导热油在高温下运行时，化学键易断裂分解氧化，从而引起系统内压力上升，甚至出现导热油循环泵的气蚀，特别是对于气相循环系统，压力上升，则难以控制其内部温度，进而因为气夹套上部或盘管低凹处气体的寄存，造成热效率降低等不良影响。因此导热油槽式系统一般运行温度为400℃，不易再提高，这直接造成导热油槽式系统的系统效率不高。

（2）导热油在炉管中流速必须选在2m/s以上，流速越小油膜温度越高，易导致导热油结焦。

（3）油温必须降到80℃以下，循环泵才能停止运行。

（4）一旦导热油发生渗漏，在高温下将增加引起火灾的风险。美国LUZ公司的SEGS电站就曾经发生过火灾，并为防止油的泄漏和对已漏油的回收投入大量资金。

槽式系统聚光集热原理示意图如图6-7所示。

集热管

反射镜

集热场管路

图6-7 槽式系统聚光集热原理示意图

2. DSG槽式系统

鉴于导热油工质的上述问题，槽式光热发电系统出现了利用水取代导热油在集热管中直接转化为饱和或过饱和蒸汽（温度可达400℃，压力可达10MPa）的直接蒸汽发电技术。采用水作为传热介质，槽式系统的运行温度可以达到500℃甚至更高的工作温度，减少了换热环节的热损失并提高集热岛出口参数，从而提高发电效率；另外还能够降低环境风险、简化电站的设计结构、减少投资和运行成本。

Dagan和Lippke提出DSG槽式系统的运行模式有直通模式、注入模式和再循环模式三种，如图6-8所示。其中：①在直通模式DSG槽式系统中，给水从集热器入口至集热器出口，依次经过预热、蒸发、过热，直至蒸汽达到系统参数，进入汽轮机组发电；②注入模式DSG槽式系统与直通模式DSG槽式系统类似，区别在于注入模式DSG槽式系统中集热器沿线均有减温水注入；③再循环模式DSG槽式系统最为复杂，该系统在集热器蒸发区结束位置装有汽水分离器。三种模式中，直通模式是最简单、最经济的运行模式，再循环模式是目前最保守、最安全的运行模式，而由于注入模式的测量系统不能正常工作，因此一般认为注入模式是不可行的。

DSG槽式系统的瓶颈在于：集热管内易产生两相层流现象，管体会由于压力和温度不均匀问题发生变形或造成玻璃管破裂；控制系统和连接部件设计相对十分复杂；所以目前的蓄热材料和方式无法满足系统的蓄热要求。

6.2.3 碟式光热发电系统

碟式光热发电系统是利用碟式聚光器将太阳光聚集到焦点处的吸热器上，通过斯特林循环或者布雷顿循环发电的光热发电系统。碟式光热发电系统通过驱动装置，驱动

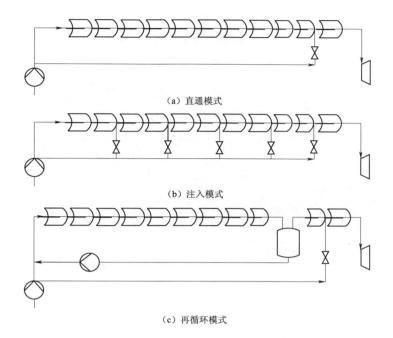

(a) 直通模式

(b) 注入模式

(c) 再循环模式

图 6-8 DSG 槽式系统运行模式简图

碟式聚光器像向日葵一样双轴自动跟踪太阳，如图 6-9 所示。碟式聚光器的焦点随着碟式聚光器一起运动，没有余弦损失，光学效率可以达到约 90%。通常碟式聚光器的光学聚光比可以达到 600～3000，吸热器工作温度可以达到 800℃ 以上，系统峰值光—电转化效率可以达到 29.4%。由于单个抛物面反射镜不可能做得很大，因此这种光热发电装置的单个功率都比较小，一般单机功率约为 10～25kW，聚光镜直径约 10～15m。碟式系统单机可标准化生产，具有寿命长、效率高、灵活性强等特点。碟式系统可单台供电，也可多台机组并联发电，适用于边远地区或无电、缺电地区的独立电站，适合于作小型电源。但其单机规模受设备制造技术的限制，特别是发电装置（斯特林电机）的研制仍是目前的关键技术瓶颈。另外，热储存困难，热熔盐储热技术危险性大且造价高。

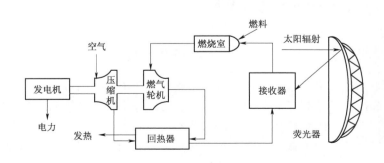

图 6-9 碟式光热发电系统组成示意图

目前全球只有一座投入商业化运行的碟式斯特林热发电站 Maricopa，位于美国 Arizona 州，总装机容量为 1.5MW，由 60 台单机容量为 25kW 的碟式斯特林光热发电装置组成，如图 6-10 所示。

图 6-10　Maricopa 碟式斯特林光热发电站

6.2.4　线性菲涅耳式光热发电系统

线性菲涅耳式光热发电系统是通过跟踪太阳运动的条形反射镜将太阳辐射聚集到集热管上，加热传热工质，并通过热力循环进行发电的系统。系统主要由线性菲涅耳聚光集热器、发电机组、凝汽器等组成。线性菲涅耳式光热发电系统通常以水/蒸汽作为传热工质，其原理如图 6-11 所示。菲涅耳聚光集热器将收集到的太阳能转化为热能并产生高温高压蒸汽，送至汽轮机发电机组做功发电，汽轮机出口低温低压蒸汽经过凝汽器冷凝后，返回菲涅耳聚光集热器，形成闭合的水/蒸汽回路。

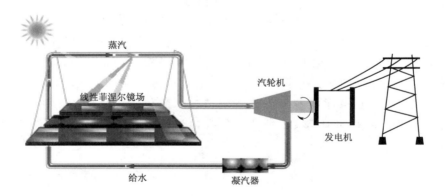

图 6-11　线性菲涅耳式光热发电系统原理图

线性菲涅耳式光热发电系统可以看做是简化的槽式光热发电系统。采用可弹性弯曲的平面反射镜代替高精度曲面反射镜达到降低反射镜成本的目的。每个反射镜排的跟踪旋转角度相同，可以采用同一传动装置进行联动调节，传动系统较为简单；单个反射镜宽度较小，可以贴近地面安装，风载荷大幅度减小，对支撑结构和基础的强度要求也大为降低，反射镜可密排布置，土地使用率高；线性菲涅耳聚光集热器的集热管在工作过程中固定不

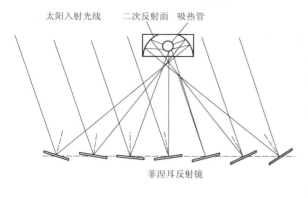

图 6-12 菲涅耳二次聚光器结构示意图

动，流体回路相对更安全。同时，菲涅耳聚光集热器存在以下缺点：各反射镜排布紧密，反射镜之间的遮挡较为严重，同时又受到余弦效应的影响，系统在早晨和傍晚的光学效率较低，造成聚光器年均光学效率较低；集热器的热损失较大，系统效率较低；由于增大了反射镜面积和反射镜与集热管之间的间距，造成菲涅耳聚光集热器的光斑增大，为了增大聚光比，需要采用二次聚光器进行二次聚光，如图 6-12 所示。

目前国际上该技术形式有小规模的商业化示范。Puerto Errado 2 是西班牙的线性菲涅耳电站，如图 6-13 所示总占地面积 70hm²，集热器面积 30.212 万 m²，传热介质为水，镜场进口温度 140℃，出口温度 270℃，运行压力 55bar，最大热能输出 150MWt，冷却方式为空冷，储热方式为单罐温跃层，储热容量为 0.5h。电站于 2012 年在西班牙并网发电。

6.2.5　太阳池热发电系统

太阳池实质上是一个具有一定浓度含盐量的盐水池。其工作原理如图 6-14 所示。池的上部保有一层较轻的新鲜浓盐水，底部为较重的盐水，使沿太阳池的竖直方向维持一定的盐度梯度。上层清水和底部盐水之间是有一定厚度的非对流层，起着隔热层的作用。由于水对红外辐射是不透明的，入射到太阳池表面的太阳辐射，其红外部分在近表面几毫米以内的层中被吸收。太阳光的可见光和紫外线部分可以透过几米深的清水，这部分辐射能量将被池的深色底部吸收。当池底部的盐水被太阳能加热后，水开始膨胀上升，若膨胀所产生的浮力还不足以扰乱池内盐浓度梯度的稳定性，则可有效地抑制和消除因浮力而可能引起的池水混合的自然对流趋势。这样，储存在池底部的热量只有通过传导才能向外散失。这就是无对流的太阳池。

图 6-13　Puerto Errado 2 线性菲涅耳电站

无对流的太阳池是一种水平表面的太阳吸热器，用以在 1～2m 深水体底部吸收太阳辐射能，产生低温热。热力学原理指出，流体层可以从池底缓慢移走而不扰乱水体主体。这样，就可以用泵从池底抽出被加热的盐水，通过热交换器换热后，再送回池底。由于回流的流体比抽出的流体温度低，因此能够做到将加热的盐水从池底抽出，同时维持池内所需要的密度梯度而不致扰动太阳池正常工作。

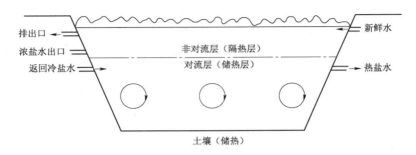

图 6-14　太阳池工作原理图

应用太阳池的上述特性，将天然盐水湖等天然盐水体建成太阳池，就是一个巨大的平板太阳吸热器。利用它吸收太阳能，再通过热交换器加热低沸点工质产生过热蒸汽，驱动汽轮发电机组发电，这就是太阳池热发电的原理。太阳池热发电站原理系统图，如图 6-15 所示。

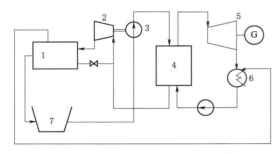

图 6-15　太阳池热发电站原理系统图
1—分离器；2—水轮机；3—泵；4—锅炉；
5—汽轮发电机组；6—凝汽器；7—太阳池

一般太阳池都是依托天然盐湖建造，因此在技术上具有很多优点：①池表面积大，是个巨大的平板吸热器；②盐水容量大，是个巨大的储热槽；③设计结构简单；④储热时间长，可在 1 年以上；⑤不污染环境；⑥依托天然盐湖，建造成本低。它的主要缺点是：①可能达到的工作温度低；②其应用受到区域的限制。

早在 1902 年，就有人提出建造人工太阳池的设想。1959—1966 年，以色列共建了 3 座太阳池。1975 年，以色列在死海边上的 Ein Boqeq 建造了世界上第一座太阳池发电站，发电功率为 150kW。这座电站的建成，预示了太阳池作为季节性储能体的可行性和经济性。由于第一座试验电站的成功，1983 年秋，以色列在死海北角 Bet Ha Arava 开始建造一座 5MW 的太阳池发电站，其太阳池面积 25hm²，于 1985 年投入并网发电。

除此之外，以色列奥尔马特汽轮机公司还在美国加州东圣伯纳第诺地区一个干涸湖泊上建筑了世界上最大的太阳池发电站，总净发电功率为 48MW，第一组 12MW 机组于 1985 年投入运行，整座电站于 1987 年 12 月投入运行。这座电站有 4 个盐水湖，每个面积 48m×103m，池深 3.6~4.8m，可供 1~2 组汽轮发电机组发电。池底的浓盐水被太阳光加热后，温度可达 93.3℃。用泵将浓盐水抽出，通过热交换器加热氟利昂，使之汽化，产生过热蒸汽，驱动低沸点工质汽轮发电机组发电。汽轮机排出的蒸汽经凝汽器凝结后，返回热交换器再行加热。系统运行温度可达 82.2℃。该电站由奥尔马特公司设计、建造和经营，产生的电能卖给南加州爱迪生电力公司。

6.2.6 太阳能热气流发电系统

太阳能热气流发电的原理是在以大地为吸热材料的巨大蓬式地面太阳空气吸热器的中央，建造高大的竖直烟囱。烟囱的底部在近空气吸热器透明盖板的下面开吸风口，上面安装风轮。地面太阳空气吸热器根据温度效应生产热空气，温室内外的温差造成烟囱纵向的压力下降，热空气从吸风口进入烟囱，产生一个近恒速的逆风热气流，驱动安装在烟囱内的风轮带动发电机发电。所以太阳能热气流发电系统又叫太阳烟囱。这是光热发电的一种新技术，它把温室技术、烟囱技术和汽轮机技术三个众所周知的技术以一种新的方式结合在了一起，如图 6-16 所示。电站关键技术是在温室内外创造一定的温差。德国人 1982 年在马德里南部 Manzanaries 建成第一个 50kW 太阳能烟囱示范项目，它把大型温室热气流推动涡轮机发电的概念变成了现实。

这种太阳能热气流发电系统有很多技术及物理优点：①太阳辐射甚至阴天里的太阳散射都被利用了；②大地是天然的储存媒介，它可以保证白天系统在定速率下平稳运行（大型系统还可在夜间平稳运行）；③如果另外在屋顶下的地上安装充满水的黑管，系统可以 24 小时连续发电；④系统不可移动，除了汽轮机和发电机其他部分不要求集中维修；⑤不需要水冷；⑥简单低成本的设计和材料（玻璃、混凝土、钢铁）使太阳烟囱系统可以在非工业国应用；⑦劳动力成为安装费用中重要部分，这将刺激当地的劳动力市场，同时使总费用下降。

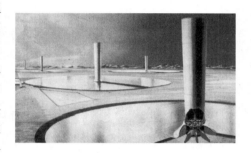

图 6-16　大型（100～200MW）
太阳烟囱的图示

1983 年，西班牙建成一座太阳能热气流发电站，发电功率 15kW，用于进行探索性试验研究。

6.2.7 光热发电系统的比较

关于上述 6 种光热发电系统的性能和技术特点比较见表 6-1。

光热发电系统若按太阳能收集方式进行分类，表 6-1 中的前 3 种为聚光方式光热发电系统，后 2 种为非聚光方式光热发电系统。由于聚光，其集热温度可以很高，所以前 3 种是中高温光热发电系统，而后 2 种是低温光热发电系统。

从经济角度可分为两种：一种是发电成本不依赖规模的热发电系统，以点聚焦的碟式聚光器系统为代表，发电成本目前为 0.19～0.26 欧元/(kW·h)，适合于做分布式能源系统；另一种是发电成本依赖聚光面积规模的热发电系统，它以线聚焦的槽式系统和点聚焦的塔式系统为代表，发电成本目前为 0.076～0.09 欧元/(kW·h)。其发电成本依赖装机容量，如 80MW$_e$ 的槽式电站的发电成本只有 10MW$_e$ 电站的 50%，因此建立大规模光热发电站是降低太阳能发电成本的趋势和必要途径。

表 6-1 代表性光热发电技术比较

	塔式	槽式	碟式	线性菲涅耳式	太阳池	太阳能热气流
应用	并网电站；高温热利用	并网电站；中高温热利用	单机应用或小型独立电站；高温热利用	小规模商业化示范；中高温热利用	并网电站；低温热利用	实验性电站；低温热利用
优点	已商业化；较高热电转化率；运行温度可达1000℃；高温储热；可用于混合发电	已商业化；运行温度可达500℃（商业化运行温度为400℃左右）；商业化年均效率在14%左右；投资及运行费用合理；可采用模块化形式；土地利用率高；材料要求低；可用于混合发电；可储能	高转化率，峰值可达30%；可采用模块化形式；可用于混合发电；具有试验模型的运行经验	反射镜成本低；传动系统简单；反射镜风载荷小，对支撑结构和基础的强度要求低，可密排布置，土地使用率高；集热管固定不动，流体回路更安全	池表面积大，是个巨大的平板吸热器；盐水容量大，是个巨大的储热槽；设计结构简单，储热时间长，可在1年以上；不污染环境；依托天然盐湖，建造成本低	太阳辐射利用率高，不产生有害物，环境效应良好；能保证白天定速率平稳运行（大型系统还可在夜间平稳运行）；可24h连续发电；除了汽轮机和发电机，其他部分不要求集中维修；不需要水冷；设计简单，成本低
缺点	工程投资、年均运行性能和运行费用等还需进一步优化	导热油槽式系统受导热油介质可用温度400℃以内的限制；DSG槽式系统运行控制难度高；土地平整性要求高，必须用水	可靠性尚需提高；规模化生产的设备成本需要达到预期目标	聚光器年均光学效率较低；集热器的热损失较大，系统效率较低；需采用二次聚光器	工作温度低；应用区域受限	系统不可移动；占地面积大

代表性光热发电方式的技术经济比较见表6-2。

表 6-2 代表性光热发电方式的技术经济比较

	塔式	槽式	碟式
可采用的动力循环模式	①Rankine ②Brayton ③R/B联合循环	Rankine	Stirling
动力循环运行温度/℃	230～1200（最大1500）	390～500	750
吸热器运行温度/℃	340～560（Rankine） 800～1200（Brayton）	390～500	750
聚光比	300～1500（最大4500）	10～30（最大200）	100～1000
适宜规模容量	30～400MW	10～200MW	5～25kW
单位面积土地的年发电量/[(kW·h)/m²]	83.33～125	125～166.67	83.33～125
峰值效率/%	18～23（设计值）	20（示范值）	29.4（示范值）

	塔　式	槽　式	碟　式
年平均效率/%	①15～20（Rankine）； ②20～30（Brayton）； ③25～35（R/B联合循环）	11～15	12～25
年负荷因子/%	20～77	23～50	25
是否需要储热	是	是	否
设备一次投资/(欧元/kW)	2500～2900	2300～2500	5000～8000
对太阳直射资源要求	300W/m² 以上	无	无
商业化现状	商业化	商业化	—
混合动力设计	适合	最适合	可用

6.3　小结

本章主要介绍了光热发电的原理，并对其各种形式进行了综述和比较。本章可以得到的一个重要结论是，聚光比与集热温度的协同提高，才能实现光电转化效率的提高。这是在考虑光热发电系统的效率问题时，必须密切关注的。

第 7 章　太阳能工程光学设计原理

在太阳能发电工程中，通常会利用聚光器等设备将稀薄的太阳辐射能汇聚到一起，提高其利用效率。这时，就要讨论太阳能工程中所用的光学设计原理。

7.1　几何光学的基本理论

7.1.1　费马原理

1. 费马原理的描述

光在指定的两点间传播，实际的光程总是一个极值（最大值、最小值或恒定值）。

2. 费马原理的表达式

$$\delta \int_A^B n\,\mathrm{d}l = 0\,(\mathrm{A},\mathrm{B}\ \text{是两固定点})\qquad(7-1)$$

费马（Fermat）原理是光线光学的基本原理，光线光学中的三个重要定律——直线传播定律、反射定律和折射定律（$n\sin i = n'\sin i'$），都能从费马原理导出。

7.1.2　几何光学三大定律

几何光学的三个实验定律分别是光的直线传播定律、光的独立传播定律、光的反射和折射定律。

（1）光的直线传播定律：在均匀的介质中，光沿直线传播。

（2）光的独立传播定律：光在传播过程中与其他光束相遇时，不改变传播方向，各光束互不受影响，各自独立传播。

（3）光的反射和折射定律：当光由一介质进入另一介质时，光线在两个介质的分界面上被分为反射光线和折射光线。其中：反射定律：入射光线、反射光线和法线在同一平面内，这个平面叫做入射面，入射光线和反射光线分居法线两侧，入射角等于反射角；光的折射定律：入射光线、法线和折射光线同在入射面内，入射光线和折射光线分居法线两侧，介质折射率不仅与介质种类有关，而且与光波长有关。

7.2 太阳能工程光学设计

光热发电通常采用大型反射镜将入射太阳能聚集到较小的集热器上。这样做的主要目的是提高所收集辐射热能的温度，而提高的温度有益于诸多工业化过程并可直接影响其热电转化效率。

7.2.1 聚光的目的

任意形式太阳能集热器的运行都可以描述为集热器吸收的太阳能与集热器的热损之间的能量平衡。如果没有其他选择去转移热能，集热器的热损必然等于吸收的太阳能。

集热器温度持续上升，直到对流和辐射热损等于吸收的太阳能，温度开始保持不变。这种情况发生时的温度被称为集热器的临界温度。

为使集热器的温度在某一时刻低于临界温度，必须对热能进行主动转移，这些热能正好可以被用于太阳能系统。集热器的换热速率决定了集热器的工作温度。相对于被光热发电系统利用的大部分辐射热能而言，必须保持集热器的热损较低。

通过在环境温度附近运行集热器（例如使用低温平板集热器）或通过改进集热器降低其高温下的热损。降低高温下集热器热损最常用的方法是减小集热器热表面的尺寸，这是因为热损大小与集热面大小成正比。聚光集热器通过将入射在聚光器表面上的光反射（或折射）到小面积的集热器上。通过减少热损，聚光集热器可以在高温下运行，并且仍可提供大量可用的热能。

在太阳能集热器的设计中，采用聚光的第二个原因是，反射表面比吸收（集热器）表面便宜。因此，可以在场中布置大量廉价的反射镜，将入射的太阳能集中在较小的集热器表面上。当然，聚光集热器必须跟踪太阳在空中的运动轨迹，这也急剧增加了聚光集热器系统的构建成本。

聚光比用于描述某一集热器所能聚集的光能，通常有两种不同的定义。

（1）光学聚光比 CR_0 是指聚光器表面 A_r 辐射通量 I_r 的平均值除以入射在集热器采光口上的能流密度，即

$$CR_0 = \frac{\frac{1}{A_r}\int I_r \, \mathrm{d}A_r}{I_a} \tag{7-2}$$

（2）几何聚光比 CR_g 是指集热器采光口的面积 A_a 除以聚光器的表面积 A_r，即

$$CR_g = \frac{A_a}{A_\gamma} \tag{7-3}$$

光学聚光比与透镜或反射镜的质量直接相关，但在许多聚光集热器中，集热器的表面积大于聚光面积。这种情况下的热损将大于根据光学聚光比定义所计算得出的热损。几何聚光比与集热器面积有关，即它可能与集热器热损有关，因此几何聚光比最为常用。要注意的是，如果集热器采光口的辐射值和聚光器表面的辐射值在整个区域内均是一致的，则光学和几何聚光比将相等。

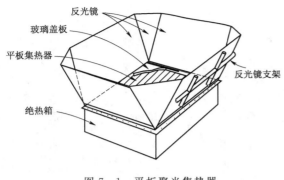

图 7-1 平板聚光集热器

平板聚光集热器应该采用了最简单的聚光装置，如图 7-1 所示。这种聚光器由围在集热器周围的反光镜组成，它们将入射在平板集热器之外的太阳光反射到集热器的吸收表面上。这种聚光器通常会通过减小集热器和盖板的面积来降低平面集热器的成本。这是因为集热器和盖板的造价通常较为昂贵。图 7-1 所示的平板聚光集热器的几何和光学聚光比值通常为 2～3。

如果需要更高的聚光比，我们则将使用曲面镜或透镜。

7.2.2　抛物几何

7.2.2.1　抛物线

抛物线是一个点的移动轨迹，在移动过程中，该点与某一固定线和固定点的距离相等。如图 7-2 所示，其中固定线称为准线，固定点 F 称为焦点。且 FR 的长度等于 RD 的长度。垂直于准线并通过焦点 F 的线称为抛物线的轴。抛物线与该轴相交于 V 点即抛物线的顶点，该点正好位于焦点和准线的中点。

如坐标原点位于顶点 V 处，x 轴为抛物线的轴线，则抛物线方程为

$$y^2 = 4fx \qquad (7-4)$$

其中焦距 f 是指从顶点到焦点的距离 VF。在光学研究中原点经常被移动到焦点 F 处，顶点则位于原点的左边，抛物线方程将变为

$$y^2 = 4f(x + f) \qquad (7-5)$$

在极坐标中，根据 r 的一般定义，即抛物线上一点到原点的距离，再结合 x 轴与 r 之间的角度 θ，得到一个顶点位于原点并且关于 x 轴对称抛物线方程为

$$\frac{\sin^2\theta}{\cos\theta} = \frac{4f}{r} \qquad (7-6)$$

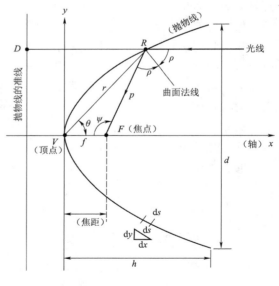

图 7-2　抛物线

通常在涉及太阳的研究中，将焦点 F 定义为原点并通过相对原点角度的极坐标所表示的抛物线曲线更为有用。极坐标中的角度 Ψ 与焦点 F 有关。角度 Ψ 为直线 VF 和抛物线半径 p 的夹角，抛物线半径 p 是从焦点 F 到曲线的距离。如果将原点移动到焦点 F，可得

$$p = \frac{2f}{1 + \cos\Psi}(\text{m}) \qquad (7-7)$$

抛物线形设计被广泛用于聚光太阳能集热器的反射表面。这是因为抛物线具有如下性质：对于平行于抛物线轴线的任何一条线，它与表面法线间的夹角 p 等于法线和焦点间的夹角。由于太阳辐射基本上是以平行光线到达地球，根据斯涅尔定律（Snell's law），反射角等于入射角，所有平行于抛物线轴的辐射都将被反射到一个点 F，这个点即为焦点。图 7-2 中的几何结构将证明以下关系，即

$$\Psi = 2\rho \qquad (7-8)$$

目前为止，对抛物线的一般表达式定义为可以无限延伸的曲线。而太阳能聚光集热器只使用该曲线的一部分，其截断的范围通常是根据边界角 Ψ_{rim} 或焦距与采光口的比值 f/d 来定义的。再根据诸如采光口 d 或焦距 f 的线性尺寸来确定曲线的比例（大小）。这在图 7-3 中是显而易见的，图中显示了具有共同焦点和相同采光口的各种有限抛物线。

可以看出，边界角小的抛物线相对平坦，焦距比采光口长。一旦选择了抛物线的特定部分，则曲线的高度 h 可定义为顶点到穿过抛物线采光口绘制的直线的最大距离。就焦距和采光口而言，抛物线的高度为

$$h = \frac{d^2}{16f} \qquad (7-9)$$

同样的，可以根据抛物线的尺寸得到边界角 Ψ_{rim} 为

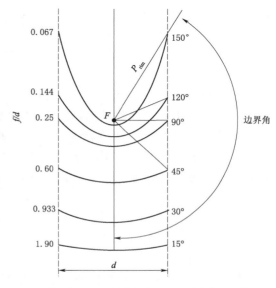

图 7-3　具有共同焦点 F 和相同采光口的
抛物线部分

$$\tan\Psi_{\text{rim}} = \frac{1}{\dfrac{d}{8h} - \dfrac{2h}{d}} \qquad (7-10)$$

抛物线的另一个特性是弧长 s，它可以帮助我们更好地理解太阳能聚光器的设计。公式（7-4）中的抛物线我们可以通过对该曲线的微分段积分并应用极限 $x = h$ 和 $y = \dfrac{d}{2}$ 得到，如图 7-2 所示。结果是

$$s = \left[\frac{d}{2}\sqrt{\left(\frac{4h}{d}\right)^2 + 1}\right] + 2f \ln\left[\frac{4h}{d} + \sqrt{\left(\frac{4h}{d}\right)^2 + 1}\right] \qquad (7-11)$$

式中　d——穿过抛物线采光口（或开口）的距离，如图 7-2 所示；

　　　　h——从顶点到采光口的距离。

抛物线与穿过其采光口且垂直于轴线的直线之间的空间横截面积为

$$A_{\text{x}} = \frac{2}{3}dh \qquad (7-12)$$

该区域不应与抛物槽式或碟式聚光器的反射面或其采光口相混淆。

通常在进行抛物线几何和相关的光学推导时，非专业读者会对用于表示特定抛物线形状的几何结构的多种形式感到困惑。为方便读者，给出几个等价公式为

$$\tan \Psi_{rim} = \frac{\left(\dfrac{f}{d}\right)}{2\left(\dfrac{f}{d}\right)^2 - \dfrac{1}{8}} \qquad (7-13)$$

$$\tan\left(\frac{\Psi_{rim}}{2}\right) = \frac{1}{4\left(\dfrac{f}{d}\right)} \qquad (7-14)$$

$$\frac{f}{d} = \frac{1 + \cos \Psi_{rim}}{4\sin \Psi_{rim}} \qquad (7-15)$$

$$\frac{f}{d} = \frac{1}{4\tan\left(\dfrac{\Psi_{rim}}{2}\right)} \qquad (7-16)$$

7.2.2.2 抛物柱面

沿垂直于其平面的轴移动抛物线所形成的表面被称为抛物柱面。具有这种反射面的太阳能聚光器根据其外观通常被称为抛物线槽式集热器，由于抛物线的焦点构成了一条直线而又被称为线性聚焦式集热器。当含抛物线轴线的平面与太阳光线平行时，光线聚焦在该焦线上。对于长度为 l 且具有如图 7-2 所示横截面积的抛物柱面，集热器的采光口面积为

$$A_a = ld \qquad (7-17)$$

由式（7-11）中所得的弧长来确定反射面的面积为

$$A_s = ls \qquad (7-18)$$

抛物柱面的焦距 f 和边界角 Ψ_{rim} 已在式（7-9）和式（7-10）中给出。

7.2.2.3 旋转抛物面

抛物线绕其轴线旋转所形成的表面被称为旋转抛物面。反射面为这种形状的太阳能聚光器通常被称为碟式抛物面聚光器。如图 7-4 所示，以 z 轴为对称轴的旋转抛物面方程在直角坐标系中表示为

$$x^2 + y^2 = 4fz \qquad (7-19)$$

则式（7-19）可写为

$$z = \frac{a^2}{4f} \qquad (7-20)$$

式中 f——直线 VF 的距离焦距；

a——在圆柱坐标系中，抛物面上一点到 z 轴的距离。

在球面坐标系中，可令旋转抛物面的顶点 V 在原点处，用 r、ϕ 和 θ 来表示抛物面上点 R 的位置

$$\frac{\sin^2\theta}{\cos\theta} = \frac{4f}{r} \qquad (7-21)$$

通过对式（7-20）在适当的范围内积分得到抛物面的表面积。不妨在抛物面上定义一个圆形微分带，如图 7-5 所示，则

$$dA_s = 2\pi a \sqrt{dz^2 + da^2} \qquad (7-22)$$

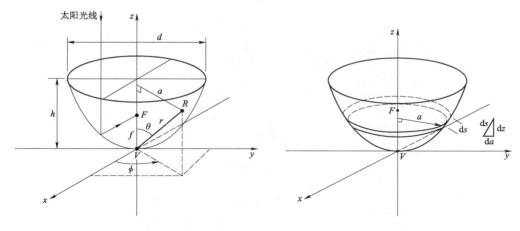

图 7-4 旋转抛物面　　　　　　　图 7-5 定义圆形微分带的参数

需要注意的是，弧 ds 的微元是通过高度 dz 和径向距离 da 得到的。利用式（7-20）来求 z 相对于 a 的导数，我们将微分面积带表示为

$$dA_s = 2\pi a \sqrt{\left(\frac{a}{2f}\right)^2 + 1}\, da \qquad (7-23)$$

通过对式（7-23）积分，可以求出焦距为 f 和采光口为 d 的抛物面的整个表面积 A，其结果是

$$A_s = \int_0^{d/2} dA_s = \frac{8\pi f^2}{3}\left\{\left[\left(\frac{d}{4f}\right)^2 + 1\right]^{3/2} - 1\right\} \qquad (7-24)$$

对太阳能设计师而言，预测太阳能聚光性能最重要的是聚光器采光口的区域。简而言之，即为由采光口直径 d 所定义的圆形区域，其面积为

$$A_a = \frac{\pi d^2}{4} \qquad (7-25)$$

采光口面积的计算公式也可以根据焦距和边界角得到。利用式（7-7），即抛物线方程的极坐标形式，可得

$$A_a = \frac{\pi}{4}\left(2p\sin\Psi_{rim}\right)^2$$
$$= 4\pi f^2 \frac{\sin^2\Psi_{rim}}{(1+\cos\Psi_{rim})^2} \qquad (7-26)$$

7.2.3 球面和抛物面在太阳能聚光器中的应用

球面几何和抛物面几何在太阳能聚光器中均有所应用。然而，在一些聚光器中，将球形几何（或通常为圆柱形）实际用作近似抛物线。由于抛物线几何在太阳能聚光器中占主导地位，因此本章对抛物线几何进行了较为深入的研究。

为便于对球面和抛物面光学进行讨论，我们定义了"曲平面"，如图7-6中的抛物槽所示。

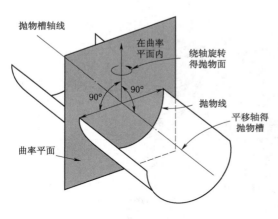

图7-6 曲平面的定义

在抛物槽中，曲平面（即横截面）被认为是与聚光器的轴线垂直的二维平面。对于抛物面球形或碟形聚光器而言，碟形可通过旋转曲平面得到。下面通过光线追迹法来检验球面镜和抛物面镜的光学原理，然后再讨论曲平面平移或旋转的影响，从而对实际聚光器几何形状的光学特性进行评估。

在讨论聚光器的概念之前，我们这里研究上述内容的目的是为了更好地了解球形和抛物线形曲面的基本限制以及这些限制对聚光器基本设计的影响。

如图7-7（a）所示，在笛卡尔坐标系中，圆心坐标为（a，b），半径为r的圆的方程是

$$(x-a)^2 + (y-b)^2 = r^2 \tag{7-27}$$

可简化为

$$x^2 + y^2 = r^2 \tag{7-28}$$

当圆心为（0，0）时，在点（x_1，y_1）处与该圆相切的直线方程是

$$x_1 x + y_1 y = r^2 \tag{7-29}$$

抛物线［图7-7（b）］是圆锥曲线的一种，它是由一个平行于圆锥但不平行于圆锥轴的平面切割圆锥所得到的曲线。在笛卡尔坐标系中，焦距为f的抛物线方程为

$$y^2 = 4fx \tag{7-30}$$

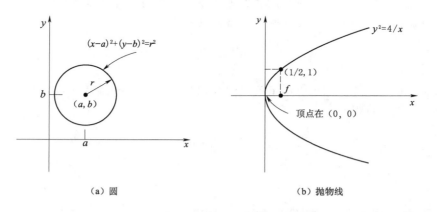

（a）圆　　　　　　　　　　（b）抛物线

图7-7 定义（a）中的圆和（b）中的抛物线

上述抛物线的顶点在（0，0）处，与点（x_1，y_1）相切的抛物线方程则为

$$y_1 y = 4f(x_1 + x) \tag{7-31}$$

这些基本方程可用于校验球面镜和抛物面镜的光学特性。

在涉及抛物面镜或球面镜时，一个常用的特征数是边界角。抛物槽的边界角 Ψ_{rim} 如图 7-8 所示，碟式抛物面镜和球面镜的边界角定义与其相同。

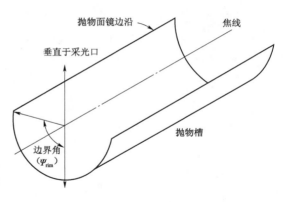

图 7-8　边界角的定义

7.2.3.1　二维光线轨迹图

由二维圆形和抛物面镜所反射的平行太阳光线的光线轨迹分别如图 7-9 和图 7-10 所示。这两种反射镜在聚焦入射光平行光线（垂直于反射镜采光口）时的特征是：

（1）从圆形反射镜反射的所有平行光线都穿过一条过圆心并平行于入射光线的直线，如图 7-9（a）所示。

（2）抛物面反射镜反射的所有平行光线，当它们与对称轴平行时，均相交于一点，如图 7-10（a）所示。

此外，圆形反射镜关于旋转中心是对称的。这意味着，如果太阳光线（假设在本讨论中为平行光线）与反射镜的采光口不垂直，则反射光线的轨迹虽然看起来是相同的，但实际上它们已经旋转了，如图 7-9（b）和 7-9（c）所示。

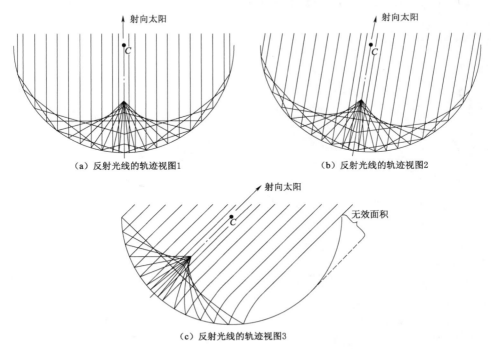

（a）反射光线的轨迹视图1

（b）反射光线的轨迹视图2

（c）反射光线的轨迹视图3

图 7-9　光线与反射镜的采光口不垂直时，球面
光学特性（以 C 为圆心）

抛物面镜并不关于其焦点旋转轴对称。如图7-10所示，如果平行入射光略微偏离镜面法线，则会发生光束色散，导致图像失焦。因此，为了使抛物面镜能够快速聚焦，我们必须能精确地跟踪太阳，以保持对称轴（或平面）平行于太阳的入射光线。

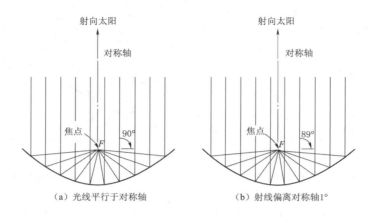

（a）光线平行于对称轴　　　　　　　　　（b）射线偏离对称轴1°

图7-10　抛物面光学器件的特性

7.2.3.2　线聚焦聚光器

为了形成圆柱槽或抛物槽，图7-9和图7-10所示的二维反射镜必须垂直于如图7-11所示的曲平面。线性槽的跟踪要求与二维反射镜的跟踪要求相似。

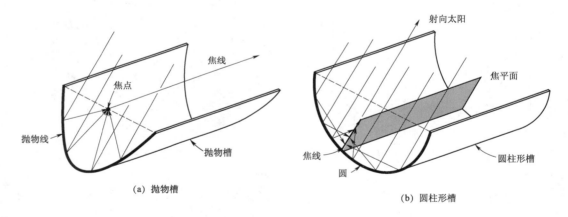

（a）抛物槽　　　　　　　　　　　　　（b）圆柱形槽

图7-11　线性槽的形成

如图7-11（a）所示的抛物线槽具有焦线，为了保证聚焦，必须围绕线性轴进行跟踪。抛物线槽相对太阳位置的方向被定义为合适的跟踪角度。一般来说，抛物线槽必须绕其轴线进行跟踪，以便太阳光线投射到曲平面上时，能与槽的采光口垂直。

由于线性平移不会沿平移轴引入曲率，因此无需为了保持聚焦而沿该方向进行跟踪。正如平面镜的反射不会使平行光线散焦一样，入射的直射辐射分量也不会因线性平移而散焦。抛物槽中的非法向入射角 θ_i 的净效应（假设抛物槽已满足聚焦要求）是反射光束沿集热管的平移，但仍聚焦在集热管上。

　　如图 7 - 12 所示的槽式聚光集热器，在这种情况下，抛物线槽将沿着其线性轴进行跟踪，通过集热管上的聚焦光束图像可以证明这一点。然而，由于是非法向入射角，反射光束会沿集热管向下平移，此时我们可以看到，集热管的右端是暗的。在抛物线槽的远端，一些入射光反射到集热管的末端。如图 7 - 13 所示，在另一个聚光器上，某些聚焦的光线汇聚到了软管上而非集热器上。聚光器的这种能量损失，称为聚光器端部损耗。

图 7 - 12　槽式聚光集热器　　　　　图 7 - 13　聚光器端部损耗

　　由于线性平移不会造成聚焦辐射的散焦，因此圆柱形槽的采光口不需要通过跟踪来保持聚焦。但是，如图 7 - 11（b）所示，高边界角的圆柱形槽具有一个焦平面，而不是焦线。为了避免散焦，圆柱形槽必须设计成低边界角，以便提供近似的焦线。圆柱形槽的优点在于，只需要一个设备来拦截移动的焦点，不需要在任何方向上跟踪太阳。

　　通过观察单条光线进入收集器采光口时的路径，可以看到边界角 Ψ_{rim} 对圆柱形槽的焦点的影响，如图 7 - 14 所示。在镜面上，入射光线将发生反射。根据定义可知，圆的切线必垂直于经过切点的半径，所以有 $\theta_1 = \theta_2$（实线）。此外，假设入射光线平行于曲率轴，故有 $\theta_3 = \theta_1 = \theta_2$。因此，三角形 $C - PF - M$ 是等腰三角形，其特性是对于一个很小的 θ_3，$C - PF$ 等于 $r/2$。

　　点 PF 被称为近轴焦点。随着 θ_3 增加，反射光线穿过 PF 下方的线，如图 7 - 14 中的虚线所示。随着 θ_3 的增大，轴上物点发出的光束，经球面折射后不再交于一点，这种现象被称为球面像差。

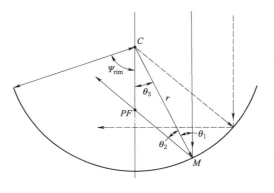

图 7 - 14　圆柱形（或球形）镜面反射角的定义

对于实际应用，如果圆柱形槽的边界角较小（例如小于 20°～30°），则球面像差较小，并且达到了实际线聚焦槽式聚光器的要求。图 7-15 反映了具有不同边界角的圆形镜的聚焦情况。

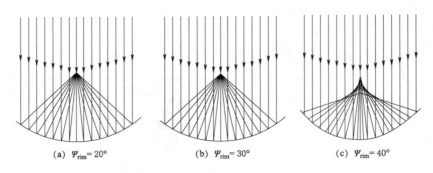

(a) $\Psi_{rim} = 20°$ (b) $\Psi_{rim} = 30°$ (c) $\Psi_{rim} = 40°$

图 7-15　用不同边界角的圆镜聚焦平行光线

7.2.3.3　点聚焦聚光器

如果图 7-9 和图 7-10 中所示的二维曲面镜只进行旋转而不平移，则得到的几何图形分别是球形和碟形抛物面。碟形抛物面必须进行二维跟踪，以便保持入射光垂直于碟形抛物面的采光口，以此来聚焦。然而，与圆柱形槽一样，由于球体（圆）的对称性，球形抛物面的采光口不需要被跟踪，但是，它必须配置可以跟踪移动焦线的线性集热器。

7.2.4　聚光器反射的能量

尽管任何一个抛物面聚光器的设计细节都不相同，但是光学约束决定了所有抛物面聚光器的基本结构。本节将回顾这些约束条件，并研究向集热器提供聚焦光能的过程。考虑热损失时，设计抛物面聚光器遵循的基本流程如图 7-16 所示。我们的目标是建立一个解析方程，以反映反射光对焦点的影响以及与边界角的函数关系。

考虑到太阳光线并非真正平行，需要对这一分析过程进行校正。该阶段考虑了对反射镜表面与实际抛物线线型之间的角度误差。反射光束的扩散是由镜面倾斜、跟踪和非平行太阳光线等引起的，它为集热器尺寸的选择提供了依据。

通过研究聚光比，可以计算出抛物面聚光器的近似边界角，要注意的

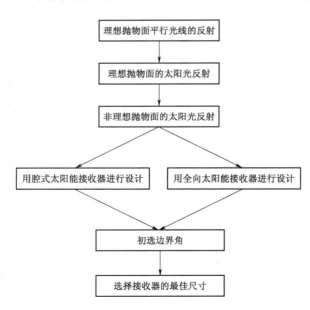

图 7-16　抛物面聚光器的光学分析

是，热损问题同样也影响着聚光器的设计。

7.2.4.1 平行光线的反射

如图 7-17 所示的抛物面镜所示，一束入射强度为 I_b 且平行于抛物线轴线的光线将反射到抛物线的焦点 F 上。由于要讨论的是整个镜面反射光的总量，因此首先分析一个微分区域 dA_s 的情况，再从该微分区域到整个镜面综合起来加以考虑。微分区域的表面积 dA_s 定义为

$$dA_s = lds \tag{7-32}$$

式中　ds——抛物线的微分弧长，如图 7-17 所示；

　　　l——抛物线槽表面沿焦线方向的微分带的长度或碟式抛物面微分环的周长。

图 7-17（a）的透视图反映的是 ds 与角度之间的关系。

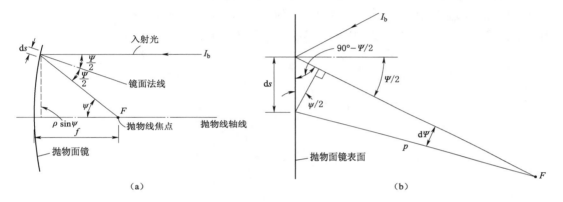

图 7-17　抛物面镜的光线反射

图 7-17（b）的关系式为

$$ds = \frac{p\sin(d\Psi)}{\cos(\Psi/2)} \tag{7-33}$$

由于角度 $d\Psi$ 很小，$\sin(d\Psi) = d\Psi$，因此式（7-33）可以简化为

$$ds = \frac{p(d\Psi)}{\cos(\Psi/2)} \tag{7-34}$$

从而

$$dA_s = \frac{lp\,d\Psi}{\cos(\Psi/2)} \tag{7-35}$$

从该微分区域（假设没有反射损失）反射到焦点的总辐射通量 $d\Phi$ 是

$$\begin{aligned}d\Phi &= dA_s I_b \cos(\Psi/2) \\ &= lp I_b d\Psi\end{aligned} \tag{7-36}$$

将式（7-36）的 p（见第 7.2.2 节）的关系式代入得

$$d\Phi = \frac{2fl I_b d\Psi}{1 + \cos\Psi} \tag{7-37}$$

式（7-37）是该公式的一般形式，适用于抛物线槽式和旋转抛物面碟式聚光器。对于旋转抛物面碟式聚光器，我们可以用式（7-40）代替 l。引入下标 PT 和 PD 分别表示

抛物线槽式和旋转抛物面碟式聚光器，式（7-37）可写为

$$d\Phi_{PT} = \frac{2flI_b d\Psi}{1+\cos\Psi} \tag{7-38}$$

$$d\Phi_{PD} = \frac{8\pi I_b f^2 \sin\Psi d\Psi}{(1+\cos\Psi)^2} \tag{7-39}$$

其中 l 的关系式为

$$l = 2\pi p \sin\Psi = \frac{4\pi f \sin\Psi}{1+\cos\Psi} \tag{7-40}$$

7.2.4.2　非平行光线的反射

前面的讨论是基于平行入射光线的，然而太阳能的实际应用情况并非如此。由于日轮的角度有限（约 $32'$ 或 $9.6\mathrm{mrad}$），所以实际到达聚光器的太阳光线并不平行。因此，不是所有入射光线都会反射到焦点（或抛物槽中的焦线），有的反射光线会形成以焦点为中心的有限大小的图案。如图 7-18 所示，其中太阳张角用 ε 表示。

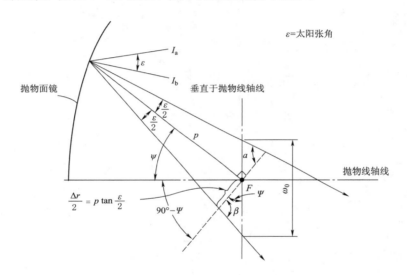

图 7-18　抛物面镜的非平行光线的反射情况

如图所示，反射光在垂直于点 P 且通过焦点 F 的平面上的宽度（光束扩散）Δr 为

$$\Delta r = 2p\tan\frac{\varepsilon}{2} \tag{7-41}$$

式（7-41）是光束扩散的最小值，因为镜面实际的倾斜度将会导致反射光向外扩散。

7.2.4.3　误差的影响

除有限的太阳张角外，镜子与真正的抛物线形状之间的误差（即斜率误差）、入射光束的非镜面反射、跟踪误差和集热器对准误差等都会导致反射光束进一步扩散。通常，我们假定这些误差是随机分布的，并用标准偏差来表示，它们的综合效应遵循统计学规律。尽管日轮的辐射强度并不均匀，但可以近似地认为它满足正态分布，这样我们就可以将其与聚光器的误差进行相似的处理。

Harris 和 Duff（1981）曾用正态分布来描述太阳的辐射强度，这种近似不会给抛物线

槽式和旋转抛物面碟式聚光器带来明显的误差。表 7-1 显示的是几种典型的聚光器误差以及等效的太阳宽度。这些误差适用于一个正态分布单元（1σ），这意味着大约 68% 的测量误差都在所记录的角度偏差范围内。

表 7-1 典型抛物面聚光器误差

类型和来源	有效幅度（1σ）	σ^2
一维（σ_{1D}）		
结构体（σ_{slope}）	2.5mrad×2＝5mrad	25
跟踪：		
传感器（σ_{sensor}）	2mrad	4
非均匀驱动（σ_{drive}）	2mrad	4
集热器：		
对准（σ_{rec}）	2mrad	4
		$\sum \sigma_{1D}^2 = 37$
		$\sigma_{1D} = 6.1 \text{mrad}$
二维（σ_{2D}）		
镜面反射（σ_{refl}）	0.25mrad×2＝0.50mrad	0.25
太阳宽度（σ_{sun}）	2.8mrad	7.84
		$\sum \sigma_{2D}^2 = 8.09$
		$\sigma_{2D} = 2.8 \text{mrad}$
总误差		
$\sigma_{tot} = \sqrt{\sigma_{1D}^2 + \sigma_{2D}^2} = 6.7$（mrad）		

需要注意的是，表 7-1 中的太阳幅度 1σ（2.8mrad）小于通常的 9.6mrad，这是在日轮上使用了正态分布的结果。

另外，表 7-1 分为两个主要部分，即一维误差和二维误差。一维误差是导致曲平面中的光束扩散的那些误差，它们可以合并为

$$\sigma_{1D} = \sqrt{(2\sigma_{slope})^2 + (\sigma_{sensor})^2 + (\sigma_{drive})^2 + (\sigma_{rec})^2} \qquad (7-42)$$

由于斜率误差的影响，只有镜面方向会发生变化，而聚光器的位置保持不变，如图 7-19 所示。

图 7-19（a）表示的是没有斜率误差的光束反射的情况。如图 7-19（b）所示，如果存在 5°的斜率误差，则反射光束与原始反射路径的偏差为 10°。在存在跟踪误差的情况下，如果集热器随镜面一起移动，这时式（7-42）中该误差前的系数 2 就不会出现。只

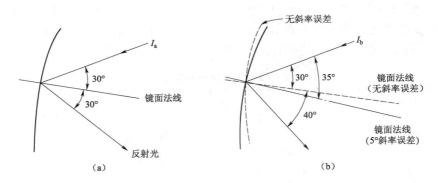

图 7 − 19　斜率误差对光束偏转的影响

有当镜面移动而集热器不移动时,斜率误差的系数 2 才会出现。

当入射光线不在曲平面内时,抛物线槽中会出现二维误差 σ_{2D}。太阳张角和非镜面反射率就属于这一类误差。这些误差可以合并为

$$\sigma_{2D} = \frac{(\sigma_{sun}^2 + \sigma_{refl}^2)^{1/2}}{\cos\theta_i} \qquad (7-43)$$

式中　θ_i——太阳入射角。

1σ 范围内的总误差为

$$\sigma_{tot} = \sqrt{\sigma_{1D}^2 + \sigma_{2D}^2} \qquad (7-44)$$

当光束从法向入射时,$\theta_i = 0$。因此,对于旋转抛物面碟式聚光器,θ_i 总是等于 0。用 n 倍的 $\sigma_{tot}/2$ 代替 $\varepsilon/2$ 就可以将这些误差合并到上述 Δr 的方程 (7 − 41) 中。则式 (7 − 41) 可写为

$$\Delta r = 2p\tan\left(n\frac{\sigma_{tot}}{2}\right)(m) \qquad (7-45)$$

式中　n——要考虑的标准偏差的数量。

当令 n 等于 2 (即 $\pm 1\sigma_{tot}$) 时,反射面 (由 p 定义) 上 68% 的入射能量会落在直线 Δr 上。在实际分析中,通常使用 ± 2 到 ± 3 倍的 σ_{tot},以确保可以收集到 95% 或更多的能量。

表 7 − 2　　　　　　　　　在给定标准偏差的倍数内测量的能流百分比 (σ)

标准倍数 偏差 (σ)	n	百分比 限制范围内	标准倍数 偏差 (σ)	n	百分比 限制范围内
± 1	2	68.27%	± 3	6	99.73%
± 2	4	95.45%			

7.2.5　对固定点的反射 (塔式光热发电)

对于塔式光热发电,其工作原理是太阳光线照射到一个可移动的反射镜 (定日镜) 区域,然后被反射到一个固定点上 (集热器)。如图 7 − 20 所示,利用天顶、东、北向的坐标 (z、e、n) 及在目标点 A 底部的原点 O,可以很好地描述光线的反射情况。反射面 B 的位置可定义为 z_1、e_1 和 n_1,目标点为 z_0 到原点的距离。

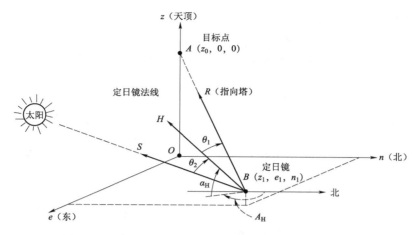

图 7 - 20　太阳光通过定日镜反射到单个目标点的坐标图
（矢量 H 与定日镜反射面垂直）

　　为了描述反射镜（定日镜）的高度角 α_H 和方位角 A_H，需要先定义三个单位矢量。其中，指向太阳的射线的单位矢量 S 定义为

$$S = S_z\boldsymbol{i} + S_e\boldsymbol{j} + S_n\boldsymbol{k} \tag{7-46}$$

式中　$\boldsymbol{i}$，$\boldsymbol{j}$，$\boldsymbol{k}$——z、e、n 方向上的单位矢量；

　　　S_z，S_e，S_n——z、e、n 轴的方向余弦。

　　而从反射镜指向目标点 A 的单位矢量定义为

$$R = \frac{(z_0 - z_1)\boldsymbol{i} - e_1\boldsymbol{j} - n_1\boldsymbol{k}}{\sqrt{(z_0 - z_1)^2 + e_1^2 + n_1^2}} \tag{7-47}$$

式中　$\boldsymbol{i}$，$\boldsymbol{j}$，$\boldsymbol{k}$——z、e、n 方向上的单位矢量。

　　用方向余弦定义方程（7-47），可得

$$R = R_z\boldsymbol{i} + R_e\boldsymbol{j} + R_n\boldsymbol{k} \tag{7-48}$$

　　第三个相关的矢量是垂直于反射镜表面的单位矢量，定义为

$$H = H_z\boldsymbol{i} + H_e\boldsymbol{j} + H_n\boldsymbol{k} \tag{7-49}$$

表 7 - 3 总结了用于定日镜设计的相关角度。

表 7 - 3　　　　　　　　　　　　　　定　日　镜　角　度

类别	符号	零　度	正方向	范围	公　式　编　号	图号
定　日　镜　角　度						
入射角	θ_i	与镜面垂直	朝向地面	0 到 90°	（7-51）	7-20
高度角	α_H	与地面平行	向上	0 到 90°	（7-53）	7-20
方位角	A_H	正北	顺时针	0 到 360°	（7-54）或（7-55）	7-20

　　由于镜面反射定律要求入射角 θ_i 等于反射角，因此可以用太阳入射光的单位矢量 S 和目标点单位矢量 R 来表示该角度，表达式为

$$\cos2\theta_i = \boldsymbol{S} \cdot \boldsymbol{R} \tag{7-50}$$

结合前面的知识，可得

$$\cos2\theta_i = R_z\sin\alpha + R_e\cos\alpha\sin A + R_n\cos\alpha\cos A \tag{7-51}$$

如果知道太阳的位置和目标点相对于反射面的位置，就可以从中计算出入射角或反射角。

反射面的单位法线 $\boldsymbol{H}$ 可以通过将入射和反射矢量相加并除以适当的标量得到，方法为

$$\begin{aligned}\boldsymbol{H} &= \frac{\boldsymbol{R}+\boldsymbol{S}}{2\cos\theta_i} \\ &= \frac{(R_z+S_z)\boldsymbol{i} + (R_e+S_e)\boldsymbol{j} + (R_n+S_n)\boldsymbol{k}}{2\cos\theta_i}\end{aligned} \tag{7-52}$$

分别对反射面的高度角 α_H 和方位角 A_H 进行分析，可得

$$\sin\alpha_H = \frac{R_z+\sin\alpha}{2\cos\theta_i} \tag{7-53}$$

$$\sin A_H = \frac{R_e+\cos\alpha\sin A}{2\cos\theta_i\cos\alpha_H} \tag{7-54}$$

第三个表达式是多余的，但为了完整性仍写在这里

$$\cos A_H = \frac{R_n+\cos\alpha\cos A}{2\cos\theta_i\cos\alpha_H} \tag{7-55}$$

利用正弦和余弦函数求反射镜的方位角时，必须考虑象限符号的问题。它可以通过求解式（7-54）和式（7-55）来进行分析，也可以用更简单的方式来处理，要注意的是入射角 θ_i 不能超过 $90°$。

7.3　小结

本章对几何光学的基本理论进行了系统回顾，重点介绍了太阳能工程的光学设计原理，为读者了解如何设计聚光器和提高其利用效率奠定了基础。

第 8 章 塔式光热电站的聚光集热部分

8.1 塔式光热电站的聚光器——定日镜

塔式光热发电站的聚光系统是大量按一定排列方式布置的平面反射镜阵列群。它们分布在高大的接收塔的周围，形成巨大的镜场，如图 8-1 所示。显然，电站设计容量越大，则需要的反射镜面积也越大，镜场尺寸也就越大。

定日镜是一种由镜面（反射镜）、镜架（支撑结构）、跟踪传动机构及其控制系统等组成的聚光装置，用于跟踪接收并聚集反射太阳光线进入位于接收塔顶部的吸热器内，是塔式光热发电站的主要装置之一，如图 8-1、图 8-2 所示。

图 8-1 美国 Solar One 塔式光热发电站

图 8-2 镜面积 120m² 的定日镜（西班牙研制）

为确保塔式光热发电站的正常、稳定、安全和高效运行，定日镜的总体性能应达到如下基本要求：镜面反射率高、平整度误差小；整体结构机械强度高、能够抵御 8 级台风袭击；运行稳定、聚光定位精度高；操控灵活、紧急情况可快速撤离；可全天候工作；可大批量生产；易于安装和维护，工作寿命长等。

根据上述基本要求可知，单台定日镜的面积不宜过大，否则在技术上是不合理甚至是不可行的。因此，塔式光热发电站常设有大量台数的定日镜，并构成庞大的定日镜阵列（或称镜场）。

　　定日镜在电站中不仅数量最多，占据场地最大，而且也是工程投资的重头。美国 Solar Two 电站的定日镜建造费用占整个电站造价的 50% 以上。虽然近年来定日镜成本已经不断降低，但在 2004 年建成的 Solar Tres 塔式太阳能热发电系统中，定日镜建造费用仍是构成工程总成本的最大部分，达 43%。因此，降低定日镜建造费用，对于降低整个电站工程投资是至关重要的。由于单台镜面积越大其单位成本越低，因此，大型定日镜仍是今后的一个重要研发方向。

　　目前，定日镜的研究开发以提高工作效率、控制精度、运行稳定性和安全可靠性以及降低建造成本为总体目标。现分别针对定日镜各组成部分，综述其研发现状及其关键技术问题。

8.1.1　设计

　　定日镜由多个小镜片组成。为了使镜面具有微小弧度，薄玻璃镜由一个基片背衬支撑。定日镜的焦距大约等于吸热器到最远定日镜的距离。定日镜背面、正面示意图如图 8-3 所示。

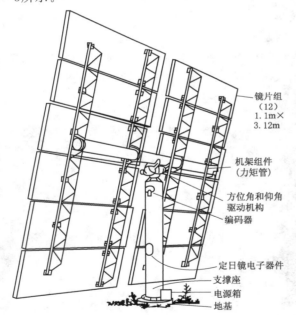

镜片组
(12)
1.1m×
3.12m

机架组件
（力矩管）

方位角和仰角
驱动机构
编码器

定日镜电子器件
支撑座
电源箱
地基

（a）在加利福尼亚州巴斯托的Solar One
塔式光热电站所使用的定日镜背面示意图

（b）太阳能定日镜正面示意图

图 8-3　定日镜背面、正面示意图

　　反射镜被安装在基座上，并可以按高度角轴和方位角轴转动。中央控制计算机能够准确计算反射镜法线位置。低功率电动机接收中央控制计算机的这个信号，通过变速箱驱动两个轴转动到相应位置。

1. 反射镜

反射镜是定日镜的核心组件。在塔式光热发电站中，由于定日镜距吸热器（位于接收塔顶部的太阳能集热装置）较远，为了使阳光经定日镜反射后不致产生过大的散焦，以便可以把95%以上的反射阳光聚集到吸热器内，目前国内外采用的定日镜大多是镜表面具有微小弧度16′的平凹面镜。

从镜面材料上看，主要有两种反射镜。

（1）玻璃反射镜。目前已建成投产的 Solar One（1981）、CESA-1（1984）、Solar Two（1996）、PS10（2005）、Solar Tres（2004）、PS20（2006）、Solar 50（2006）、Solar 100（2008）、Solar 200（2014）、Solar 220（2018）电站等均采用了玻璃反射镜。它的优点是重量轻，抗变形能力强，反射率高，易清洁等。目前，玻璃反射镜采用的大多是薄型背面镀银低铁玻璃镜。另外，反射镜面要有很好的平整度。整体镜面的型线具有很高的精度，一般加工误差不要超过0.1。而且整个镜面与镜体要有很高的机械强度和稳定性。

（2）张力金属膜（stretched metal membrane）反射镜。如图8-4所示，其镜面是用0.2～0.5mm 厚的不锈钢等金属材料制作而成的，可以通过调节反射镜内部压力来调整张力金属膜的曲度。这种定日镜的优点是其镜面由一整面连续的金属膜构成，可以仅仅通过调节定日镜的内部压力调整定日镜的焦点，而不像玻璃定日镜那样是由多块玻璃拼接而成的。这种定日镜自身难以逾越的缺点是反射率较低、结构复杂。

由于反射镜面是长期暴露在大气条件下工作的，不断有尘土从大气沉积在表面，从而大幅影响反射面的性能。因此，如何保持镜面清洁，目前仍是所有聚光集热技术中面临的难题之一。一种方法是在反光镜表面覆盖一层低表面张力的涂层，使其具有抗污垢的作用。但已有的经验表明，在目前技术条件下，唯一有效可行的方法就是采用机械清洗设备，定期对镜面进行清洗。

2. 镜架及基座

考虑到定日镜的耐候性、机械强度等原因，国际上现有的绝大多数塔式光热发电站都采用了金属的定日镜架。定日镜架主要有两种：一种是钢板结构镜架，其抗风沙强度较好，对镜面有保护作用，因此镜本身可以做得很薄，有利于平整曲面的实现；另一种是钢框架结构镜架，如图8-4所示，这种结构减小了镜面的重量，即减小了定日镜运行时的能耗，使之更经济。但这种钢框架结构也带来一个新问题，即镜面支架与镜面之间的连接，既要考虑不破坏镜面涂层，又要考虑镜子与支架之间结合的牢固性，还要有利于雨水顺利排出，以避免雨水浸泡对镜子的破坏。目前，主要可采取以下三种方法：①在镜面最外层防护漆上黏结上陶瓷垫片，用于与支撑物的连接；②用胶黏结；③用铆钉固定。

定日镜的基座有独臂支架式的（图8-2），也有圆形底座式的（图8-4）。独臂支架式定日镜的基座有金属结构和混凝土结构两种。而圆形底座式定日镜的基座一般均为金属结构。独臂支架式定日镜有体积小、结构简单、较易密封等优点，但其稳定性、抗风性也较差。为了达到足够的机械强度，防止被大风吹倒，必须消耗大量的钢材和水泥材料为其建镜架和基座，其建造费用相当惊人；圆形底座式定日镜稳定性较好，机械结构强度高，且运行能耗少，但其结构比独臂支架式的结构复杂，而且其底座轨道的密封防沙问题也有待进一步解决。

图 8 - 4　张力金属膜定日镜　　　　　图 8 - 5　西班牙 120m² 定日镜的背面

3. 跟踪传动机构

目前，定日镜跟踪太阳的方式主要有方位角-仰角跟踪方式以及自旋-仰角跟踪方式两种。方位角-仰角跟踪方式是指定日镜运行时采用转动基座（圆形底座式定日镜）或转动基座上部转动机构（独臂支架式定日镜）来调整定日镜方位变化，同时调整镜面仰角的方式。自旋-仰角跟踪方式是指采用镜面自旋，同时调整镜面仰角的方式来实现定日镜的运行跟踪。

定日镜的传动方式多采用齿轮传动、液压传动或两者相结合的方式。由于平面镜位置的微小变化，都将造成反射光在较大范围的明显偏差，因此目前采用的多是无间隙齿轮传动或液压传动机构。在定日镜的设计研制中，传动部件的密封防沙和防润滑油外泄等也是其重要环节。传动系统选择的主要依据是消耗功率最小、跟踪精确性好、制造成本最低、能满足沙漠环境要求、具有模块化生产可能性。

4. 控制系统

定日镜的控制系统，使得定日镜实现将不同时刻的太阳直射辐射全部反射到同一个位置的目标。太阳光定点投射的含义是定日镜入射光线的方位角和高度角均是变化的，但目标点的位置不变。从实现跟踪的方式上讲，有程序控制、传感器控制以及程序、传感器混合控制三种方式。程序控制方式是按计算的太阳运动规律来控制跟踪机构的运动，它的缺点是存在累积误差。传感器控制方式是由传感器实时测出入射太阳辐射的方向，以此控制跟踪机构的运动，它的缺点是在多云的条件下难以找到反射镜面正确定位的方向。程序、传感器混合控制方式实际上就是以程序控制为主，采用传感器实时监测作反馈的"闭环"控制方式，这种控制方式对程序进行了累积误差修正，使之在任何气候条件下都能得到稳定而可靠的跟踪控制。图 8 - 6 即为"闭环"控制方式的原理流程框图。

目前广泛采用的跟踪控制方式是"开环"方式，即利用时钟来控制定日镜的转动角度。从 20 世纪 80 年代美国的 Solar One 电站到 2005 年西班牙的 PS10 电站均采用了这种

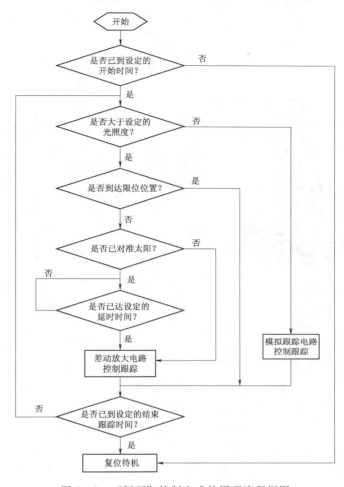

图 8-6 "闭环"控制方式的原理流程框图

控制方式。以程序控制为主，采用传感器瞬时测量值作反馈的"闭环"控制方式，虽然在任何气候条件下都能得到稳定而可靠的跟踪控制，但由于成本和可靠性等问题，一直没有被规模化正式使用。但"闭环"跟踪控制方式是定日镜跟踪控制系统的发展趋势，应对其作进一步的研究。

8.1.2　定日镜误差对吸热器能流分布的影响

由于太阳张角，理想的平面定日镜可以在吸热器上产生一个比定日镜（定日镜与吸热器连线方向的投影）大 32′的像。在很多应用中，每面小镜片都要有微小弧度，而且每面定日镜的小镜片都要向焦点倾斜。这样的设计可以使目标点处产生较高的能流密度。

有很多因素导致像增大。例如，镜面波度、小镜片的总曲率误差以及定日镜支架上每个镜片倾斜的误差等。其中，镜片倾斜的误差可能因为热差的增长以及定日镜框架重心的影响而增大。所有这些误差加在一起就形成了目标点（吸热器）上能流分布的轮廓，如图 8-8 所示。定日镜一个重要的性能参数即是包含 90％总反射能的等通量轮廓线。

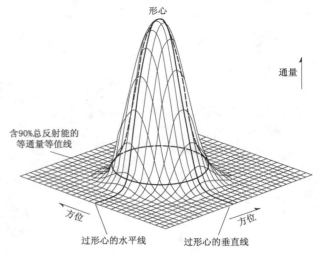

图 8-7　河海大学和南京玻璃纤维
研究院合作研制的 40m² 定日镜

图 8-8　从典型定日镜到达接收器的辐射能流密度

为了产生较高的能流密度，定日镜跟踪系统定位位于吸热器（目标点）中心能流分布的质心的能力是非常关键的。定位误差可能由定日镜定位或反馈机制中垂直和水平误差引起。而且风可以产生结构挠度，这也会导致定位误差。

定日镜离吸热器越远，上面讲到的这些误差对从吸热器溢出能流（吸热器溢出率）的影响越大。然而，当定日镜离塔比较近时，由于在这个位置上吸热器的投影面积相当小，能流轮廓和定位误差也是非常关键的。

8.1.3　环境因素

定日镜设计中，最重要的环境因素就是风力条件。一般是定日镜要能满足 12m/s（27mph）风速的运行要求，能在 22m/s（49mph）风速下正常工作，在 40m/s（89mph）风速下能继续运行或者转向装载位置（镜面朝上或朝下的水平位置）。当然，对于任何外露在自然中的平面，抵御冰雹的能力也是十分重要的。一般标准是可以抵御直径为 19mm（0.75in.）的雹块以 20m/s 速度的碰撞。

8.1.4　跟踪和定位

为了降低寄生能量消费，采用低功率发动机的高速挡转动方位角轴和高度角轴，这样可以缓慢地、准确地、有力地跟踪。然而，在紧急情况下，快速运行是重要的设计准则，一般要求的最小速度是在 2min 内整个镜场散焦到低于吸热器能流的 3%。

由于目前在强风、冰雹、晚上等情况下，定日镜的最佳位置是面朝下，因此从其他位置运行到该位置的可接受时间最多为 15min。反向装载要求设计镜面下半部时要留有一个狭槽，以使镜面翻转时能够通过基座。这个空间不仅减少了给定定日镜的反射表面积，也降低了镜架的结构刚度。然而，面朝下的装载位置能保持镜面的清洁。

8.1.5　定日镜光学效率

定日镜的光学效率包括余弦效率、定日镜有效利用率、镜面反射率和大气透射率等。

1. 余弦效率

余弦效率是定日镜效率中最重要的组成部分。余弦效率即太阳光入射角（或反射角）的余弦值。因为定日镜的有效反射面积等于定日镜的镜面面积与镜面反射中的入射角（或反射角）余弦的乘积。所以当入射角（或反射角）越小（即其余弦值越大）时，定日镜的有效反射面积越大，则余弦效率越高。如图 8-9 是在三个不同太阳高度角时，镜场的余弦效率。从图 8-9 可以看出，位于与太阳相对的位置上的定日镜的余弦效率更高。这也是为什么塔式光热发电站建在北半球时，大多数定日镜位于塔的北方（对于全方位吸热器），或整个镜场都位于塔的北方（对于单面吸热器）的原因。同样的道理，上午时位于塔西方的定日镜效率较高，而位于塔东方的定日镜的效率较低。下午的情况则正好与上午相反。

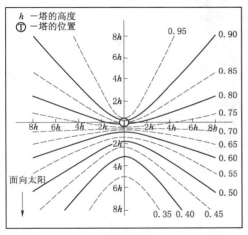

（a）太阳高度角=30°

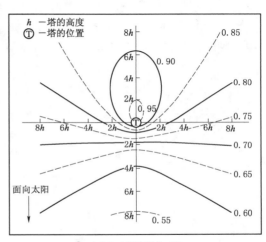

（b）太阳高度角=60°

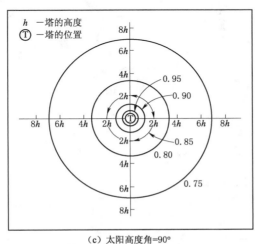

（c）太阳高度角=90°

图 8-9　太阳高度角不同时镜场的余弦效率

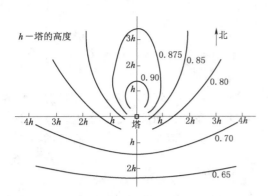

图 8-10　加州巴斯托的年平均余弦
效率（Holl，1978）

镜场余弦效率的年均值如图 8-10 所示。同样可以发现，塔北方的镜场的余弦效率更高。在某些塔式光热电站中，例如在 Solar One 电站中，由于南部镜场中的定日镜反射的太阳辐射较少，因此在吸热器中与这部分定日镜相对应的吸热面上的热能只用于预热水。

2. 定日镜有效利用率

定日镜有效利用率是指定日镜在某时刻可以利用的镜面面积与该定日镜总镜面面积的比值。由于太阳的高度角、方位角时刻都在变化，因此塔式光热电站的镜场中不仅定日镜之间会互相产生影响，而且塔的影子也可能影响定日镜有效利用率。也就是说，在太阳光线入射时，前面镜子可能会挡住后面镜子的入射光线。而位于镜场南端的塔也可能会挡住离塔较近的定日镜的入射光线，从而使得镜子接收太阳入射光的有效利用率（以 η_s 表示）降低。在太阳光线经定日镜反射后，前面镜子会挡住后面镜子的反射光线，使得后面镜子投入吸热器的反射光的有效利用率（以 η_b 表示）降低。由此可见镜场内定日镜的 η_s 或 η_b 均有可能不等于 1。太阳辐射被定日镜反射时产生的损失如图 8-11 所示。

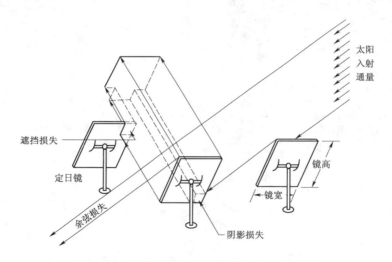

图 8-11　太阳辐射被定日镜反射时产生的损失

3. 镜面反射率

镜面反射率是定日镜镜面本身的性质，由镜子本身的材料以及其制作工艺等因素决定。在塔式光热发电站的镜场设计中，镜子反射率是常数，设第 n 面定日镜的反射率为 η_{rn}。

4. 大气透射率

太阳辐射在经过大气层时，会由于大气散射（大气中的空气分子、水蒸气和灰尘引起的直射辐射的衰减）和吸收（大部分是由臭氧对紫外区辐射的吸收以及水蒸气对红外区辐射的吸收引起）等原因产生衰减，经过大气层前后辐射量的比值即大气透射率。

在影响定日镜及镜场效率的四个因素中，大气透射率是对其影响最小的一个因素，所以这里不对大气透射率进行精确计算，只根据 Vittitoe 和 Biggs 推出的公式进行估算。

当取能见度为 23km 时

$$\eta_{an} = 0.99326 - 0.1046S_n + 0.017S_n^2 - 0.002845S_n^3 \tag{8-1}$$

当取能见度为 5km 时

$$\eta_{an} = 0.98707 - 0.2748S_n + 0.3394S_n^2$$

$$S_n = 10^{-3}d_n \tag{8-2}$$

8.2 塔式光热电站的吸热器和接收塔

塔式光热发电站的集热系统主要由接收塔和吸热器两部分组成。吸热器安装在塔顶上，工质输送管道等布置在空心塔体内。

8.2.1 塔式光热电站吸热器

吸热器安装在塔顶，并且固定在一个可以最高效拦截定日镜反射光位置。吸热器吸收镜场反射的太阳辐射能，并将之传递给工质。吸热器主要有两种形式：表面式和腔式。

1. 表面式吸热器

表面式吸热器通常由很多面板一个挨一个地焊接到一起，形成一个圆柱形表面，这些面板又是由很多小竖管（20～56mm）组成的。竖管的底部和顶部连接到集管，集管将传热工质送到竖管底部，工质流过竖管，再从竖管顶部流回集管。

Solar One 电站采用的就是这种表面吸热器，如图 8-12 所示。吸热器被安装在 77.1m 的塔上，由 24 个面板组成，每个面板高 13.7m，由 70 根 12.7mm 直径的竖管组成。其中，6 个面板用于预热工质（水），18 个面板用于产生蒸汽。吸热器的总直径为 7m。竖管由耐热镍铬铁合金 800 制成，并在外表面涂有高选择性吸收涂层 Pyromark®。

一般，表面式吸热器的高-直径比为 1:1～2:1。为了减少热损，吸热器的表面积要达到最小，这个最小值由竖管的最大运行温度以及工质的传热能力决定。例如，一个工质为液态钠的吸热器，其峰值输出为 380MW，则要求高度为 15m，直径为 13m。如果工质是水/蒸汽或者熔融硝酸盐，同样的峰值输出和温度，其面积是液态钠的两倍。这是由于水/蒸汽或者熔融硝酸盐的传热能力比液态钠低。

2. 腔式吸热器

为了减少吸热器的热损，一些设计采用将太阳辐射流吸收表面放置在绝热腔体内，减少吸收体对流热损的方式，这种吸热器就是腔式吸热器。如图 8-13 所示，这是一个由 4 个腔组成的腔式吸热器。来自镜场的太阳辐射流通过腔口投射到腔壁的吸收体表面。

一般来讲，腔口的面积大约是吸收体表面积的 1/3 或 1/2。腔口尺寸要满足尽量降低对流和辐射热损，但又不挡住到达吸热器的绝大部分的太阳辐射流。一般，腔口大小应与镜场最远处定日镜反射到吸热器上的太阳的像相等，允许溢出 1%～4%。例如，对于一个 380MW 的环绕型电站，最大吸热器（北向吸热器）的腔口宽度是 16m，腔口平面的能流是到达内部吸收体表面的 4 倍。

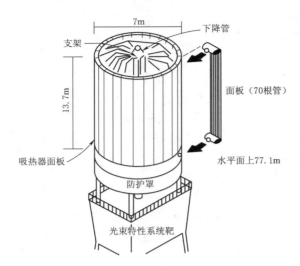

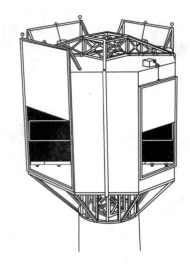

图 8 - 12　在加利福尼亚州巴斯托的 Solar One　　　　图 8 - 13　有四个腔的腔式接收器
电站中央接收器（表面吸热器）　　　　　　　　　（Battleson，1981）

　　腔式吸热器有一个 $60°\sim120°$ 的接收角，大于这个角度的光线不能入射到腔内吸收体表面。因此，要么就要设计多个吸热器，要么就要根据吸热器的视角范围设计镜场范围。

　　3．太阳辐射流因素

　　吸热器设计中最基本的设计思路是通过吸热器表面能够将太阳辐射流的能量传递给工质，并使吸热器壁及其内部工质保持不过热的状态。典型设计的峰值列于表 8 - 1。整个吸收壁的平均能流值为峰值的 $1/3\sim1/2$。

　　其他两个要考虑的重要因素是：①沿吸热器面板的极限温度梯度；②热管每天的循环加热。

表 8 - 1　　　　　　　几种典型接收器的辐射量峰值设计值（Battleson，1981）　　　　　单位：MW/m^2

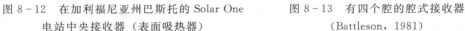

传热工质	形式	辐射量峰值	传热工质	形式	辐射量峰值
液态钠	管道	1.5	液态水	管道	0.7
液态钠	热管（与空气换热）	1.2	蒸汽	管道	0.5
熔融硝酸盐	管道	0.7	空气	管道	0.22

8.2.2　吸热器效率

　　吸热器的热损包括对流热损、反射热损、辐射热损、溢出热损、传导热损和管道损失等，如图 8 - 14 所示。

　　吸热器效率是上述各热损形式效率的乘积，即

$$\eta_{吸热器} = \eta_{溢出}\,\eta_{吸收}\,\eta_{辐射}\,\eta_{对流}\,\eta_{传导热损} \tag{8-3}$$

式中　$\eta_{溢出}$，$\eta_{吸收}$，$\eta_{辐射}$，$\eta_{对流}$，$\eta_{传导热损}$——基于吸热器溢出、吸收、辐射、对流和传导热损的效率。

吸热器最重要的能量损失是对流和辐射传热导致的损失。这些热损与吸热器的设计有关。例如设计类型是表面吸热器还是腔式吸热器，设计参数中吸热面积大小或者腔体口面积大小以及吸热器运行温度等。其他因素包括当地风速、环境温度和吸热器的安置位置和方向等。

辐射和对流损失对吸热器尺寸和系统运行温度具有主要影响。目前大部分塔式光热电站的设计思路是吸热器在定温下运行。因此，吸热器每天（年）损失的能量百分比是一个常数，而且早上和晚上的损耗百分率比中午大一些，因此年均损耗百分率比设计点（中午）的损耗百分率要大。

吸热器的热损率是一个定值，将这个热损率定义为系统的阈值。当太阳辐射能大于吸热器热

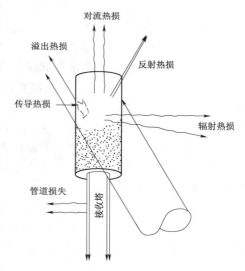

图 8-14　接收器热量损失示意图

损时，系统开始运行。通常情况下，这一阈值发生在太阳高度角大约为 15°时。事实上，当太阳高度角低于 15°时，定日镜之间相互的遮挡将会迅速加大，因此也是不适于系统运行的。

溢出损失是不能投射到吸热面上的能量，既是镜场的设计参数也是吸热器的设计参数。定日镜的表面精度、光线扩散、镜面倾斜以及跟踪精度对吸热器上能流分布以及能流溢出起到主要作用。

可以通过增大吸热器尺寸来减少溢出损失。通常吸热器都设计得比较大，从而可以拦截来自镜场的绝大部分辐射，并使入射光通量峰值较低。但是，由于辐射和对流损失与吸热器尺寸成比例，因此吸热器面积也不能太大。吸热器的最优尺寸需要对镜场吸热器模型进行大量的优化研究才能给出。

与溢出损失相比，吸热器吸收率只与吸热体表面涂层类型有关。目前用的是商用名为 Pyromark® 的高吸收涂层。这种涂层专用于高温表面，吸收率达到 0.95 左右。如果吸收体表面是在腔体内，有效吸收率将升至 0.98。

吸热器效率公式［式（8-3）］最后一项是传导热损。这项主要是通过连接吸热器和塔的支撑架传导。这项热损是吸热器总热损的很小一部分，通常是通过减少吸热器连接点的数目和面积，采用低导热金属（例如不锈钢）等来使传导热损降到最低。

8.2.3　吸热器工质

传热工质的基本选择标准是考虑成本和安全性，根据系统的最高运行温度选择。下面分别介绍 5 种传热工质。

运行温度最低的工质是导热油，主要有烃和合成油，他们的最高温度都是 425℃ 左右。但是他们在这个温度的汽化压力比较低，因此适合用于热能存储。低于 −10℃ 时，导热油逐渐凝固。导热油的主要缺点是易燃，当用于较高温度时，要求有专门的安全保障

系统。

蒸汽的最高运行温度为 540℃，压力为 10MPa。环境温度低于 0℃时要采取结冰保护措施。为了防止吸热器热管内壁结垢，需要用去离子水作为工质。水工质的费用是最低的。但由于高温高压，所以水不能作为高温储热介质。

高于 565℃时，硝酸盐混合物既可以用作传热工质，又可以用作储热工质。然而，大多数硝酸盐混合物会在 140～220℃时凝结，因此当系统不运行时，必须加热硝酸盐混合物。硝酸盐混合物有较高的容积热容量，因此它具有很好的储热能力。

液态钠也可以作为传热工质和储热介质，运行温度达到 600℃。由于钠在这个温度是液态的，因此其汽化温度较低。由于钠的熔点是 98℃，因此当系统不运行时，也必须加热钠，使其保持液态。

对于像布雷顿循环这样的高温应用，要求用空气或者氦气作为传热工质。运行温度为 850℃，压力为 12 标准大气压。虽然这些气体工质的费用很低，但气体工质并不能用于储热，而且需要大直径管道传输。

8.2.4　接收塔

1. 塔的设计

塔高受到费用限制。设计塔考虑的主要因素是吸热器的重量和受风面积。在一些地震多发区，地震因素也是很重要的。前面已经讲过，吸热器的重量和尺寸受工质影响。通常，一个 380MW 吸热器的重量大约在 250000kg（液态钠工质表面吸热器）到 2500000kg（腔式空气吸热器）。如果采用环绕形镜场，吸热器将被安装在 140～170m 高的塔上。

目前，主要有钢架结构（应用钻油塔设计技术）和混凝土结构（应用烟囱设计技术）两种。经济分析表明，塔高 120m 以下，钢结构塔比较便宜，塔高 120m 以上，混凝土塔比较便宜，如图 8-15 所示。

图 8-15 中反映的是使用具有不同风阻和重量的不同接收器的情况。这些设计可以承受 40m/s（90 英里/h）的风速和 0.25 倍的重力加速度（Battleson，1981）。

2. 光线特性靶

接收塔上，在略低于吸热器的位置上有一些白色的靶子，他们是光束特性系统（BCS）靶，用于定日镜的定期校准和排列。这些靶子被涂上了漫反射白漆，接收高于 1～2 个定日镜的太阳辐射流。靶上的仪器只用于确定从选定定日镜反射来的光线的质心，以及相应的能流密度分布。如果光线的质心没有位于镜场跟踪系统计算的位置上，就要适当修正跟踪程序的系数。

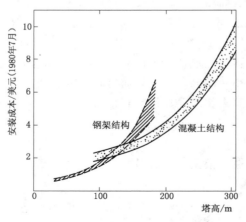

图 8-15　塔高与成本关系示意图

8.3 镜场设计

镜场设计包括定日镜位置、塔高、吸热器安放位置、吸热器倾角、镜场范围等内容。在优化镜场设计时要综合考虑余弦损失、大气透射率、定日镜有效利用率、吸热器溢出率、吸热器热损以及塔、管道、吸热器的成本等各种因素的影响。

8.3.1 定日镜排列方法

1. 基本原则

镜场设计中，如果定日镜排列得较紧密，则定日镜的有效利用率将下降，但所占土地及电缆等的相关费用将降低。因此在塔式光热发电站的建设中，需要考虑应在有限的土地上排列较多面定日镜，以反射更多的辐射量，降低电站的发电成本。与此同时，也需要考虑应使每一面定日镜发挥尽可能大的作用，得到尽可能高的镜场效率，提高电站的发电率。所以当塔式光热发电站的额定功率确定（即所需定日镜数已确定）时，应该考虑的镜场设计原则有以下两个：①镜场效率尽可能高；②占地尽可能小。

2. 放射状栅格法

放射状栅格法（Radial Stagger heliostat field layout）由 Houston 大学提出。如图 8-16 所示，离塔较近的定日镜排列较紧密，定日镜之间的空隙只需刚好使它们的运行互不影响。离塔较远的定日镜，由于为了降低反射光线的遮挡影响而相互间隔得较远。当定日镜密度降得很低时，建立一组新的栅格。

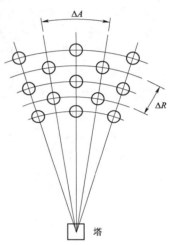

图 8-16 由 Houston 大学提出的放射状栅格镜场设计法

对于镜面反射率较高（90%）的定日镜，1981 年，Dellin et. al. 提出了大型镜场中 ΔA 和 ΔR 的计算式为

$$\Delta R = HM(1.44\cot\theta_L - 1.094 + 3.068\theta_L - 1.1256\theta_L^2) \tag{8-4}$$

$$\Delta A = WM(1.749 + 0.6396\theta_L) + \frac{0.2873}{\theta_L - 0.04902}$$

$$\theta_L = \tan^{-1}\frac{1}{r} \tag{8-5}$$

式中　HM——定日镜的高；

　　　WM——定日镜的宽；

　　　θ_L——吸热器的相对于定日镜的高度角；

　　　r——以目标点高度（吸热器孔口中心点到定日镜镜面中心点的垂直距离）为单位时定日镜距塔的距离。

定日镜密度是指镜面面积与所占土地面积的比值为

$$\rho_F = \frac{2\xi \cdot WM \cdot HM}{\Delta A \Delta R} \tag{8-6}$$

式中 ξ——定日镜镜面面积与定日镜总面积的比值。

通过光线跟踪分析，平均定日镜密度在 0.2～0.25（Battleson，1981）为宜。

镜场设计首先要把接收塔周围的土地划分为一定数量的同心圆区域。式（8-4）和式（8-5）用于确定这些同心圆区域的平均或中心栅格的大小，式（8-6）用于确定镜场密度。如果大范围已经选定，则不一定所有行的纵向间距都等于由式（8-5）得到的结论。在内环的定日镜之间互相可能产生机械影响或得出不理想的定日镜利用率时，通常每四个定日镜中有一个定日镜被从"移动面"（slip plane）的行中删除掉，开始建立一组新的栅格。

3. 全年无遮阳镜场设计方法

1993 年，Pylkkanen 提出了全年无遮阳镜场设计方法（No‑Blocking heliostat field layout），它根据全年中没有入射光被遮挡的原则定位镜场中的定日镜。这是一种作图法，它是由放射状栅格法（Radial Stagger heliostat field layout）发展而成的。该方法在假设邻近的定日镜不会挡到计算定日镜的入射光的同时，不考虑其反射光被遮挡的情况。这是由于在镜场设计中入射光被遮挡是计算定日镜有效利用率的主要因素。

全年无遮阳镜场设计法的图形说明，如图 8-17 所示。

由于设计方法是基于放射状栅格法的，所以根据该方法得到的镜场是沿正北方向对称的，因此只需设计镜场的一半，另一半沿正北轴对称即可得到，具体方法如下：

（1）在图纸上作出镜场范围，确定其最小半径等于目标点高度。

（2）用直径为定日镜对角线长（俯视）或定日镜高（侧视）的圆代表定日镜。

（3）每组第一行定日镜之间的间距等于 2 倍的定日镜宽。每组第二行的半径是第一行及第二行定日镜互相不影响的最小值。

（4）同组其他行（除第一行及第二行）半径的确定如下：①用圆 C_1 代表所求行的前一行（奇数行或偶数行，已知）。侧视中，对于奇数行，水平轴即正北轴；对于偶数行，水平轴是塔基的射线；②从 a 点（吸热器的低边界）画一条直线，这条直线与圆 C_1 相切与 d 点。线 $\overline{ab}$ 代表由定日镜 C_2 后发出的光线到达吸热器而定日镜 C_1 对其无遮挡的最低线路；③画一个圆 C_2，使之与线 $\overline{ab}$ 相切于其另一边的 e 点。圆 C_2 即代表所要求的行上的一面定日镜；④圆 C_2 的圆心即为所求行的半径。

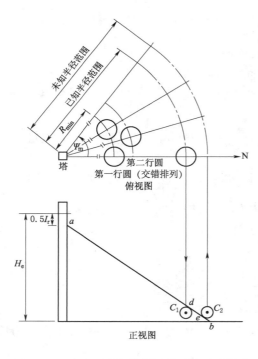

图 8-17　全年无遮阳镜场设计法的图形说明

（5）当定日镜的密度降得较低时，应该启用新组，使之入射光不被前一组最后一行定日镜遮挡。

8.3.2　镜场范围

镜场的大小由电站容量决定。对于小于100MW的电站，采用单（多）北向镜场更为经济。增大电站容量，就意味着要增加定日镜数量，也就意味着镜场更大，定日镜离塔更远。当定日镜与塔之间的距离增大时，大气衰减使远处定日镜的效率降低。这意味着位于塔东西两侧的定日镜虽然余弦效率较低，但是大气衰减损失较少。对于大于500MW的大型电站，则采用定日镜环绕在塔周围的镜场形式。

根据余弦损失、大气衰减、塔架成本和其他系统性能参数设计的最佳镜场形状如图8-18所示。

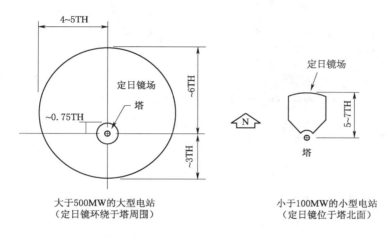

图8-18　根据余弦损失、大气衰减、塔架成本和其他系
统性能参数设计的最佳镜场形状（Battleson，1981）

具有不同功率的系统对应的最佳接收塔高度范围如图8-19所示。

为使定日镜布置在光学效率较高的区域内，定日镜场的布置边界由镜场效率因子（年均余弦效率×年均大气透过效率）和吸热器采光范围共同决定，即在布置定日镜之前先计算该位置的年均余弦效率和大气透过效率，并判断该位置是否位于吸热器采光范围之内。如果该位置定日镜的年均效率因子较高且其反射的光线能被吸热器完全接收，则该位置可以布置定日镜。

1. 镜场效率因子的边界限制

镜场中余弦效率和大气透射率与定日镜和目标点之间的距离密切相关，因此在布置定日镜时，将定日镜布置在年均余弦效率和大气透过效率较高的区域内。这里将年均余弦效率与年均大气透射率的乘积称为镜场效率因子。北京地区某一区域内的镜场效率因子的空间分布如图8-20所示，这里假设塔高100m。可以看出，定日镜应该布置在图中间高亮的椭圆区域内。

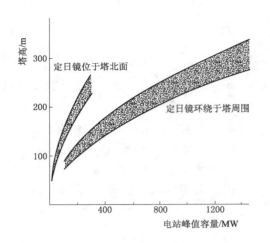

图 8-19　具有不同功率的系统对应的最佳
接收塔高度范围（Battleson，1981）

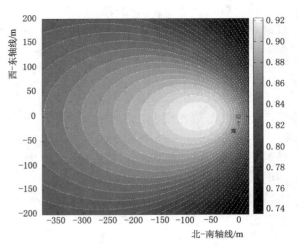

图 8-20　镜场效率因子的空间分布

2. 吸热器采光范围的边界限制

这里以腔式吸热器为例讨论吸热器的采光范围，表面吸热器同样有类似的采光范围。

腔式吸热器采光口对镜场边界的限制主要决定于采光口的尺寸和接收角。吸热器的接收角是指光线以不同角度入射时能够被吸热器完全接收的最大入射角，即

$$\theta_{R} = \arcsin\left(\frac{-2dl + L\sqrt{4l^2 + L^2 - d^2}}{4l^2 + L^2}\right) \tag{8-7}$$

式中　d——入射光斑尺寸；

　　　l——采光口与吸热截面的距离；

　　　L——吸热截面尺寸。

当采光口平面与吸热截面重合时（即 $l = 0$），接收角可表示为

$$\theta_{R} = \arccos\frac{d}{D} \tag{8-8}$$

式中　D——采光口尺寸。

腔式吸热器采光口的形状主要有圆形和矩形，相应的在地面的投影为椭圆和梯形，如图 8-21 所示，δ_R 表示采光口法线与竖直方向的夹角，θ_R 表示圆形采光口吸热器的接收角，θ_{RT}、θ_{RS} 表示矩形采光口吸热器的子午和弧矢接收角，h_t 表示采光口中心距离地面高度。对于圆形采光口，投影椭圆的方程容易求得

$$y^2 + (\cos\delta_R x + \sin\delta_R h_t)^2 - \tan^2\theta_R (\sin\delta_R x - \cos\delta_R h_t)^2 = 0 \tag{8-9}$$

对于矩形采光口，根据图 8-21（b）中的几何关系可求得 A 点的坐标为

$$\begin{cases} x_A = \dfrac{h_t(\tan\theta_{RS}\cos\delta_R - \sin\delta_R)}{\cos\delta_R + \tan\theta_{RS}\sin\delta_R} \\ y_A = \dfrac{-\tan\theta_{RT}h_t}{\cos\delta_R + \tan\theta_{RS}\sin\delta_R} \end{cases} \tag{8-10}$$

同理，可计算 B、C、D、F、G 各点的坐标，进而得到投影梯形的边界。

利用吸热器采光口的几何特性对镜场边界进行限制，确保定日镜布置在截断效率较高的区域内，避免了计算镜场的截断效率，减少了计算量。

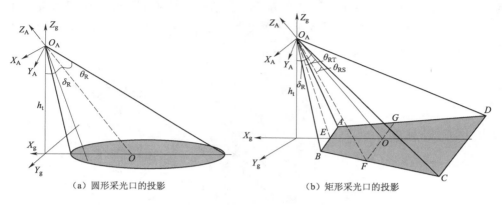

（a）圆形采光口的投影　　　　　　　（b）矩形采光口的投影

图 8-21　腔式吸热器采光口在地面的投影

8.4　吸热器接收面能流密度分析

8.4.1　吸热器接收面能流密度理论计算方法

由于太阳不是点光源而是一个光盘，由圆盘效应，入射到反射镜面任一点的光束可以看作锥角为 α 的圆锥，$\alpha=4.65\mathrm{mrad}$，如图 8-22 所示。对于理想反射镜面，反射光锥的锥角也是 α，N 为理想反射法线方向，ψ 为反射光线与反射光锥中心线的夹角。

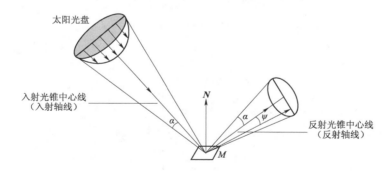

图 8-22　理想反射面的太阳光学特性

对于非理想反射镜面，考虑光学误差，包括镜面面形误差、倾斜偏移等误差，则镜面中心法线存在误差锥面。如图 8-23 所示，其镜面法线方向的偏转可表示为

$$\mathrm{d}N = (C \cdot x_\mathrm{m} + \delta_\mathrm{mx})i_\mathrm{m} + (C \cdot y_\mathrm{m} + \delta_\mathrm{my})j_\mathrm{m} \tag{8-11}$$

式中　C——该点曲率；

δ_mx、δ_my——误差引起的法线偏移量；

i_m、j_m——沿 X_m、Y_m 轴方向的单位向量；

x_m、y_m——镜面点坐标。

选取镜场某个反射镜微元面 M 对反射光束能流密度分布进行分析，图 8-23 建立两套坐标系，分别是以接收塔原点 O 建立静坐标系 XYZ，和以 M 为原点建立反射镜面动坐标系 $\xi_m \eta_m \zeta_m$，ζ_m 轴与镜面中心法线方向重合。反射光线参考面与反射轴线垂直，并相交于 O 点，$|OM|$ 为单位长度。T 点为吸热器接收微元面，$\boldsymbol{N}_T$ 为 T 法线方向，与反射光线 R 夹角 φ。角 γ 为吸热器接收面倾角。

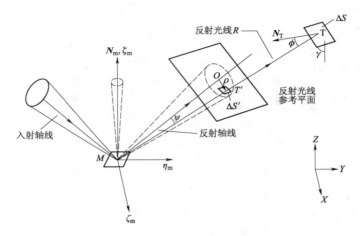

图 8-23　镜场反射镜微元面的太阳光反射

在反射光锥中追踪光线 R，设微元面 M 面积为 A_m，光学效率为 η，光锥中追踪的光线数为 N，每条光线携带的能量相等，则光线 R 携带的能量表示为

$$P_R = \frac{DNI \cdot A_m \cdot \eta}{N} \qquad (8-12)$$

根据图 8-23，吸热器接收微元面 dS 的立体角可表示为

$$d\omega = \frac{dS\cos\phi}{l^2} \qquad (8-13)$$

式中　l——M 到 T 距离；

$dS\cos\phi$——dS 在 MT 方向上的投影。

对于反射光线参考微元面 dS' 的立体角定义为

$$d\omega = \frac{dS'\cos\boldsymbol{\Psi}}{(\sec\boldsymbol{\Psi})^2} \qquad (8-14)$$

式中　$\sec\boldsymbol{\Psi}$——M 点到 T' 长度；

$dS'\cos\boldsymbol{\Psi}$——dS 在 MT' 方向的投影。

dS' 上截得能量可表示为

$$P_{dS'} = P_R D(\rho) P(\boldsymbol{\Psi}) dS' \qquad (8-15)$$

$D(\rho)$ 为角度分布函数，表示反射到接收表面的辐射强度所占比例，ρ 为 O 点到 T' 点长度，$0 \leqslant D(\rho) \leqslant 1$。根据图 8-23，$P = \tan\boldsymbol{\Psi}$，当 $\boldsymbol{\Psi}$ 角极小时，可近似 $\rho = \boldsymbol{\Psi}$。根据定义，$\int_0^{\rho_{edge}} D(\rho) 2\pi\rho d\rho = 1$，$\rho_{edge}$ 为光锥在反射光线参考面的半径。$P(\boldsymbol{\Psi})$ 为有效反射太阳

光锥概率分布函数，用来描述聚光器的光学误差，当每项光学误差都近似服从高斯分布（或不服从高斯分布的误差不起主导作用）时，总的光学误差分布的标准差为

$$\sigma^2 = \sigma_n^2 + (2\sigma_e)^2 + \sigma_t^2 \tag{8-16}$$

式中　σ_n——非理想的镜面反射误差；

　　　σ_e——反射面有较大的位置与倾斜偏移；

　　　σ_t——接受面位置误差的标准差。

$$P(\Psi) = \frac{1}{2\pi\sigma_\xi\sigma_\eta} \int_{-\infty}^{+\infty} \exp\left[-\frac{\Psi_\xi^2}{2\sigma_\xi^2} - \frac{\Psi_\eta^2}{2\sigma_\eta^2}\right] P_{source}(\Psi - \Psi_{in}) d^2\Psi_{in} \tag{8-17}$$

式中　σ_ξ，σ_η，Ψ_ξ，Ψ_η——σ 和 Ψ 在 ξ_m、η_m 坐标轴上的分量。

根据式（8-13）、式（8-14）和式（8-15）可得

$$P_{dS'} = \frac{P_R \cdot D(\rho) \cdot P(\Psi) \cdot dS \cdot \cos\phi}{l^2 \cdot \cos^3\Psi} \tag{8-18}$$

微元面 dS 获得的能量与 dS' 相同，故从 M 点的反射光束到达焦平面 T 点的能流密度为

$$F_{TM} = P_{dS}/dS = P_{dS'}/dS = \frac{P_R \cdot D(\rho) \cdot P(\Psi) \cdot \cos\phi}{l^2 \cdot \cos^3\Psi} \tag{8-19}$$

$$\cos\phi = (H\sin\gamma + x_m\cos\gamma)/l \tag{8-20}$$

式中　x_m——微元面 M 在 XYZ 坐标系中的 X 轴坐标；

　　　H——微元面 T 到 M 所在水平面的垂直距离。

由于焦平面 T 点的总能流密度等于镜面各反射光线到达 T 点的能流密度之和。由蒙特卡洛法挑选抽样反射镜微元面，计算反射光束在焦平面光斑及能够到达 T 点的能流密度大小，利用下式求得 T 点能流密度总和

$$F_T = \sum_{M=1}^{NUM} F_{TM} \tag{8-21}$$

式中　NUM——等于反射光线能够到达 T 点的所有反射镜微元面总数。

这种采用光线追迹法计算吸热器接收面能流密度的方法求得的是解析精确解，其含有高阶求导和积分项，计算复杂，耗时时间长，不适用于镜场的实时优化调度，下面就吸热器接收面能流密度的近似求解方法进行研究。

8.4.2　吸热器接收面能流密度近似计算方法

8.4.2.1　光斑投影关系

由于太阳圆盘效应，太阳光线经定日镜反射后，在吸热器接收面上形成一个太阳的像，即吸热器上的光斑。反射光线的投影关系如图 8-24 所示。

图 8-24 中，点 A_n（x_n，y_n，0）为镜场中任一面定日镜 n 的镜面中心点，面 I 为吸热器窗口接收面，点 O' 为接收面中心点，点 T 为镜场中心位置，则 $TO' \perp I$。γ 为吸热器倾角，φ 为定日镜 n 的反射光线与吸热器接收面法线的夹角。$A_nQ_n \perp X$ 轴，垂足为 Q_n，Q_n 坐标（x_n，0，0），$Q_nP_n \perp I$，垂足为 P_n。$A_nA'_n \perp I$，垂足为 A'_n，则

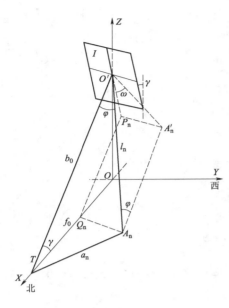

图 8 - 24　反射光线投影图

$O'P_n \perp P_nA'_n$，$A_nA'_n // Q_nP_n // TO'$，$|A'_nP_n| = |A_nQ_n| = |y_n|$，$\omega$ 为吸热器上投影光斑的坐标旋转角。

设 $|O'T| = b_0$，$|OT| = f_0$，$|A_nT| = a_n$，$|TQ_n| = |f_0 - x_n|$。由图 8 - 24 的几何投影关系，可得

$$b_0 = \frac{H}{\sin\gamma} \tag{8-22}$$

$$f_0 = \frac{H}{\tan\gamma} \tag{8-23}$$

$$a_n = \sqrt{y_n^2 + (f_0 - x_n)^2} \tag{8-24}$$

$$\cos\varphi = \frac{b_0^2 + l_n^2 - a_n^2}{2b_0l_n} \tag{8-25}$$

$$\sin\omega = \frac{|y_n|}{l_n\sin\varphi} \tag{8-26}$$

联立式（8 - 22）～式（8 - 26），可得光斑投影关系及坐标旋转角为

$$\cos\varphi = \frac{H\sin\gamma + x_n\cos\gamma}{l_n} \tag{8-27}$$

$$\omega = \arcsin\left(\frac{|y_n|}{l_n \cdot \sin\varphi}\right) \tag{8-28}$$

8.4.2.2　光斑面积及能流密度计算

首先做以下假设：①定日镜为微小弧度的整块弧面镜；②不考虑定日镜的光学误差，例如镜面面形误差、倾斜偏移等误差；③忽略光斑的像散；④认为每台定日镜投射到吸热器上的光斑内能流密度处处相等。

由图 8 - 25 可以看出，太阳光线经过单台定日镜反射后，在吸热器上形成的光斑可近似看作一个旋转了 ω 角度的椭圆。单台定日镜投射光斑的面积投影关系如图 8 - 25 所示。

图 8 - 25 中，面 I' 为定日镜反射光线的垂直面，面 I 和 I' 之间夹角为 φ。定日镜在面 I' 中的投影 $H_1K_1H_2K_2$ 可近似看作圆，圆 $H_1K_1H_2K_2$ 经过 φ 夹角旋转后，在面 I 中的投影转变为椭圆 $N_1K_1N_2K_2$，椭圆坐标轴为 $X'-Y'$，而面 I 坐标轴 $X-Y$ 与坐标轴 $X'-Y'$ 之间有 ω 夹角。根据太阳圆盘锥角 $\alpha = 4.65\text{mrad}$，设圆 $H_1K_1H_2K_2$ 半径为 R_n，则

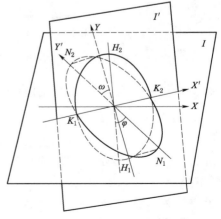

图 8 - 25　光斑面积投影关系

$$R_n = \tan\alpha \qquad (8-29)$$

设椭圆 $N_1 K_1 N_2 K_2$ 的长、短轴分别为 a'_n 和 b'_n，则存在关系

$$a'_n = \frac{R_n}{\cos\varphi} \qquad (8-30)$$

$$b'_n = R_n \qquad (8-31)$$

所以，定日镜 n 在吸热器上形成的投射光斑内能流密度可表示为

$$f_n = \frac{P_n \cos\varphi}{\pi R_n^2} \qquad (8-32)$$

8.4.3 吸热器接收面能流密度分布计算方法

吸热器能流密度分布由镜场定日镜的投影光斑能流密度叠加而成。具体方法如下：将吸热器接收面用网格划分为 $M_x \times M_y$ 个点，根据投射到吸热器上的所有光斑能流密度，通过坐标旋转变换及能量叠加，分别计算出各个点上的能流密度值。坐标系旋转变换示意图如图 8-26 所示。

坐标系中，设 X-Y 坐标系中坐标为 (x, y)，X'-Y' 坐标系中坐标为 (x', y')，则坐标变换公式表示为

$$\begin{cases} x = x'\cos\omega - y'\sin\omega \\ y = x'\sin\omega - y'\cos\omega \end{cases} \qquad (8-33)$$

能量叠加方法为：针对在吸热器接收面上设定的 $M_x \times M_y$ 个点，对其进行坐标系变换后，分别判断其是否在定日镜 n 投射的光斑内。若在，则将光斑内的能流密度值 f_n 叠加到该点的能流密度值上，继续判断下一台定日镜，直至判断完为止。

能流密度的空间分布情况如图 8-27 所示。

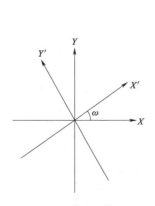

图 8-26　坐标系旋转变换示意图

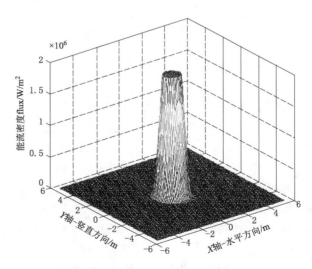

图 8-27　能流密度的空间分布情况

8.5 能量损失

塔式光热发电系统的聚光集热部分主要有 10 项能量损失源,分属定日镜和吸热器。以效率的形式表示这些损失,就构成了聚光集热部分的总效率。

表 8-2 列出了塔式光热发电系统的每一种能量损失,是根据一典型的位于中纬度沙漠地区的 380MW 表面吸热器塔式系统计算得到的。从表 8-2 可以看出各种能量损耗之间的关系。注意,这里用的是损耗百分率。

表 8-2　　　　　　　　　　塔式光热发电系统的能量损失情况

组　成	损　失　源	损耗百分率/%	
		设计值	年值
		中午	平均值
镜场损失	余弦	17.1	23.4
	阴影/遮挡损失	0	5.6
	反射率	10.0	10.0
	衰减	5.4	6.0
	总计	33.5	45.0
吸热器损失	溢出	1.2	2.0
	吸收率	2.0	2.0
	辐射	6.3	9.8
	对流/传导	0.2	0.2
总吸热器损失		9.7	14.0
总系统损失	总计	42.2	59.0
总系统效率		57.8	41.0

资料来源:380MW 光热电站 (Sterns Rogers Engineering Company,1979)。

8.6 塔式光热电站举例

国际上第一座塔式光热发电试验电站是 1950 年由苏联研制成功的,但由于其建设成本和运行维护费用太高,所以在此后经历了近 30 年的徘徊,直到 20 世纪 80 年代初,随着常规化石燃料发电成本的不断提高,该项技术才得到广泛关注和较快发展。

1981 年,法国、德国和意大利等 9 个欧洲国家在意大利西西里岛联合建成了世界首座并网运行的 1MWe 太阳能塔式热发电站 EURELIOS。电站塔高 55m,占地 2 万 m²,采用直流形式水/蒸汽吸热器。镜场由 70 台 50m² 定日镜和 112 台 23m² 定日镜组成。由于电站具有良好的储能设施,所以,无论是白天、黑夜、阴天下雨都能保证连续发电,从而使这里银光闪烁,被人们称作是西西里岛的"聚宝盆"。

1982 年,美国在加州南部 Barstow 沙漠建成了 10MWe 的大型塔式光热发电站 Solar One。Solar One 电站占地 7 万多 m²,塔高 80m,采用了 1818 台 40m² 的定日镜,利用油和岩石作为储热介质，所储蓄的热量可保证 4h 的 7MW 电能输出，保证了在恶劣的气候条件下及夜间能够正常运行。

为了促进塔式/熔盐太阳能热发电技术的发展，1996 年，美国在 Solar One 的基础上建成了 Solar Two 电站。该电站功率 10MW$_e$，采用熔盐吸热器和蓄热装置，熔盐在吸热器内由 288℃ 加热到 565℃，蓄热装置可容纳 1500t 熔盐，可满足机组满负荷运行 3h。Solar Two 电站验证了熔盐技术的可行性，并且熔盐技术的成功应用有效降低了建站技术风险和经济风险，极大地推进了塔式光热发电站的商业化进程。

CESA-1 电站位于西班牙，1982 年建成。吸热器带回热循环，采用了混合盐作工质，额定输出 1MW$_e$。该项目旨在验证塔式太阳能电站的总体可行性，并于 1985 年作为西班牙和德国联合研究项目的一部分，利用该电站进行了空气布雷顿循环太阳能热发电技术试验。

SSPS-CRS 小型太阳能发电系统建在西班牙，额定输出 0.5MW$_e$。项目于 1981 年投运，选用液态钠作为吸热系统和蓄热系统传热工质。该电站起初经历的最严重问题是液态钠的泄漏和加热系统以及蒸汽发动机频繁的故障。此外，系统较高的热惰性也制约了系统运行并降低了效率。1986 年由于钠起火，该厂被重建，采用的钠组件被去除，现在该厂尚用做测试设施。

法国的 THEMIS 电站发电功率 2.5MW$_e$，使用熔盐作为吸热器和储热系统的介质，塔高 100m，单面定日镜面积 45m^2。该项目的目的是确立总体设计和部件的技术可行性，并评价它的出口潜力。该电站于 1983 年到 1986 年成功运行，为未来的电站建设提供了大量资料。

MSEE/CatB 建在美国，额定输出功率 750kW$_e$。它在 1984—1985 年运行，采用了熔融的硝酸盐作为吸热器和蓄热系统的工质，系统中有一个 5MWt 的吸热器和两个储热罐。对熔融盐发电装置的试验运行主要突出了它的技术可行性和熔融盐系统的灵活性。该电站可以很快的启动，储热罐用于太阳辐射瞬变时或无太阳时发电设备的持续发电。试验运行同时表明盐回路需要进一步的简化，以降低成本和增加可靠性。

从 1994 年开始，欧洲框架Ⅳ、Ⅴ、Ⅵ计划连续支持了塔式聚光技术的研究，如 Solgas 计划、Colón Solar 计划等。Solgas、Colón Solar 发电试验装置建在西班牙的 Ertisa Huelva，有 450 面 66m^2 的定日镜，吸热器功率 20MW$_t$，旨在试验太阳能、燃气联合循环（ISCC）技术路线，对联合循环经济性进行评价。

PS10 发电厂于 2007 年发电，建在西班牙的 Seville，额定输出 10MW$_e$。该项目初期论证过采用空气吸热器加燃气轮机的布雷顿循环技术，最后由于成本高和技术风险大，转而采用直接产生蒸汽的方式（DSG）。PS10 电站塔高 90m，有 981 台 121m^2 的定日镜，电站每年向电网提供 19.2GWh 的电力，年平均发电效率可以到 10.5%。

图 8-28 PS10 和 PS20 塔式光热电站

20世纪90年代后期，以色列Weizmanm科学研究院对塔式系统进行了改进，采用地面接收的二次聚光方法，PS10和PS20塔式光热电站如图8-29所示。这种聚光方法是在塔顶放置面形为双曲面（Hyperbolic）的反射器（Tower Reflector），反射器双曲面由小镜面（facet）拼成或做成多环形（类似Fresnel透镜）。由于这种聚光方法中的吸热器位于地面，因此结构更加稳固，且热损失比位于塔顶要小，适合于吸热器（如化学反应器）较重的应用领域，并且避免了将导热媒质泵浦到塔顶。但这种聚光方法需要使用二次聚光器，增加了反射次数和光学损失，并且这种二次聚光器的制作和设计也是难题之一。

图8-29　地面接收的二次聚光方法

澳大利亚重点发展多塔式太阳能阵列（Multi-tower Solar Array，MTSA），该系统由若干个放置吸热器的接收塔组成，采用独特的聚光技术，使定日镜实现超密集布置，镜面面积占整个占地面积的90%以上。这种定日镜布置和聚光方式有效提高了镜场光学效率，能捕获90%以上的全年太阳光照辐射。

GemaSolar电站位于西班牙境内，是全球首座采用熔融盐作为传热和储热介质的商业化塔式光热电站，于2011年5月投入商业化运行。电站占地185hm²，容量19.9MW，包括2650台定日镜，每台定日镜的反射面积为120m²，太阳塔高150m。传热介质为熔融盐，吸热器入口温度为290℃，出口温度为565℃。储热形式为双罐直接储热，介质也是熔融盐，冷盐罐（290℃）中的冷盐由冷盐泵送到太阳塔顶的吸热器中，被加热到565℃后，回到热盐罐（565℃）储存起来。储热容量为15h，容量因子为75%。由于长时间的储热，GemaSolar电站几乎能够实现全年12个月每天24h连续发电。年满负荷运行小时数约为6500h，是其他可再生能源电站的1.5倍；年发电量约1.1亿kW·h，可以满足安达鲁西亚地区25000户家庭的用电需求，同时减少3万t的二氧化碳排放。

目前，建成投产的最大塔式电站是Ivanpah电站，如图8-31，总容量392MW。该电站采用空冷技术，耗水为0.11L/(kW·h)。

图 8-30 GemaSolar 塔式光热电站

图 8-31 Ivanpah 塔式光热电站

据不完全统计,从 1981 年至今,全世界建造的塔式太阳能热发电(示范)电站已有十多座,表 8-3 列出了世界上主要的塔式光热发电站。

表 8-3　　　　　　　　　　世界主要塔式光热发电(示范)电站

电站名称	国别	额定功率/MW	蓄热容量/(MW·h)	工质	蓄热介质	投运日期
SSPS－CRS	西班牙	0.5	1	液钠	钠	1981
EURELIOS	意大利	1	0.5	水蒸气	熔盐/水	1981
SUNSHINE	日本	1	3	水蒸气	熔盐/水	1981
Solar One	美国	10	28	水蒸气	油/岩石	1982
CESA－1	西班牙	1	3.5	水蒸气	熔盐	1982
MSEE/Cat B	美国	1	—	熔盐	熔盐	1983
THEMIS	法国	2.5	12.5	盐类	盐类	1984
SPP－5	俄罗斯	5	—	水蒸气	水/蒸汽	1986
TSA	西班牙	1	—	空气	陶瓷	1993
Solar Two	美国	10	107	熔盐	熔盐	1996
Consolar	以色列	0.5	—	压缩空气	混合矿物	2001
PS10	西班牙	11	25	水蒸气	水蒸气	2007
Jülich	德国	1.5		空气		2008
Sierra SunTower	美国	5		水蒸气	无	2009
PS20	西班牙	20		水蒸气		2009
Gemasolar	西班牙	15	600	熔盐	熔盐	2011
Gemasolar	西班牙	19.9		熔盐	熔盐	2011
ACME Solar Tower	西班牙	2.5		水蒸气	无	2011
Lake Cargelligo	澳大利亚	3.0		水蒸气		2011
Dahan	中国	1.0		水蒸气	水蒸气/油	2012

电站名称	国别	额定功率/MW	蓄热容量/(MW·h)	工质	蓄热介质	投运日期
Greenway	土耳其	1.4	4	水蒸气	熔盐	2012
Tonopah	美国	110		熔盐	熔盐	2013
Ivanpah	美国	392		水蒸气	无	2013
Supcon Solar Project	中国	50		熔盐	熔盐	2013
Khi Solar One	南非	50		水蒸气	饱和蒸汽	2014
Palen①	美国	500		水蒸气	无	2016
RSEP	美国	150		熔盐	熔盐	2016
Crescent Dunes	美国	110		熔盐	熔盐	2016
Megalim①	以色列	121		水蒸气	无	2019
Cerro Dominador	智利	110		熔盐	熔盐	2018
NOORo Ⅲ	摩洛哥	150		熔盐	熔盐	2018
首航节能敦煌100MW 熔盐塔式光热发电项目	中国	100		熔盐	熔盐	2018
中控德令哈50MW 熔盐塔式光热发电项目	中国	50		熔盐	熔盐	2019
鲁能海西格尔木50MW 熔盐塔式光热发电项目	中国	50		熔盐	熔盐	2019
中电建青海共和50MW 塔式光热发电项目①	中国	50		熔盐	熔盐	2019

① 表示在建中（2019）。

8.7　小结

本章主要介绍了塔式光热电站的聚光集热部分，对定日镜、吸热器和塔，以及镜场设计，都进行了详细的解释说明。这是塔式光热发电技术最核心的内容，也是在设计塔式光热电站时所需要重点考虑的地方。

槽式光热发电系统是将多个用抛物线槽式集热器（parabolic through collectors, PTCs）经过串并联的排列，收集较高温度的热能，加热工质，产生蒸汽，驱动汽轮发电机组发电。整个系统包括：聚光集热子系统、导热油-水/蒸汽换热子系统（采用 DSG 技术时无此子系统）、汽轮发电子系统，根据系统的不同设计思路有时还包括蓄热子系统、辅助能源子系统。其中聚光集热子系统是系统的核心。

抛物线槽式集热器是将反射材料弯成抛物线形作为聚光器，将罩上玻璃管（为了减少热损失）的黑色金属管安放在聚光器的焦线上作为集热管。当抛物面面向太阳时，入射到聚光器上的平行光被反射到集热管上。采用单轴跟踪太阳的形式，这样槽式集热器可以做得很长。槽式集热器是为太阳能热发电或工业用热提供高于 400℃ 热能的最成熟的技术。这项技术最大的应用是南加利福尼亚 SEGS 电站，总装机容量达到 354MW$_e$，另一个应用是位于西班牙南部的 Plataforma Solar de Almeria（PSA）电站，这个电站主要用于实验。槽式集热器的总装机容量为 1.2MW。

9.1 槽式光热发电系统中的聚光集热器

聚光集热子系统是由多个聚光集热器（Solar Collector Assembly, SCA）组成，而每个 SCA 又是由若干个聚光集热单元（Solar Collector Elements, SCE）构成。聚光集热器包括集热管、聚光器、跟踪机构等几个部分，如图 9-1 所示。

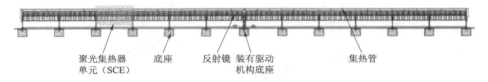

聚光集热器　　底座　　反射镜　装有驱动　　　　集热管
单元（SCE）　　　　　　　　　机构底座

图 9-1　聚光集热器

9.1.1 集热器

槽型抛物面反射镜为线聚焦装置，阳光经聚光器聚焦后，在焦线处成一线形光斑带，集热管放置在光斑带上，用于吸收聚焦后的阳光，加热管内的工质。所以集热器要满足如下方面的要求。

（1）吸热面的宽度要大于光斑带宽度，以保证聚焦后的光线不溢出吸收范围。

（2）要具有良好的吸收太阳光的性能。

（3）在高温下具有较低的辐射率。

（4）具有良好的导热性能和保温性能。

集热器的尺寸以及聚光比由反射的太阳像的大小和聚光器的制作误差决定。集热管表面通常涂有对太阳辐射具有高吸收率、对辐射热损具有低发射率的选择性吸收涂层。通常为了减少集热管的对流热损，还会在集热管外部安装一个玻璃封管。玻璃封管的一个缺点是来自聚光器的反射光必须通过玻璃才能到达集热管，玻璃封管干净时，大约增加了 0.9 的透射率。为了增加透射率，玻璃封管通常附有减反射膜。在高温应用中，一个减少集热管对流热损、提高集热器性能的方法是增大玻璃管和集热管之间的空间。为了在大规模生产中实现经济性，不仅集热器结构必须严格符合重量比以使用料最省，而且集热器结构生产要实现自动化。

目前，槽式太阳能集热管使用的主要是直通式金属—玻璃真空集热管，另外还有热管式真空集热管、空腔集热管等形式。这里介绍两种常用的集热管。

1. 直通式金属—玻璃真空集热管

直通式金属—玻璃真空集热管是一根表面带选择性吸收涂层的金属管（吸收管），外套一根同心玻璃管，玻璃管与金属管（通过可伐过渡）密封连接。玻璃管与金属管夹层内抽成真空以保护吸收管表面的选择性吸收涂层，同时降低集热损失。

这种结构的真空集热管主要需要解决如下问题：

（1）金属与玻璃之间的联接问题。

（2）高温下的选择性吸收涂层问题。

（3）金属吸收管与玻璃管线膨胀量不一致的问题。

（4）如何最大限度提高集热面的问题。

（5）消除夹层内残余或产生气体的问题。

这种真空集热管主要用于短焦距抛物面聚光器，以增大吸收面积，降低光照面上的热流密度，从而降低热损失。它的主要优点是：①热损失小；②可规模化生产，需要时进行组装。缺点是：①运行过程中，金属与玻璃的联接要求高，很难做到长期运行过程中保持夹层内的真空；②反复变温下，选择性吸收涂层因与金属管膨胀系数不统一易脱落；③高温下，选择性吸收涂层存在老化问题。

目前这种结构的代表产品有以色列 Solel 公司生产的外膨胀真空集热管（图 9-2）和德国 Schott 公司生产的内膨胀真空集热管如图 9-3 所示。

直通式金属—玻璃真空集热管已在槽式太阳能热发电站得到广泛使用，故常称槽式太阳能热发电站中使用的直通式金属—玻璃真空集热管为真空集热管。

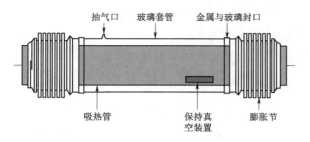

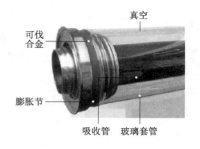

图 9 - 2　以色列 Solel 公司真空集热管　　　　图 9 - 3　Schott 公司真空集热管

2. 热管式真空集热管

热管式真空集热管由热管、金属吸热板、玻璃管、金属封盖、弹簧支架及消气剂等构成，如图 9 - 4 所示。工作时，太阳辐射穿过玻璃管被涂在热管和吸热板表面的选择性吸收涂层吸收转化为热能，加热热管蒸发段内的工质，使之汽化。汽化后的工质上升到热管冷凝段，将热量释放，传递给吸热器中的传热工质。热管内的工质凝结成液体后依靠自身重力，流回蒸发段重新循环工作。

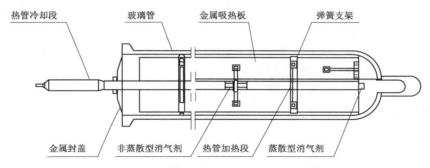

图 9 - 4　热管式真空集热管

9.1.2　聚光器

由于太阳能的能量密度低，要想得到较高的集热温度，必须通过聚光的手段来实现。槽式光热发电聚光器的作用等同于塔式光热发电中的定日镜，将普通太阳光聚焦形成高能量密度的光束，加热工质。与定日镜一样，要求聚光器具有较高的反射率，良好的聚光性能，足够的刚度，良好的抗疲劳能力，良好的抗风能力，良好的抗腐蚀能力以及良好的运动性能。同塔式光热发电系统中的定日镜相比，槽式聚光器的制作难度要更大，这是由于抛物面镜曲面比定日镜曲面弧度大，平放时槽式聚光器迎风面比定日镜要大，抗风性能要求更高。

聚光器由反射镜和支架两部分组成。

1. 反射镜

反射率是反射镜最重要的性能。反射率随反射镜使用时间增多而降低，主要原因是：①因为有灰尘、废气、粉末等引起的污染；②紫外线照射引起的老化；③风力和自重等引起的变形或应变等。为了防止出现这些问题，反射镜需要：①便于清扫或者替换；②具有良好的耐候性；③重量轻且要有一定的强度；④价格要合理。

反射镜由反射材料、基材和保护膜构成。以基材为玻璃的玻璃镜为例，在槽式太阳能热发电中，常用的是以反射率较高的银或铝为反光材料的抛物面玻璃背面镜，银或铝反光层背面再喷涂一层或多层保护膜。因为要有一定的弯曲度，其加工工艺较平面镜要复杂得多。

最近国外已开发出可在室外长期使用的反光铝板，很有应用前景。它具有以下优点：①对可见光辐射和热辐射的反射效率高达 85％，表现出卓越的反射性能；②具有较轻的重量、防破碎、易成型，可配合标准工具处理；③透明的陶瓷层提供高耐用性保护，可防御气候、腐蚀性和机械性破坏。但目前价格很贵，有待于进一步降低成本。

基于到目前为止的环境测试数据，虽然市场上有寿命为 5～7 年的自黏性反射材料，但玻璃镜仍是首选的镜面材料。

2. 支架

支架是反射镜的承载机构，在与反射镜接触的部分，要尽量与抛物面反射镜相贴合，防止反射镜变形和损坏。支架还要求具有良好的刚度、抗疲劳能力及耐候性等，以达到长期运行的目的。

支架的作用：①支撑反射镜和真空集热管等；②抵御风载；③具有一定强度抵御转动时产生的扭矩，防止反射镜损坏。

要达到上述的作用，要求支架重量尽量小（传动容易，能耗小）；制造简单（成本低）；集成简单（保证系统性能稳定）；寿命长。

目前，已经提出了很多种结构概念，例如采用中心转矩管或 V 形构架的钢架结构或者采用玻璃纤维结构等。

9.1.3 跟踪机构

为使集热管、聚光器发挥最大作用，聚光集热器应跟踪太阳。槽型抛物面反射镜根据其采光方式，可以有两种跟踪方式。即可以东西放置，从北向南跟踪太阳；也可以南北放置，自东向西跟踪太阳。第一种跟踪方式一天中集热器只需要调整很小的角度，中午时分总是全口径朝向太阳，但在一天的早晚时段，由于有较大的入射角（余弦损失），集热器的性能将明显降低。南北放置的槽式集热器，中午时具有最高的余弦损失，由于早晚时太阳在正东或正西，这时的余弦损失最小。在一年的时间里，水平放置的南北向集热场比水平放置的东西向集热场可以收集稍多一些的能量。然而，南北向集热场夏天收集能量比较多，冬天比较少。东西向集热场冬天收集的能量比南北向的多，而夏天收集的能量比南北向的少，因此年产量更为平均。所以，方向的选择通常根据实际情况，是冬天需要的能量多一些还是夏天需要的能量多一些。

跟踪机构必须可靠并按一定精度跟踪太阳，能够在一天结束时或者晚间将聚光器返回至初始位置，并能在有间断云量时进行跟踪。另外，跟踪机构也用于保护集热器，即在强风、过热等危险环境或传热工质流动不畅等工作条件下使聚光器偏离焦线。跟踪机构的要求精度依赖于集热器接收角。跟踪方式分为开环、闭环和开闭环相结合三种控制方式。开环控制由总控制室的计算机计算出太阳能的位置，控制电机带动聚光器绕轴转动跟踪太阳。开环控制优点是控制结构简单，缺点是易产生累积误差。闭环控制是每组聚光集热器均配有一个伺服电机，由传感器测定太阳位置，通过总控制室计算机控制伺服电机，带动聚光器绕轴转动跟踪太阳，传感器的跟踪精度为 0.50。闭环控制优点是精度高，缺点是大片乌云过后，无法实现跟踪。采用开、闭环控制相结合的方式则克服了上述两种方式的缺点，效果较好。

Solar Thermal Collectors and Applications 一文中提到的由 Soteris A. Kalogirou 设计的一种跟踪机构具体为：用三个光敏电阻分别检测焦线、太阳、云以及白天或晚间条件，通过控制系统给直流电动机下达指令，从而对聚光器进行调焦。多云时跟踪太阳的大致路径，晚间时返回集热器至东向。

塔式光热发电站镜场中的众多定日镜，每台都必须作独立的双轴跟踪。而槽式太阳能热发电中多个聚光集热器单元只作同步跟踪，跟踪装置大为简化，投资成本大为降低。

9.1.4 聚光集热器的种类

主要聚光集热器的有关参数比较见表 9-1。

表 9-1 集 热 器 性 能 参 数

集 热 器	LS-1（LUZ）	LS-2（LUZ）	LS-3（LUZ）	ET-100 （Euro Trough）	DS-1 （solargenix）
年份	1984	1988	1989	2004	2004
面积/m²	128	235	545	545/817	470
开口宽度/m	2.5	5	5.7	5.7	5
长度/m	50	48	99	100/150	100
集热管直径/m	0.042	0.07	0.07	0.07	0.07
聚光比	61:1	71:1	82:1	82:1	71:1
光学效率	0.734[a]	0.764[a]	0.8[a]	0.78[b]	0.78[b]
吸收率	0.94	0.96	0.96	0.95	0.95
镜面反射率	0.94	0.94	0.94	0.94	0.94
集热管发射率	0.3	0.19	0.19	0.14	0.14
温度/（℃/°F）	300/572	350/662	350/662	400/752	400/752
工作温度（℃/°F）	307/585	391/735	391/735	391/735	391/735

LUZ 公司原计划生产 4 种型号的聚光集热器即 LS-1、LS-2、LS-3、LS-4，但由于公司破产，LS-4 并未真正使用，只是处于研发阶段。LS-4 几个主要参数分别是开口宽度为 10.5m，长度为 49m，面积为 504m²，直接以水作工质。而另三种型号的聚光集热器都在 SEGS 电站中得以应用：在 SEGSⅠ和 SEGSⅡ上使用的是 LS-1 及 LS-2 两种集热装置，LS-2 应用于 SEGSⅢ、SEGSⅣ、SEGSⅤ、SEGSⅥ上，SEGSⅦ上使用用的是 LS-2 及 LS-3 两种，而 SEGSⅧ和 SEGSⅨ上应用的是 LS-3。

DS-1 聚光集热器在 ASP 建造的 Saguaro 槽式太阳能热电站中得以应用，该电站装机容量为 1MW，太阳能场面积为 10340m²，共使用了 24 组 DS-1 聚光集热器，工作温度为 300℃，该电站的循环系统为有机液朗肯循环，每年产生电量为 2000MW。

西班牙建造的两座 50MW 槽式太阳能热电站中使用的是由 SOLEL 公司生产的 ET-150

集热器；在 PSA 建造的 DISS 电站中也应用了 ET‐100 和 ET‐150 集热器。

LS‐2 与 Euro Trough 集热器的热损失基本上是一样的，但 ET 集热器具有 30°的倾角，因而效率较 LS‐2 提高了很多。并且 ET 集热器具有更大的风力承载能力。ET 集热器由于要用于 DSG 太阳能热电站中，所以较 LS 系列具有耐高压耐高温的性能，而且镜子重量也降低了 50%，费用也因技术发展而大大降低。

9.2 槽式抛物面聚光集热器的光学特性

9.2.1 光学效率

光学效率是吸热器吸收的能量与入射到聚光器表面的能量之比。光学效率受到材料的光学性能、聚光器的几何形状以及聚光器结构缺陷等方面因素的制约。光学效率可表示为

$$\eta_{op} = \rho \tau \alpha \gamma \qquad (9-1)$$

式中 ρ——聚光器镜面反射率；

$\tau\alpha$——透明罩管的透过率与集热管吸收率的乘积；

γ——吸热管的光学采集因子。

确定槽式集热器光学效率时最复杂的一个参数是集热管的光学采集因子，其为集热管拦截到的能量与抛物面聚光器反射的能量之比。光学采集因子的值依赖于聚光器的尺寸、抛物镜的镜面角度误差和太阳光分布情况。抛物面的误差有随机误差和非随机误差两种。随机误差是自然界的真实随机，因此用概率正态分布代表。随机误差通常通过一些表面变化识别，这些变化包括太阳宽度、由随机倾斜误差（即由风荷载导致的抛物面的扭曲）导致的散射效应、与反射表面相关的散射效应等。非随机误差由制造、安装或集热器运行引起，这些可由聚光器形状误差、未对准误差和吸热器位置误差引起。随机误差通过统计学模型表示。非随机误差由未对准角度误差 β（即太阳中心的反射光线与聚光器开口平面法线的夹角）和吸热器相对于聚光器焦线位置的偏移 d_r 决定。由于聚光器形状误差和吸热器沿 Y 轴的位置误差本质上有相同作用，因此用一个参数表示两种作用。随机误差和非随机误差可以用聚光比（C）和吸热器直径（D）这两个集热器几何参数联系起来，对所有集热器几何建立一些统一的误差参数，叫作"统一误差参数"，其中星号用于区分已经定义的那些参数。利用这些统一误差参数，可以给出集热管的光学采集因子 γ

$$\gamma = \frac{1-\cos\phi_r}{2\sin\phi_r} \times \int_0^{\phi_r} \mathrm{Erf}\left[\frac{\sin\phi_r(1+\cos\phi)(1-2d^*\sin\phi)-\pi\beta^*(1+\cos\phi_r)}{\sqrt{2}\,\pi\sigma^*(1+\cos\phi_r)}\right]$$

$$-\mathrm{Erf}\left(-\frac{\sin\phi_r(1+\cos\phi)(1+2d^*\sin\phi)+\pi\beta^*(1+\cos\phi_r)}{\sqrt{2}\,\pi\sigma^*(1+\cos\phi_r)}\right) \times \frac{\mathrm{d}\phi}{1+\cos\phi} \qquad (9-2)$$

式中 d^*——由吸热器位置误差和聚光器形状误差引起的统一非随机误差参数，$d^* = d_r/D$；

β^*——由未对准角度误差引起的统一非随机误差参数 $\beta^* = \beta C$；

σ^*——统一随机误差参数 $\sigma^* = \sigma C$；

C——聚光器聚光比 $C=A_\mathrm{a}/A_\mathrm{r}$；

D——吸热器外部直径，m；

d_r——是吸热器偏离焦线的距离，m；

β——未对准角度误差（degree），近似取为 0.75。

需要确定的另一个参数是集热管上的辐射聚光分布，称作局部聚光比（LCR）。

对于抛物线槽式集热器，局部聚光比如图 9-5 所示。图 9-5 的曲线形状是根据上面所述的误差和入射角得到的，这只是吸热器半边的局部聚光比。需要注意的是吸热器顶部只接收来自太阳的直射辐射，从图 9-5 可以看出，0°入射，吸热器角为 120°时，局部聚光比最大，大约为 36 个太阳。

9.2.2 聚光集热器的散焦现象

入射角分量示意图如图 9-6 所示，其中平面 A 是与吸热器轴线垂直的平面，平面 B 是过吸热器轴线与采光面垂直的平面。入射角 θ_i 在两个平面 A、B 上的投影角度分别为仅 α、β。

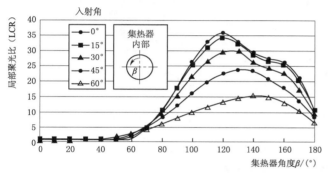

图 9-5　抛物线槽式集热器的局部聚光比

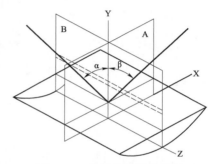

图 9-6　入射角分量示意图

对于槽式聚光集热器，若不考虑吸热器的存在，当入射光线满足仅 $\alpha=0$ 时，光线汇聚点在抛物面的焦线上。而仅当 $\alpha\neq0$，光线汇聚点偏离焦线，光线不再汇聚到一条线上，当倾斜角 α 从 0 开始增大时，汇聚到集热管上光线会逐渐减少，直到 α 角大于某个临界角之后，不再有光线汇聚到集热管上，而是形成一个曲面，这便是槽式抛物面的散焦现象，如图 9-7～图 9-12 所示。

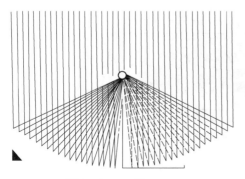

图 9-7　$\alpha=1°$，$\beta=0$

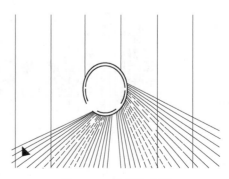

图 9-8　局部放大图

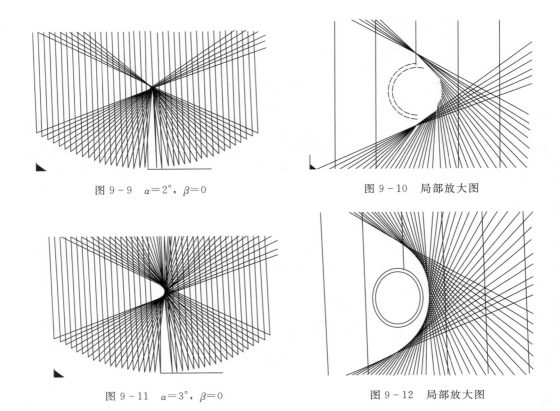

图 9 - 9　α=2°，β=0　　　　　　　　　　图 9 - 10　局部放大图

图 9 - 11　α=3°，β=0　　　　　　　　　　图 9 - 12　局部放大图

9.3　槽式抛物面聚光集热器的热力学特性

9.3.1　集热管的热力学模型

　　槽式抛物面聚光集热器通常用的是如图 9 - 13 所示的真空集热管。

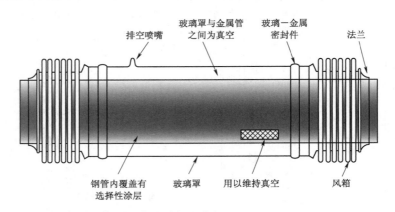

排空喷嘴　　玻璃罩与金属管　　玻璃—金属
　　　　　　之间为真空　　　密封件　　　法兰

钢管内覆盖有　　玻璃罩　　用以维持真空　　风箱
选择性涂层

未按比例：集热管长约13英尺，直径约4英寸。

图 9 - 13　真空集热管

通过综合考虑由辐射、对流、导热引起的热损，可以建立集热管的热损模型。关于集热管的热损失，共分为三个部分，如图 9-14 所示，具体包括：

（1）金属管外壁与真空玻璃管间的热损失即辐射损失及由残余气体引起的导热损失。由于玻璃管内为高真空（$10^{-4}\,\mathrm{mm\,Hg}$），通常 $Q_{\mathrm{c,(ab-g)}}$ 可以忽略不计，但当玻璃管内压力升高时，$Q_{\mathrm{c,(ab-g)}}$ 会显著增大。

（2）由接头及支撑结构引起的从金属管到环境的热损失。

（3）玻璃管向天空产生的辐射及与周围环境产生的对流损失。

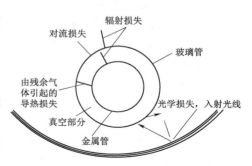

图 9-14　集热管热损失分析

对于具有玻璃套管和选择性涂层并且吸收管中心线位于反射器焦线上的抛物线型集热器，在对其进行热分析前做如下假设。

（1）金属管和玻璃套管的温度在周边是均匀的。

（2）金属管壁和玻璃管套厚度方向的温度梯度可忽略不计。

（3）工质流速恒定，金属管壁与工质的热交换为自然对流。

在分析集热器的总热损失时，需要考虑金属管和玻璃罩管之间的能量守恒，即

$$Q_{总} = Q_{(\mathrm{ab-g})} + Q_{\mathrm{b}} \tag{9-3}$$

$$Q_{\mathrm{ab-g}} = Q_{\mathrm{r,(ab-g)}} + Q_{\mathrm{d,(ab-g)}} \tag{9-4}$$

以及

$$Q_{总} = Q_{(\mathrm{g-a})} + Q_{\mathrm{b}} \tag{9-5}$$

$$Q_{\mathrm{g-a}} = Q_{\mathrm{c,(g-a)}} + Q_{\mathrm{r,(g-s)}} \tag{9-6}$$

式中　$Q_{(\mathrm{ab-g})}$——从金属管到真空玻璃管的热损，由辐射和残余气体导热引起，高压时忽略了对流热损，W；

Q_{b}——由金属波纹管引起的从金属管到环境的热损，W；

$Q_{(\mathrm{g-a})}$——由玻璃管外表面到环境的辐射及对流热损，W；

$Q_{\mathrm{r,(ab-g)}}$——金属管与真空玻璃管之间的辐射热损，W；

$Q_{\mathrm{d,(ab-g)}}$——金属管与玻璃管之间由于残留气体引起的导热热损，W；

$Q_{\mathrm{c,(g-a)}}$——玻璃管与周围环境发生的对流热损，W；

$Q_{\mathrm{r,(g-s)}}$——玻璃管与天空的辐射热损，W。

关于上述公式中所涉及的各项损失，现具体分析如下。

（1）金属管与玻璃管之间的辐射热损

$$Q_{\mathrm{r,(ab-g)}} = \frac{\sigma(T_{\mathrm{ab}}^4 - T_{\mathrm{g}}^4)}{\dfrac{1}{\varepsilon_{\mathrm{ab}}} + \dfrac{D_{\mathrm{ab,o}}}{D_{\mathrm{g}}}\left(\dfrac{1}{\varepsilon_{\mathrm{g}}} - 1\right)} A_{\mathrm{ab}} \tag{9-7}$$

式中　σ——斯蒂芬-波尔兹曼常数，$5.67 \times 10^{-8}\,\mathrm{W/(m^2 \cdot K^4)}$；

$D_{\mathrm{ab,o}}$——金属管外管径，m；

D_g——玻璃管管径，m；

ε_{ab}——金属管发射率；

ε_g——玻璃管发射率；

A_{ab}——金属管表面积，m^2。

金属管的发射率可以通过金属管的管壁温度 $T_{管壁}$ 来估算得到。SEGS 电站具有金属陶瓷涂层的集热器，当温度为 $373\sim900K$ 时发射率为

$$\varepsilon_{ab}=0.00042T_{管壁}-0.0995 \tag{9-8}$$

从工质温度和相应流态的内膜传热系数来计算金属管温度（即管壁温度 $T_{管壁}$），即

$$T_{管壁}=T_{本体}+\frac{Q_{热流}}{2\pi rLU}$$

式中　$Q_{热流}$——外壁的热流密度；

U——工质和金属管外表面之间的总传热系数（包括对流和壁导热）；

$T_{本体}$——本体温度。

（2）金属管与玻璃管间的环形区域中由残余气体引起的导热热损

$$Q_{d,(ab-g)}=h_d\cdot(T_{ab}-T_g)\cdot A_{ab} \tag{9-9}$$

$$h_d=\frac{k_{空气}}{\dfrac{D_{ab,o}}{2}\ln\dfrac{D_g}{D_{ab,o}}+B\lambda\left(\dfrac{D_{ab,o}}{D_g}+1\right)} \tag{9-10}$$

其中

$$B=\frac{2-c}{c}\left[\frac{9\gamma-5}{2(\gamma+1)}\right]$$

式中　h_d——在低密度残存气体的传热系数，$W/(m\cdot K)$；

$k_{空气}$——在标准大气压下空气的导热系数，$W/(m\cdot K)$。

c——表面与气体间的相互影响系数，当表面很干净的时候，$c=1$；

γ——比热比，在 300K 时，$\gamma=1.4$；在 600K 时，$\gamma=1.37$。

在环形区域内，低压气体的平均自由行程 λ 为

$$\lambda=2.331\times10^{-10}\times\frac{T_m}{p\delta^2} \tag{9-11}$$

其中

$$T_m=\frac{T_{ab}+T_g}{2}\ (K)$$

式中　T_m——平均温度；

p——压强，mmHg；

δ——空气的分子直径，$\delta=2.32\times10^{-8}$cm。

（3）玻璃管与周围环境发生的对流热损为

$$Q_{c,(g-a)}=h_c\cdot(T_g-T_a)\cdot A_g \tag{9-12}$$

式中　h_c——由玻璃管外强制对流引起的外部对流传热系数；

A_g——玻璃管面积；

T_a——环境温度（干球温度）。

（4）玻璃管与天空的辐射热损为

$$Q_{r,(g-a)} = \sigma \cdot \varepsilon_g (T_g^4 - T_{sky}^4) \cdot A_{glass} \qquad (9-13)$$

其中

$$T_{sky} = (\varepsilon_{sky})^{0.25} \cdot T_a$$

$$\varepsilon_{sky} = 0.711 + 0.56\left(\frac{t_{dp}}{100}\right) + 0.73\left(\frac{t_{dp}}{100}\right)^2$$

式中 σ——斯蒂芬-波尔兹曼常数；

ε_g——玻璃管发射率；

$T_{天空}$——天空温度，K；

T_a——干球温度；

t_{dp}——露点环境温度。

（5）由接头引起的热损（由波纹管及支撑结构引起的从金属管到环境的热损）为

$$Q_b = A_b \cdot h_c \cdot (T_{ab} - T_a) \cdot \eta_b \qquad (9-14)$$

式中 A_b——暴露在外面的波纹管的表面积，m^2；

η_b——接头翅板的效率。

将式（9-2）～式（9-14）联立，可以计算出用 T_{ab} 和环境条件表示的总热损。通过拟合可以得到

$$q_l = (a + cV_{风}) \cdot (T_{ab} - T_a) + \varepsilon_{ab} \cdot b \cdot (T_{ab}^4 - T_{sky}^4) \qquad (9-15)$$

式中 T_{ab}——金属管外壁温度，K；

V——风速，m/s；

a、b、c——分别是对流、辐射和风速因子，根据不同的集热管温度，风速和环温，利用式（9-2）～式（9-14）计算得到；

T_a——环境温度 K。

对于 Sandia 实验所用的 2mm 管厚、工质为油的集热器，热损参数为

$$a = 1.9182 \times 10^{-2} \, W/(K \cdot m^2)；$$

$$b = 2.02 \times 10^{-9} \, W/(K^4 \cdot m^2)；$$

$$c = 6.612 \times 10^{-3} \, J/(K \cdot m^3)。$$

对于 DSG 集热器，由于集热管要承受高压，因此管壁要更厚一些。DSG 集热器的标准管径 $\dfrac{D_i}{D_o}$ 为 38/48，54/70，97/114mm。根据对 DSG 集热器的运行分析，54/70mm 管的热损参数为

$$a = 1.91 \times 10^{-2} \, W/(K \cdot m^2)；$$

$$b = 2.02 \times 10^{-9} \, W/(K^4 \cdot m^2)；$$

$$c = 6.608 \times 10^{-3} \, J/(K \cdot m^3)。$$

集热器的效率 η 可通过（9-15）和集热器光学效率 η_{opt} 表示为

$$\eta = \eta_{opt} \cdot K_{\tau\alpha} - (a + cV_{风}) \cdot \frac{(T_{ab} - T_a)}{I_{直射}} - \varepsilon_{ab} \cdot b \cdot \frac{(T_{ab}^4 - T_{天空}^4)}{I_{直射}} \qquad (9-16)$$

式中 $I_{直射}$——太阳直射辐射；

$K_{\tau\alpha}$——入射角修正。

Dudley 给出了 LS2 槽式集热器的入射角修正值

$$K_{\tau\alpha}=\cos\theta+0.000994\theta-0.00005369\,\theta^2 \tag{9-17}$$

9.3.2　槽式直接蒸汽发电系统中集热器的热力学分析

目前，世界槽式光热发电系统普遍上应用导热油作为其传热工质，但是导热油却存在着很多不足之处：

（1）导热油在高温下运行时，化学键易断裂分解氧化，从而引起系统内压力上升，甚至出现导热油循环泵的气蚀。特别是对于气相循环系统，压力上升，则难以控制其内部温度，进而因为气夹套上部或盘管低凹处气体的寄存，造成热效率降低等不良影响。

（2）导热油在炉管中流速必须选在 2m/s 以上，流速越小油膜温度越高，易导致导热油结焦。

（3）油温必须降到 80℃以下，循环泵才能停止运行。

（4）一旦导热油发生渗漏，在高温下将增加火灾的风险。

鉴于导热油存在以上问题，太阳能专家开始考虑应用水蒸气直接发电，即 DSG 技术，该技术降低了电站成本，提高了电站发电效率。并且 DSG 系统降低了由于双回路系统采用导热油作为吸热工质时引起的不良影响，但是 DSG 系统中，当沸水流入集热管或者集热管的倾斜率到达边界状态时两相流产生的层流现象发生的概率会增加，因而对 DSG 系统进行热力分析是十分复杂的。为了对集热器有更全面的了解，将该系统的热传导系数进行简要的分析。

在 DSG 槽式集热器中，集热管或水平放置，或有一定倾角。假定沿管线方向入射辐射强度相同，如果集热器进口给水温度低于工作压力的饱和温度，则工质温度沿集热管上升到饱和温度。水达到饱和温度后，在饱和水中开始出现核态沸腾现象，在蒸汽含量有一个微小提升后，流态变为对流沸腾或者强制对流汽化（图 9-15），从管壁到工质的传热能力提高。

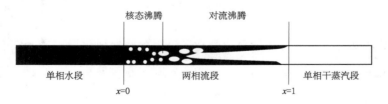

图 9-15　DSG 槽式集热器内的流动模型

对于对流沸腾和饱和液体的核态沸腾，传热系数都是受液膜中气泡形成和对流的影响。由于蒸汽剪应力的增加，两相区的传热系数也有相应提高。对于辐射强度高或长集热管烧干现象发生时，干蒸汽的低导热性导致内部传热系数降低。在大范围质量流量条件下，两相区的最大传热系数发生在 $x=0.8$ 时。

对 DSG 集热器的传热系数进行分析时，根据集热管中各段情况应当将其分为三个部分来：①单相水段；②两相流段；③单相干蒸汽段。

单相水段以及单相干蒸汽段的传热系数为

$$h_{ph} = 0.023 (Re)^{0.8} (Pr)^{0.4} \frac{k}{D_{ab,i}} \tag{9-18}$$

式中　Re——管内流体的雷诺数；

　　　Pr——管内流体普朗特数；

　　　k——导热率，W/(m·K)。

在分析两相流段情况下的传热系数时，需要用傅汝德数来确定管内流体的流态

$$Fr = \frac{G^2}{\rho_1^2 \cdot g \cdot D_{ab,i}} \tag{9-19}$$

式中　Fr——傅汝德数；

　　　G——质量流量，kg/(m²·s)；

　　　ρ_1——饱和水密度，kg/m³；

　　　g——重力加速度，m/s²。

当 $Fr < 0.04$ 时，管内为层流，由 Shah 公式给出

$$\frac{h_{2ph}}{h_1} = 3.9 (Fr)^{0.24} \left(\frac{x}{1-x}\right)^{0.64} \left(\frac{\rho_1}{\rho_g}\right)^{0.4} \tag{9-20}$$

式中　h_{2ph}——两相流的传热系数，W/(m²·K)；

　　　h_1——管内流体流动时的传热系数，W/(m²·K)。

h_1 采用 Dittus-Boelter 公式求出，并假设水充满管道，则

$$h_1 = 0.023 \frac{k_1}{D_{ab,i}} \left[\frac{G(1-x)D_{ab,i}}{\mu_1}\right]^{0.8} (Pr_1)^{0.4} \tag{9-21}$$

式中　μ_1——饱和水的动态黏滞度。

当 $Fr > 0.04$ 时，管内为环流，由 Chan 关系确定

$$h_{2ph} = h'_B + h'_1 \tag{9-22}$$

$$h'_B = h_B S \tag{9-23}$$

$$h'_1 = h_1 F \tag{9-24}$$

式中　h_B——核态沸腾区的传热系数，W/(m²·K)；

　　　h_1——饱和水的传热系数，W/(m²·K)；

　　　S——修正因子；

　　　F——增强因子。

水的 h_B 经验公式为

$$h_B = 3800 \left(\frac{q}{20000}\right)^n F_p \tag{9-25}$$

$$n = 0.9 - 0.3 (P_n)^{0.15} \tag{9-26}$$

$$F_p = 2.55 (p_n)^{0.27} \left(9 + \frac{1}{1-P_n^2}\right) P_n^2 \tag{9-27}$$

$$p_{n} = \frac{P}{P_{cr}} \tag{9-28}$$

式中　q——热通量，W/m^2；

　　　P——工作压力，bar；

　　　P_{cr}——水的临界压力（221bar）。

$$S = \frac{1}{1 + (1.15 \times 10^{-6})(F)^2 (Re)^{1.17}} \tag{9-29}$$

$$F = 1 + (2.4 \times 10^4)(Bo^{1.16}) + 1.37 (X_{tt})^{-0.86} \tag{9-30}$$

其中

$$X_{tt} = \left(\frac{\rho_g}{\rho_l}\right)^{0.5} \left(\frac{\mu_l}{\mu_g}\right)^{0.1} \left(\frac{1-x}{x}\right)^{0.9}$$

$$Re = G(1-x)D_{ab,i}/\mu_l$$

$$Bo = q/Gr$$

式中　X_{tt}——Martinelli 参数；

　　　Bo——沸腾数；

　　　r——沸腾潜热。

两相流的传热系数由蒸汽含量决定。图 9-16 为 54mm 管径的 DSG 集热器在两相段传热系数随蒸汽含量的变化，由气泡形成部分和对流部分组成。

DSG 集热器三个不同区的传热系数随辐射强度的变化如图 9-17 所示。由于干蒸汽具有较低的导热能力和较高的黏性，在干蒸汽段，传热系数降低。

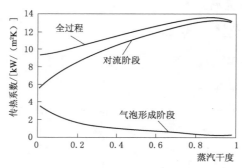

图 9-16　DSG 槽式集热器两相段的
传热系数
入口压强＝120bar，流量＝
0.8kg/s，$D_{ab,i}$＝54mm

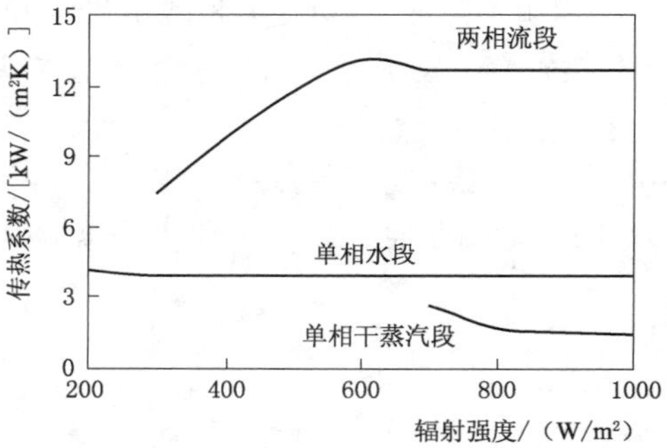

图 9-17　DSG 槽式集热器不同相段的
传热系数
入口压强＝120bar，流量＝
0.8kg/s，$D_{ab,i}$＝54mm

图 9-16 和图 9-17 中的两相流传热系数都是在单一热通量情况下求得的。由于太阳辐射不断变化，因此 DSG 集热器的实际运行中单一热通量的情况是不会发生的。由表 9-2 可知，工质和集热器外壁之间的主要热阻由真空封引起。工质和集热管内壁之间的热阻与真空封的热阻相比是可以忽略不计的。因此，在采用上述模型评估热损时，非单一流态的两相流传热系数的不确定性对其影响很小。为了计算 DSG 集热器的效率，必须从吸收的辐射、热损和获得的有用热能之间的能量平衡计算出每个相区的集热管壁温。利用式（9-

16）可以计算出每个相区的效率，通过确定每个相区的范围可以确定集热器的总效率。

表 9 - 2 　　　　　　　　　　　　油基集热管中的热阻

（$T_{\text{bulk}}=365℃$，$m=0.58\text{kg/s}$，$I=900\text{W/m}$）

热损失方式	热　阻	热损失方式	热　阻
工质在内壁中流动	0.00121	鼓风机（真空）	0.065
集热管壁	0.00011	玻璃与周围环境及天空	0.02
真空	0.175		

利用式（9-18）～式（9-30）计算 DSG 集热管的三个相区的传热系数如图 9-18 所示。水相的传热系数随着工质本体温度的升高而升高。由于干蒸汽具有较低的导热能力和较高的黏性，蒸汽的传热系数随工质本体温度的升高而下降。图 9-18 中的竖线代表沸腾部分的传热系数，由蒸汽质量 x 决定。从图 9-18 可以看出，水的传热系数大于牌号为 VP-1 的导热油的传热系数，因此用水代替油时，集热管壁温是有所下降的，集热管壁温的下降使集热管效率上升。

图 9-19 为工质分别为水和 VP-1 油时 DSG 槽式集热器内的热损。随工质温度的升高，工质导热油的热损比工质水的热损大的越来越多。

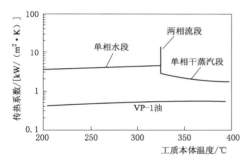

图 9 - 18　水和 VP - 1 油的内部对流换热系数
（在 $D_{\text{ab,i}}=54\text{mm}$ 处，水的入口压强 $=120\text{bar}$，水的
流量 $=0.8\text{kg/s}$；在 $D_{\text{ab,i}}=66\text{mm}$ 处，
油的流量 $=2.4\text{kg/s}$）

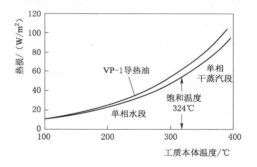

图 9 - 19　工质为水和 VP - 1 油时 DSG
槽式集热器内的热损失

图 9-20 为集热管入口为冷却水时，沿集热管管线的工质温度和管壁温度。实黑线是集热管管壁温度，虚线是管壁与工质温度的差值。由于两相流区的传热系数比较高，因此两相流区工质本体温度和集热管壁温差的比较少。干蒸汽区，传热系数比较低，因此工质温度与管壁温度差的比较多。从图 9-20 可知，两相流区占了整个管线的 42%，是最长的一段。

图 9-21 为 DSG 集热器在固定给水流量（出口焓值变化）控制方式下，不同相区的效率随辐射强度的变化曲线。A 点是沸腾开始，集热管总效率的增速变慢。尽管两相区的传热系数最大，但在辐射强度较小时，由于两相区温度较高，因此其效率是低于水相区的。随着辐射强度的增加，两相区效率不断提高。由于干蒸汽的传热系数随温度的升高而降低，因此干蒸汽区的效率随着太阳辐射强度的增强而降低。B 点是干蒸汽区开始点，B

点之前集热管效率随辐射增强是不断增加的，B 点之后集热管效率下降。

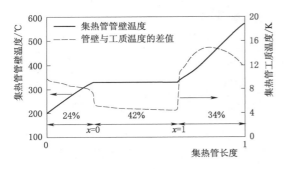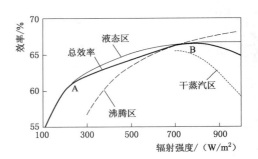

图 9-20 沿 DSG 集热管的温度分布
（$I=1000\text{W/m}^2$，集热管长度$=600\text{m}$，$D_{\text{ab,i}}=54\text{mm}$，
运行压力$=120\text{bar}$，流量$=0.8\text{kg/s}$，$t_{\text{inlet}}=190℃$）

图 9-21 DSG 集热器中不同相段的
效率与辐射水平的关系
（集热管长度$=600\text{m}$，$D_{\text{ab,i}}=54\text{mm}$，流量$=$
0.8kg/s，$t_{\text{inlet}}=190℃$，运行压力$=120\text{bar}$）

图 9-22 为 DSG 集热器效率随辐射强度和入口温度的变化曲线。从图 9-22 可以看出，在一个给定运行压力下，DSG 集热器的效率随入口温度的增加而降低。入口温度较高时，在低辐射强度条件下，由于较高的热损，总效率随辐射强度的变化比较明显。

水饱和温度（压力）对效率的影响如图 9-23 所示。当饱和温度降低时，集热器效率升高，这是由于饱和温度低，集热管壁温度低、热损小。尽管低饱和温度可以使集热管效率升高，但最佳运行压力除要考虑集热管性能外，还必须考虑太阳能热发电站的特性。由于集热器效率对饱和温度的相对低敏感性，为了达到最大的系统效率，集热器需要采用最高的运行温度。

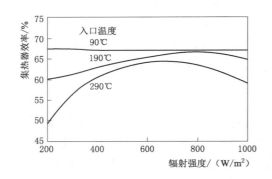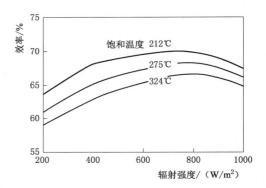

图 9-22 DSG 集热器的效率随辐射
强度和入口温度的变化曲线
（集热管长度$=600\text{m}$，$D_{\text{ab,i}}=54\text{mm}$，
流量$=0.8\text{kg/s}$，$t_{\text{inlet}}=190℃$，运行压力$=120\text{bar}$）

图 9-23 DSG 集热器的效率随辐射
水平和水的饱和温度的变化情况
（集热管长度$=600\text{m}$，$D_{\text{ab,i}}=54\text{mm}$，
流量$=0.8\text{kg/s}$，$t_{\text{inlet}}=190℃$）

图 9-24 为变给水流量（蒸汽出口参数固定）控制模式下，DSG 集热器出口为饱和干蒸汽时的效率随辐射强度的变化曲线。由于随辐射强度的增加，其流量不断增大，

而传热系数随流量增加而增大，因此集热器效率随辐射的增强而增大。由于变给水流量控制模式下，出口蒸汽参数是固定不变的，因此其集热器效率随辐射强度的变化较小。在较低辐射水平时，为了保持干蒸汽的传递，需要很低的给水流量，这种情况下控制是很难的。因此，选择在某些极限辐射条件时，需要选择固定流量的运行控制模式。

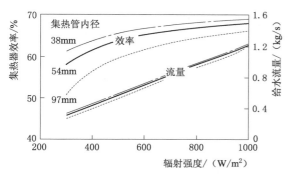

图 9-24　出口为饱和干蒸汽时 DSG 集热器的效率随辐射强度的变化曲线（给水流量可变）

由图 9-24 可以看出，随着集热管管径的增加，效率不断下降。这是由于管径增加使集热管表面积增加热损增加，而且小管径的集热管在水相区还有较高的对流换热系数，当然，这个对总效率的影响很小。小管径集热管的问题在于需要提高聚光的准确性。因此在设计集热管时必须考虑其热性能和光学性能两部分。

9.4　槽式光热电站举例

1. 美国

槽式太阳能热发电系统作为唯一商业化的太阳能热发电系统，从 1980 年美国与以色列联合组建的 LUZ 公司研制开发槽式线聚焦系统开始，至今已经发展了近 30 年。

1985 年，LUZ 公司在美国加利福尼亚州南部的 Mojave 沙漠地区建立了第一座槽式光热电站 SEGS I，实现了槽式光热发电技术的商业化运行。在随后的 6 年里，LUZ 公司又在 SEGS I 电站附近建设了 8 座大型槽式太阳能热发电站（SEGS II～IX），这 9 座电站的装机容量分别在 14～80MW，总装机容量达到 354MW，总的占地面积已超过 7km²，全年并网的发电量在 8×10^8 kW·h 以上，发出的电力可供 50 万人使用，其光电转化效率已达到 15%，至今运行良好（图 9-25）。表 9-3 中是美国 9 座 SEGS 电站的技术参数和运行性能。SEGS 电站槽式集热器采用不锈钢管作为集热管，并涂有黑铬选择性吸收涂层或低热发射率的金属陶瓷涂层。集热管外套有抽真空的玻璃封管，玻璃封管内外均涂有减反射膜。集热管内的传热工质是号牌为 Therminol VP-1 的导热油，导热油在集热管中被太阳辐射加热至设定温度，进入换热器作为热源，加热水至水蒸气推动汽轮机做功。

图 9-25　美国 SEGS 电站

表 9－3 　　　　　　　　　　　　　　**美国 9 座 SEGS 电站技术参数和运行性能**

项目		SEGS I	SEGS II	SEGS III	SEGS IV	SEGS V	SEGS VI	SEGS VII	SEGS VIII	SEGS IX
站址		Daggett	Daggett	Kramer Junction	Kramer Junction	Kramer Junction	Kramer Junction	Kramer Junction	Harper Lake	Harper Lake
投运年份		1985	1986	1987	1987	1988	1989	1989	1990	1991
额定功率/MW		13.8	30	30	30	30	30	30	80	80
集热面积/万 m²		8.296	18.899	23.03	23.03	25.055[②]	18.8	19.428	46.434	48.396
介质入口温度/℃		240	231	248	248	248	293	293	293	293
介质入口温度/℃		307	316	349	349	349	391	391	391	391
蒸汽参数 /(℃/Pa)	太阳能	—	—	327/43	327/43	327/43	371/100	371/100	371/100	371/100
	天然气	417/37×10⁵	510/105×10⁵	510/105×10⁵	510/100×10⁵	510/100×10⁵	510/100×10⁵	510/100×10⁵	371/100×10⁵	371/100×10⁵
透平循环效率/%	太阳能	31.5	29.4	30.6	30.6	30.6	37.5	37.5	37.6	37.6
	天然气	—	37.3	37.4	37.4	37.4	39.5	39.5	37.6	37.6
汽轮机循环方式		无再热	无再热	无再热	无再热	无再热	再热	再热	再热	再热
镜场光学效率/%		71	71	73	73	73	76	76	80	80
年平均转换效率/%		—	—	11.5	11.5	11.5	13.6	13.6	13.6	—
年发电量/10⁶ kW		30.1	80.5	92.78	92.78	91.82	90.85	92.65	252.75	256.13

注：蒸汽参数与透平循环效率的单位见表中标注。（表中"介质入口温度/℃"重复，按原文录入）

　　SEGS I-IX槽式光热发电站已经成为了世界许多国家研究槽式光热发电技术的模型和样例，是槽式光热发电技术具有里程碑意义的代表作，具有最深远的影响力。

2007年6月，Nevada Solar One 光热电站正式并网运行。该电站是 16 年内美国境内建设的第二座太阳能光热电站，也是 1991 年以来世界上最大的一座太阳能热发电站。Nevada Solar One 光热电站坐落在内华达州，由西班牙 Acciona Energia 公司建设，额定容量为 64MW，最大容量为 75MW，年产电量为 1.34 亿 kW·h。该电站总占地面积 1214058m²，拥有 760 台槽式集热器，共计 182 000 面聚光镜和 18 240 根 4m 长的集热管。采用导热油作为工质，集热管出口工质温度为 391℃，经过热交换器加热水产生蒸汽，驱动西门子 SST-700 汽轮机组发电。Nevada Solar One 电站项目总投资达到了 2.66 亿美元。

2013 年 10 月，目前全球最大的槽式 Solana 光热电站正式实现投运。该电站装机容量达到 280MW，是美国首个配置熔盐储热系统的太阳能电站，储热时长 6h。Solana 光热电站位于美国亚利桑那州凤凰城西南 70 英里的 Gila Bend 附近，年发电量高达 9.44 亿 kW·h，可满足 7 万家庭的日常用电需求。电站总投资额高达 20 亿美元。Solana 电站参数见表 9-4。

表 9-4　　　　　　　　　　　　Solana 电站参数

开发商 & 运维商	Abengoa Solar	开发商 & 运维商	Abengoa Solar
EPC	Abeinsa，Abener，Teyma	集热管	Schott PTR70
装机容量/MW	280	导热油	Therminol VP-1
反射镜	Rioglass	储热	6h 熔盐传热
集热阵列/个	3232	冷却	水冷
每个回路的集热阵列数量/个	4	汽轮机	2 个 140MW 的西门子汽轮机
每个集热阵列的槽式集热器数量/个	10	换热器	Alfa Laval
槽式集热器类型	Abengoa Solar Astro	电伴热	AKO
采光面积/m²	220 万		

2. 欧洲

2009 年 3 月，Andasol-1 光热电站并网发电（图 9-27）。该电站是欧洲第一座抛物线槽式太阳能热发电站，位于西班牙安达卢西亚的格拉纳达。Andasol-1 电站装机容量为 50MW，年产电力 180GWh，占地面积 2km²，总集热面积达 510 120m²。Andasol-1 光热电站太阳场进出口工质温度为 293/393℃。

Andasol-1 光热电站带有大型蓄热装置，两个蓄热罐每个高 14m，直径 36m，蓄热介质为熔融盐（NaNO₃ 占 60%，KNO₃ 占 40%），共计 28500t，蓄热总量为 1010MWh，可使汽轮发电机组满载发电 7.5h。集热管采用 ET-150 型集热管，每根 4m，共计 22464 根，由以色列 Solel 公

图 9-26　Andasol-1 光热电站全景照片

司和德国 Schott 公司提供。209664 块反射镜由德国 Flabeg 公司提供。集热管以导热油为传热工质，工质为 Diphenyl/Diphenyl oxide。汽轮机采用西门子 50MW 再热式汽轮机，循环效率 38.1%。电站总投资 26.5 亿欧元，发电成本为 0.158 欧元/(kW·h)。

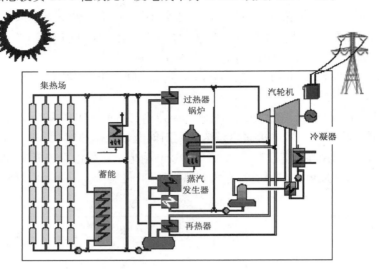

图 9-27　Andasol-1 光热电站流程示意图

Archimede 槽式光热电站位于意大利西西里岛的 Priolo Gargallo，于 2010 年 7 月建成。该电站装机容量为 5MW，集热器出口工质温度达到 550℃，镜场面积 30000m²，使用了世界上较为先进的 ENEA 太阳能聚光器。Archimede 电站是第一座采用熔融盐为传热、储热工质的燃气联合循环电站。

Valle 光热电站是 2012 年在西班牙投入商业化运行的，由相邻的两座槽式电站组成（Valle 1 和 Valle 2，图 9-28），总装机容量 100MW。每座电站的聚光场进口温度为 293℃，出口温度 393℃；采用双罐间接熔融盐储热技术，储热容量 7.5h；年运行小时数达 4000h，年发电量约 160GW·h，年二氧化碳减排量约 4.5 万 t。

图 9-28　Valle 1 和 Valle 2 槽式光热电站

工质为导热油的槽式光热发电技术已经较为完善，但导热油工质由于其自身特性使整个发电系统有无法弥补的缺陷。因此各国专家在建设工质为导热油的槽式太阳能热发电站的同时，也在寻求工质为水的 DSG 槽式光热电站的研究和发展。

1996 年，在欧盟的经济支持下，CIEMAT 公司联合 DLR 公司、ENDESA 公司等 8

家公司在 CIEMAT - PSA 实验中心共同研发了一个槽式太阳能直接蒸汽发电实验项目（DIrect Solar Steam，DISS）。DISS 项目的目的是研发 DSG 槽式光热电站（图 9 - 29），并测试其可行性。DISS 电站总装机容量为 1.2MW。DISS 项目分两个阶段，第一阶段是从 1996 年 1 月至 1998 年 11 月，主要是在 PSA 设计并建设完成一个与实际电站一样大小的实验系统；第二阶段从 1998 年 12 月—2001 年 8 月，这个阶段主要是利用该实验系统在真实太阳辐射条件下研究 DSG 槽式系统的三种基本运行方式（即直通模式、再循环模式和注入模式），找出最适合于商业电站的运行模式，并为未来 DSG 槽式电站的设计积累经验。DISS 电站工质为水，出口工质流量为 0.8kg/s，工质温度约为 400℃，压力为 10MPa。

如图 9 - 30 所示，DISS 槽式光热电站由两个子系统组成，分别是拥有抛物线槽式聚光器（PTCS）的太阳场和辅助设备（Balance of Plant，BOP）。太阳场把直射太阳辐射能转换为过热蒸汽的热能，BOP 负责凝结过热蒸汽并送回到集热场入口。太阳场是一个单独的从南自北放置的槽式集热器组，该集热器组串联了 11 个改进的 LS - 3 抛物线槽式集热器，长度为 500m，开口宽度5.76m，反射镜面积 3000m²，集热管的内外径为 50/70mm。其中 9 个槽式集热

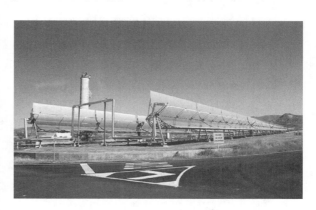

图 9 - 29　DISS 槽式光热电站

器长 50m，由 4 个抛物线槽式反射模块组成；另外 2 个槽式集热器长 25m，由 2 个抛物线槽式反射模块组成。整个太阳场由三部分组成，即预热区、蒸发区和过热区，蒸发区末端设有再循环泵和汽水分离器，这是进行再循环式 DSG 槽式系统实验时用的。给水在集热场中经过预热、蒸发和过热三个阶段被加热成高温高压蒸汽，送入汽轮发电机组发电，从汽轮发电机组排出的乏汽经过冷凝、除氧等过程再次作为给水参与循环。

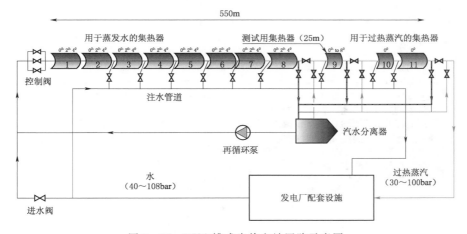

图 9 - 30　DISS 槽式光热电站回路示意图

系统有三个运行模式，其集热场入口和出口参数见表 9-5。

表 9-5   **DISS 项目运行参数**

模 式	集 热 场 入 口	集 热 场 出 口
1	Water at 40bar/210℃	Steam at 30bar/300℃
2	Water at 68bar/270℃	Steam at 60bar/350℃
3	Water at 108bar/300℃	Steam at 100bar/375℃

DISS 槽式光热电站的运行结果表明，DSG 槽式技术是完全可行的，并且证明在回热式朗肯循环下，汽轮机入口温度为 450℃ 时，DISS 电站太阳能转化电能的转化率为 22.6%。工质为导热油的槽式系统，汽轮机入口温度为 375℃（这一温度由导热油的稳定极限限制）时，太阳能转化电能的转化率仅为 21.3%。

2006 年，Zarza 等提出了世界上第一座准商业化 DSG 槽式光热电站 INDITEP 电站的设计方案，如图 9-31 所示。设计方案指出 INDITEP 电站是一座再循环模式的 DSG 槽式电站，由欧盟提供经济支持，德国与西班牙合作建设。INDITEP 电站是 DISS 项目的延续，依据 DISS 项目开发的设计和仿真工具均被应用到 INDITEP 电站中。建设 INDITEP 电站的目的是通过实际电站运行验证 DSG 槽式光热发电技术的可行性，并逐步提高该技术在运行中的灵活性和可靠性，因此采用鲁棒性较高的 KKK 过热汽轮发电机组。该电站装机容量为 5MW，采用过热蒸汽朗肯循环，选用 ET-100 型槽式集热器南北向排列，共 70 台槽式集热器，每排由 10 台槽式集热器组成，其中 3 台用于预热工质，5 台用于蒸发，2 台用于产生过热蒸汽，蒸发区与过热区之间由汽水分离器连接。太阳场入口水工质的温度压力是 115℃/8MPa，给水流量为 1.42kg/s、出口产生流量 1.17kg/s，410℃/7MPa 的过热蒸汽。太阳场设计点为太阳时 6 月 21 日 12 时。

3. 泰国

2012 年 1 月，TSE-1 电站并网发电，这是世界上首座商业化 DSG 槽式太阳能热发电站。TSE-1 电站位于泰国 Kanchanaburi 省，装机容量为 5MW，运行温度和压力为 330℃/3MPa，集热场占地面积 110 000m²，聚光镜面积 45 000m²，年产电量 9GW·h，由 Solarlite 公司提供技术支持。

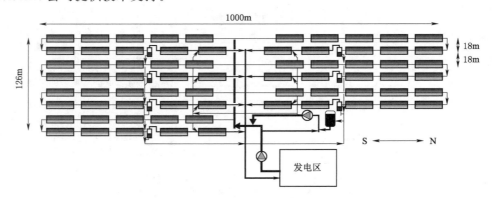

图 9-31 INDITEP 电站集热场示意图

4. 中国

表 9-6 对世界主要槽式光热发电（示范）电站进行了总结，与国外相比较，我国槽式光热发电技术起步较晚。导热油工质槽式系统方面，中科院工程热物理所搭建了导热油工质真空集热管测试平台，验证了太阳辐照强度、流体温度与流量对集热性能的影响。2013 年 8 月，龙腾太阳能槽式光热试验项目在内蒙古乌拉特中旗巴音哈太正式投入使用，试验期限为两年。该项目将为未来华电集团在乌拉特中旗开发 50MW 光热发电项目提供设备及安装服务奠定坚实的基础。

表 9-6 世界主要槽式光热发电（示范）电站

电 站 名 称	国别	额定功率/MW	蓄热时长/h	传 热 工 质	蓄热介质	投运年份
Andasol-1	西班牙	50.0	7.5	Dowtherm A	熔融盐	2008
Andasol-2	西班牙	50.0	7.5	Dowtherm A	熔融盐	2009
Holaniku at Keahole Point	美国	2.0	2	Xceltherm-600	其他	2009
Ibersol Ciudad Real (Puertollano)	西班牙	50.0	—	Diphenyl/Biphenyl oxide-Dowtherm A	无	2009
Archimede	意大利	5.0	8	熔融盐	熔融盐	2010
Colorado Integrated Solar Project	美国	2.0	—	Xceltherm® 600	无	2010
Extresol-1	西班牙	50.0	7.5	Diphenyl/Biphenyl oxide	熔融盐	2010
Extresol-2	西班牙	49.9	7.5	Diphenyl/Biphenyl oxide	熔融盐	2010
ISCC Ain Beni Mathar	摩洛哥	20.0	—	Therminol VP-1	无	2010
Andasol-3	西班牙	50.0	7.5	油	熔融盐	2011
Arcosol 50	西班牙	49.9	7.5	Diphenyl/Diphenyl Oxide	熔融盐	2011
Helioenergy 1	西班牙	50.0	—	导热油	无	2011
ISCC Hassi R'mel	阿尔及利亚	25.0	—	导热油	无	2011
ISCC Kuraymat	埃及	20.0	—	Therminol VP-1	无	2011
Aste 1A	西班牙	50.0	8.0	Dowtherm A	熔融盐	2012
Aste 1B	西班牙	50.0	8.0	Dowtherm A	熔融盐	2012
Astexol Ⅱ	西班牙	50.0	8.0	导热油	熔融盐	2012
Borges Termosolar	西班牙	22.5	—	导热油	无	2012
Extresol-3	西班牙	50.0	7.5	Diphenyl/Biphenyl oxide	熔融盐	2012
Guzmán	西班牙	50.0	—	Dowtherm A	无	2012
Helioenergy 2	西班牙	50.0	—	导热油	无	2012
Helios Ⅰ/Ⅱ	西班牙	50.0	—	导热油	无	2012
Abhijeet Solar Project[①]	印度	50.0		导热油		2013
Arenales	西班牙	50.0	7.0	Diphyl	熔融盐	2013
Casablanca	西班牙	50.0	7.5	Diphenyl/Biphenyl oxide	熔融盐	2013

电 站 名 称	国别	额定功率/MW	蓄热时长/h	传 热 工 质	蓄热介质	投运年份
Diwakar①	印度	100	4	Synthetic Oil	熔融盐	2013
Enerstar	西班牙	50.0	—	导热油	无	2013
Godawari Solar Project	印度	50.0	—	Dowtherm A	无	2013
Agua Prieta Ⅱ①	墨西哥	14.0		油	无	2014
Airlight Energy Ait – Baha Pilot Plant	摩洛哥	3.0	12	空气	鹅卵石/岩石填充床	2014
City of Medicine Hat ISCC Project	加拿大	1.1	—		无	2014
Genesis Solar Energy Project	美国	250.0	—	Therminol VP – 1	无	2014
Gujarat Solar One①	印度	25.0	9	Diphyl	熔融盐	2014
Bokpoort	南非	50.0	9.3	Dowtherm A	熔融盐	2015
NOORo Ⅰ	摩洛哥	160	3	导热油	熔融盐	2015
Ashalim①	以色列	110.0	4.5		熔融盐	2017
中广核德令哈 50MW 槽式光热发电项目	中国	50	9	导热油	熔融盐	2018
玉门龙腾 50MW 槽式光热发电项目	中国	50	9	硅油	熔融盐	2018
中海阳能源玉门东镇 50MW 导热油槽式光热发电项目	中国	50	9	导热油	熔融盐	2018
金钒阿克塞 50MW 熔盐 槽式太阳能热发电项目	中国	50	15	熔融盐	熔融盐	2018
NOORo Ⅱ	摩洛哥	200	7.3	导热油	熔融盐	2018
乌拉特中旗 100MW 槽式光热发电项目①	中国	100	10	导热油	熔融盐	2019

①表示在建中（2019）。

9.5　小结

本章主要介绍了槽式电站的聚光集热部分，包括槽式集热管聚光器和跟踪机构等，并对槽式聚光集热器的光学特性和热力学特性作了详细说明，这是槽式太阳能热发电技术最关键的部分。

第 10 章　储能

光热发电系统中应用的储能技术，主要用于将太阳能充足时系统产生的多余能量转移到太阳能缺乏时进行利用。在太阳能系统设计中储能主要是将白天生产的部分热能存储起来便于夜间或多云天气等情况下使用。热能在一天中的存储过程如图 10-1 所示。

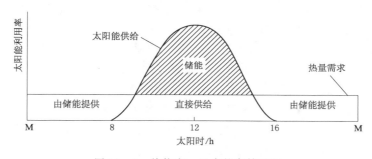

图 10-1　热能在一天中的存储过程

光热发电系统有关存储的概念范围很广。然而，在实际设计中设计者为使设计更有把握，出于各种考虑（例如操作中的花费）他们倾向于限制储能子系统的数量。对光热发电系统来说在过去的几年中常使用三种方法来存储热能，分别是显热储能（发生在温度改变时）、潜热储能（发生在相变时）和热化学储能（发生在可逆化学反应时）。

10.1　显热储能

从储能概念这一角度来看，显热储能是热能存储中最简单的一种形式，如图 10-2 所示。水箱中的冷工质被太阳能集热器中的热工质加热，这和普通居民用的太阳能热水器的工作原理极为相似。在很多工业太阳能系统中，集热器中的传热工质和储罐中的储热工质是相同的。因此在本章有关显热储能技术的讨论中，没有出现换热器。

图 10-2 中显示的单罐系统结构存在的问题是储热工质能够达到的平均温度介于储能工质的初始温度和集热器传热工质的温度之间。储热工质的温度通常很重要，如果集热器

收集到的热量不是很充足（尤其在多云天气的时候），不足以使整个储罐的温度达到接近集热器工质温度的程度，将导致储能子系统中出现严重的能量损失（即热力学第二定律的有效性）。温度通常是在设计高温太阳热能存储系统时的一个重要考虑因素，否则也没有必要让太阳能集热器在高温条件下运行。为了避免这个问题，图 10-3 中的系统中使用了两个储罐。许多显热储能系统是在图 10-3 两储罐结构的基础上设计的。

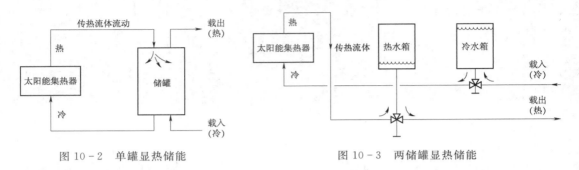

图 10-2 单罐显热储能　　　　　　　　　图 10-3 两储罐显热储能

10.1.1 多罐储能

"多罐储能"结构如图 10-3 所示。从惯性思维角度思考，人们常认为两个以上的储罐是指，随储罐数目的增加，储罐总容积也会增加。这里用两储罐系统与三储罐系统进行对比。在两储罐系统中（图 10-3），每个储罐都必须能装载下所有储热工质。因此储罐容量必须是工质容积的两倍。在同等容量三储罐系统的情况下，为了能将冷流体与热流体分离，任意时刻三储罐中的任意两个都必须能装载下所有储热工质。

图 10-4 中描绘的是有关三储罐系统的基本操作。若在系统运行一天时间里的最初时段，储罐 1、储罐 2 中盛满冷工质，储罐 3 是空的，那么从集热场收集能量的存储过程将经历如图 10-4（a）所示的变化。冷工质从第一个储罐中排出来，在集热场中加热，被送回至储罐 3 中。在系统运行一天时间的中间时段里［图 10-4（b）］，储罐 3 充满热工质，储罐 1 空置，而后储罐 2 中的冷工质进入集热场进行加热，被存储在储罐 1 中。在系统运行一天时间里的最后时段，完全存储好能量的多储罐系统状态如图 10-4（c）所示。

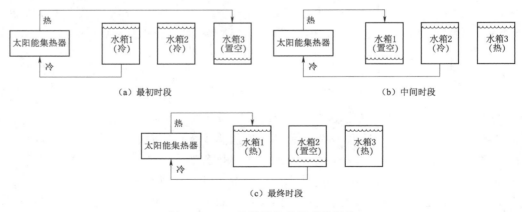

图 10-4 三储罐显热储能系统操作

相比于两储罐系统，三储罐系统的好处是储罐容积较小，而两储罐系统仅要求储罐的容量是工质容积的1.5倍。因此为了减少成本，多储罐系统的发展潜力要大于两储罐系统。实际上，当仅把储罐容积当作唯一考虑的参数时，为了将储罐容积最小化，从逻辑上讲，就会在设计的时候增加储罐的数目。而在实际应用中，许多因素都限制着储罐的数目。这些因素包括：

（1）控制的复杂度。水位控制和储罐自动切换控制的复杂度会随储罐数目的增多而增大。这种控制策略在某些多云天气格外复杂。

（2）连接管道。多储罐之间的管道网络以及自动阀门等安装和维护费用高。

（3）热量损失。相比于小储罐，大容量储罐的热损较低。此外，管道尤其是在控制阀处，热损增大。

图10-5为美国桑迪亚国家实验室（SNLA）的三储罐显热储热系统。这个系统中的储热工质是商用的载热流体，牌号为 Therminol66®。为了保护环境防止储热工质溢出，建设了水泥

图10-5　美国桑迪亚国家实验室（SNLA）的三储罐显热储热系统

护体。这个护体可以存放储罐中所有的储热工质。从图10-5可以看出三储罐系统的管道铺设已经相当复杂。

10.1.2　温跃层储能

储罐容积的极限值等于存储工质的体积。在同一储罐内储存热工质和冷工质，即为所谓的温跃层储能系统。图10-6概念性地描述了温跃层显热储能系统的工作过程。

在运行初始阶段，储罐中存满冷流体。集热器中工质获得热能，温度逐渐增高的同时，冷工质从储罐底部抽出然后被加热，接着加热后的工质被放到储罐顶部。如果此过程比较理想，密度较小的热工质就会浮在密度较大的冷工质之上，形成温跃层。大到海洋小到居民使用的热水器，都有这种现象的发生。

由于温跃层显热，储能系统的储罐体积小、成本低，近年来这种结构备受关注。桑迪亚国家实验室使用一个以牌号为 Therminol66® 的导热油为工质的 $4.54m^3$ 储热罐进行实验。通过不同实验证实稳定的温跃层可以应用于储热系统。如果储罐的入口和出口排放设计的比较合理，就可以使热量混合降到最低，使冷热流体交换的空间较小。桑迪亚国家实验室对上述试验装置进行试验后发现，若使冷热流体层在短时间内混合，就会形成温度变化较大的温跃层。图10-7显示的是实验中测得的储罐的轴向温度梯度。由图10-7可以看出，在储罐内最初的转变阶段中，从热流体转换为冷流体的厚度很小（大概是储罐高度的10%），表明冷热流体的混合程度很低。经过一天的冷却（即：在此时间段内没有向水箱注入或抽出流体），转变区的厚度在增大，但也仅为储罐总容量中相当小的一部分。需要说明的是，在任何热罐中热流体的温度都会降低。冷热流体间只有局部混合，表明温跃层储能系统很有可能成为一种成本较低的储热方式之一。

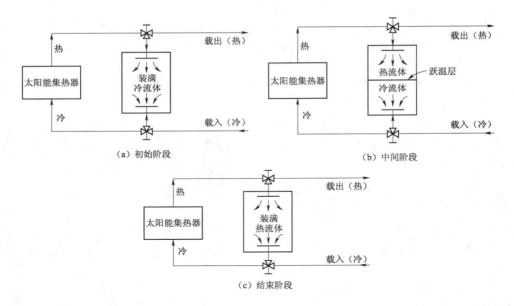

图 10-6　温跃层显热储能系统工作过程

在温跃层储能系统中，最关键的设计参数之一是为进出流体的扩散提供适当的条件，以尽量减少进入流体涡流或喷射的形成。图 10-8 显示的是桑迪亚国家实验室温跃层储罐中使用的扩散装置。

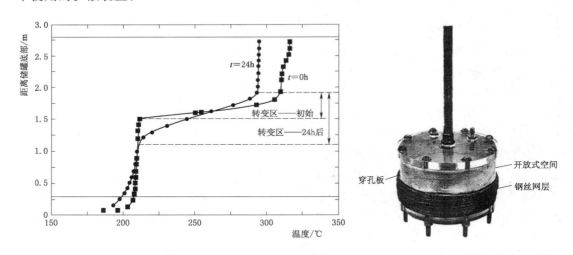

图 10-7　温跃层的稳定度实验测试结果　　　　图 10-8　温跃层储罐的扩散装置

10.1.3　混合介质的温跃层储能

一旦通过使用如温跃层储能系统等，使储罐容量降到最低，减少储能系统成本的方式就是减小储热工质的费用。通常为降低高压管道系统的成本，在高温太阳能系统中使用有机导热油。但导热油的价格通常都比较昂贵，所以混合介质的温跃层储能系统采用价格不太昂贵的材料如岩石等来代替价格昂贵的有机导热油，从而降低系统成本。图10-9显示的是混合介质温跃层储热系统的一个例子。

随美国巴斯托地区10MW塔式光热电站储热系统的发展，Rocketdyne提出了双工质温跃层的概念。这里，固体介质主要是沙子和直径为2.54cm的砾石的混合物。在储罐中使用两种尺寸的固体介质，将储罐内的空隙率降低到0.25～0.3，这样可以减少75%的油的使用。采用顶部和底部歧管将导热油分布在储罐的横截面上。

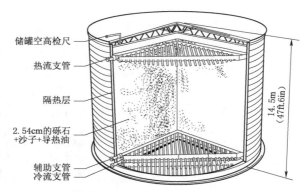

图10-9　塔式光热电站的混合储热单元
（美国加利福尼亚州巴斯托地区）

在设计混合工质储能系统时的一个重要问题是在有岩石的地方如何保证热工质的稳定性，尤其关注的是流体发生催化降解的可能性。在巴斯托（美国）安装的混合工质温跃层储能系统的这个例子中，对有热岩石情况下的流体稳定性进行了大量的实验。工质选择的是商业化的工质 Caloria HT-43® 。研究发现，此种类型的工质在与温度达300℃的岩石长时间接触时仍然可以保持稳定性。

设计混合工质储能系统时需要考虑的第二个问题是储罐的强度。当储罐的温度升高，储罐容积增大，固体工质沉降。当储罐温度降低，由于受到固体工质的压力在底部形成应力。因此在设计储罐时要考虑底部应力的作用，以避免储罐断裂的可能性。

10.1.4　高温显热储能

高温热能的存储能力受限于储热工质的载热能力。许多储热工质在400℃以上都有分解的趋势。由于储能系统通常在电力生产和其他高温领域应用，因此通常考虑的介质有：熔融盐、液态金属和空气（常把空气和岩石结合起来作为储热工质）。尽管高温储能技术已经得到利用并通过了测试，但实际很少有工程采用这种技术。因此，有关高温储能系统性能的信息很少。

影响使用熔盐和金属储存概念的一个基本问题是低温下的凝固。因此，除非提供辅助加热，否则太阳能系统的关停必须考虑储热工质的凝固等问题。如果要求热量传递的路径比较集中，将会增加系统的复杂度和系统建设所需的成本。Tracey1982年在桑迪亚国家实验室对熔融盐显热储能系统进行了试验，但该学者认为熔融盐显热储能系统不具有商业化前景。

高温空气系统通常采用某种惰性固体材料，如岩石来储存热能。这些存储系统在概念上类似于太阳能住宅中常用的气岩热能存储系统。图10-10说明了使用氦气代替空气的高温显热储存系统的设计概念。热气体流过 MgO 砖块使热量得以保存下来。由于空气的热传导率很低，常以氦气代替空气。图10-10所示的储热系统将与布莱顿循环发动机配合使用。

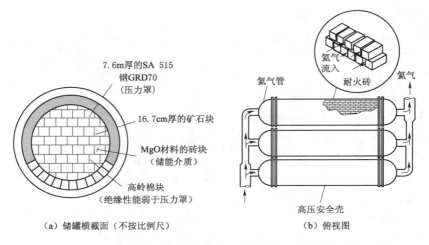

图 10-10　使用氦气作为储热工质的高温显热储能系统

图中标注：
7.6m厚的SA 515钢GRD70（压力罩）
16.7cm厚的矿石块
MgO材料的砖块（储能介质）
高岭棉块（绝缘性能弱于压力罩）
（a）储罐横截面（不按比例尺）

氦气流入
氦气管
耐火砖
氦气
高压安全壳
（b）俯视图

10.1.5　有压流体（蒸汽或水）

普通储热系统的成本受储能工质价格的影响很大。有机储能工质的价格是非常高的。为减少储能工质的成本，在此之前提出了混合储能工质的概念。利用水或蒸汽作为储能工质也是降低储能工质成本的一种方法。另外，在光热发电系统中使用水或蒸汽作为传热储热工质，可以直接驱动汽轮发电机组，减少了导热油换热的成本。尽管它的优点很显著，但加压储罐的成本较高，例如 300℃ 的饱和水的压力为 8.8MPa。

近年发展中使用的都是预应力铸铁容器，为存储加压水或激流使用大容量、低成本、耐高压的容器做了铺垫。它可以做成大容量的且耐温至 400℃（752℉）的容器。然而至今它们没有在太阳热能系统中使用。原因之一是太阳能收集器的运行环境温度大约高达400℃（752℉），通常为避免在较大面积范围、较分散的集热器场地使用费用较大的耐高压管道，从而使用油载热流体。

在使用预应力铸铁容器方面的最新进展（Turner，1980）显示了提供大型、低成本、高压容器来储存加压水和蒸汽的一些前景。它可以做成大容量的且耐温至 400℃ 的容器。然而至今还没有在太阳热发电系统中使用。原因之一是为了避免高压管道的费用，运行在400℃ 左右温度下的太阳能热发电站通常使用导热油作为传热工质。

10.2　潜热储能

显热储能系统的局限在于许多材料的比热容较小，即使是比热容较高的水，也只有 $4.186kJ/(kg \cdot K)$，也不能算作是一种高热能密度的显热储能物质。此外，在显热储能系统中经常使用的储热材料如导热油，通常它的比热容只有水的 $0.5 \sim 0.7$ 倍。通过比较发现，潜热储热过程有更高的储热能力。增加储热的能量密度，减少储罐的尺寸和成本，是工程上使用潜热过程作为蓄热机理的动机。本章中的潜热储能是指能量在凝结过程中存储或释放出来。虽然蒸发（沸腾）和升华过程也是一种潜热过程，但本书讨论的不包括这些过程。1982 年 Radosovich 和 Wyman 提出一种考虑 NaOH 融化的案例。NaOH 融化时放出的潜热大约为 156 kJ/kg。也就意味着当 1kg 的 NaOH 融化时就要吸收 156kJ 的热能。而比热容是 2.1kJ/(kg·K) 的导热油存储相同的能量，要使之温度升高 74℃。对于高温光热发电系统，系统设计可以适应集热器传热工质的这种大温升，不会显著降低系统的整体性能。但是，对于低温系统，如太阳能被动式房屋等，就不能适应这么大的温度变化了。因此，在这些要求温度相对稳定、储能设备紧凑的系统中，潜热储能受到了较高重视。

图 10-11 显示了典型高温潜热储能系统的结构。

由于储能材料经历了从液态到固态（或从固态到液态）的转变，因此储热工质不能被泵入集热场。因此这种储能系统需要安装一个热交换器。另外，由于储热工质经历相变，设计热交换器时必须考虑固体材料热扩散率低等因素。与使用显热储能的系统相比，潜热储能系统中对热交换器的这一要求通常会导致系统成本的增加。

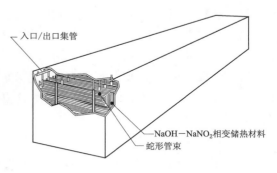

入口/出口集管

NaOH-NaNO₂相变储热材料
蛇形管束

图 10-11 潜热储能系统

1980 年，Grodzka 总结了一些影响潜热储能系统设计的因素，主要包括：

（1）性能好的相变储热材料的价格较高。

（2）相变储热材料通常不是单一物质，因此在反复相变过程中容易分离出其组成成分。

（3）一些相变储热材料如 NaOH 等，会和太阳能集热器中常用的导热油工质发生剧烈反应。

（4）相变储热材料在凝固过程中会发生过冷。

由于这些问题以及显热储能系统的有效性，在高温太阳热发电系统中潜热储能还没有被广泛地使用。在此领域中的工程研究正在进行。

10.3 热化学储能

热化学储能系统是以可逆方式破坏化学键从而储存热能的系统。热化学反应的产物在环境温度下通常是不活跃的。在高温下，储能反应发生逆转，随着热量的释放，形成最初的化学系统。

举一个可逆储能系统的例子：水的热解。当温度超过 2000℃时，水开始分解为氢气和氧气，即

$$2H_2O + 热能 = 2H_2 + O_2 \qquad (10-1)$$

它的可逆反应为

$$2H_2 + O_2 = 2H_2O + 热能 \qquad (10-2)$$

此反应需要催化剂和较高的温度。因此在室温下氢气与氧气混合是不会发生上述反应的。但是，如果氢气和氧气的混合物被加热（例如，如果在罐子里放了一根火柴），反应

就会爆炸性地进行。

这个简单的例子说明了人们对热化学储能系统感兴趣的原因如下：

（1）通常化学反应比较剧烈，因此用少量材料就可以储存大量能量。

（2）相反地，在室温情况下很少有释放能量的化学反应进行。因此在常温环境下，能量可以在没有能量损失的情形下被无限的存储下来。

（3）由于热化学储能系统在低温条件下具有高能量密度和较好的稳定性，因此存储的热能可以被传输。例如氢气可以通过管道运输，然后与氧气反应（燃烧）来提供热能。

尽管从理论上来说热化学储能的应用前景很好，但在光热发电系统中的实际应用还有很长的一段路要走。目前，在光热发电系统中还没有实际应用热化学储能。尽管有很多化学反应可以存储能量，由于人们对它们的认识还不够深刻，因此不能准确的预测出该反应长期的可逆性，或是生成物覆盖到反应物表面时对反应物造成的影响。同时，当化学反应中有液体和气体时，反应时既有热量的吸收也有热量的释放，人们对这种化学反应也还需进一步的深入研究。

10.4 显热储能的成本

显热储能是当下最常用的一种储能方法。在开始讨论集热场的大小时，首先要考虑显热储能的成本。

1977 年，Anonymous 提出商业化太阳能应用的显热储能成本的计算公式是

储能系统的成本＝储罐成本＋导热油成本

$$= 3.25 \times 体积(\text{m}^3)^{0.515} + 油价(美元/\text{m}^3) \times 体积(\text{m}^3) \quad (10-3)$$

式（10-3）在储能系统的体积范围为 $4.2\text{m}^3(150\text{ft}^3) \sim 42000\text{m}^3(150000\text{ft}^3)$ 时适用。式（10-3）中为了使用最新的油价，所以储罐成本应根据是否有通货膨胀等实际情况而做出改变。

式（10-3）也可以用于估算出混合工质储能的成本。将储罐容积与含油率相乘即可得到混合工质储罐中导热油的体积。通常岩石（常作为混合工质储能系统中的固体工质）的费用低于油的费用，因此初步设计时这种估算是合理的。但是在混合工质储能系统的设计方面经验的确较少，正确安装岩石的成本和加固储罐的成本可能很高。

值得注意的是油价大约是 790 美元/m^3，当储罐容量接近 14m^3 时，油的成本开始超过储罐的成本。超过这个容量后，导热油的成本将快速增加。因此，为了快速估算，可以假设储存导热油的成本仅反映在油的成本上。因此，式（10-3）可以简化为

储能成本＝油价 \qquad (10-4)

式（10-4）在实际应用中的作用很大，为了计算储能成本，必须进行下列计算

$$储能成本 = 储能容量 \times \frac{单位体积的油价}{油密度 \times 油的比热容 \times 储能温差} \quad (10-5)$$

可以利用一些通用的物理值计算储能成本。当温度的范围在 $150 \sim 370℃$ 时，许多用于储能的高温导热油的比热容在 $2.1 \sim 2.5\text{kJ}/(\text{kg} \cdot ℃)$ 范围内，密度的范围是 $780 \sim 900\text{kg}/\text{m}^3$。常以 $2.3\text{kJ}/(\text{kg} \cdot ℃)$ 与 $840\text{kg}/\text{m}^2$ 作为导热油的比热容和密度。

因此式（10-5）又可以写为

$$\frac{储能成本}{存储的能量}=1.86C_{oil}\frac{V_{oil}}{\Delta T\eta_{stor}}\ \left[美元/\ (kW\cdot h)\right] \tag{10-6}$$

式中　C_{oil}——油价，美元/m^3；

　　　V_{oil}——含油率（$V_{oil}=1$代表非混合工质系统）；

　　　ΔT——储能温差，℃；

　　　η_{stor}——储热系统的效率（Q_{out}/Q_{in}）。

由式（10-6）可以估算太阳能热发电系统的储能成本。当储能温差不同时，会一定程度上导致储能成本的差异。

10.5　小结

本章主要介绍了光热电站中显热储热、潜热储热、热化学储热的相关理论知识和显热储热成本的计算方法。因为储能在保证电网稳定性和增加太阳能发电小时数，提高太阳能利用率等方面有着不可替代的地位，故其在新能源发电系统的重要性日益提升。

第 11 章 系统设计实例

11.1 努奥 510MW 光热发电项目

11.1.1 项目概述

NOOR Ouarzazate（简称 NOORo，中文名：努奥）电站共有四期。前三期是光热发电项目，装机容量合计为 510MW，第四期为光伏项目，为世界最大的太阳能综合体之一。项目位于北非摩洛哥瓦尔扎扎特地区，为摩洛哥可再生能源计划的一部分，该计划旨在 2020 年使摩洛哥可再生能源装机容量占比达 42%，2030 年达 52%。其中，首期项目为 160MW 槽式，带 3h 储热，预计年发电量约 5 亿 kW·h，年减排 CO_2 14 万 t。摩洛哥努奥光热电站鸟瞰图如图 11-1 所示。摩洛哥努奥 510MW 光热发电项目见表 11-1。

图 11-1　摩洛哥努奥光热电站鸟瞰图

表 11-1　　　　　　　　摩洛哥努奥 510MW 光热发电项目

项目名称	光热发电项目	装机容量/MW	储热时长/h	完成时间
摩洛哥努奥一期	槽式	160	3	2016 年
摩洛哥努奥二期	槽式	200	7.3	2018 年
摩洛哥努奥三期	熔盐塔式	150	7.5	2018 年

11.1.2 项目关键数据

（1）摩洛哥努奥一期见表 11-2。

表 11-2　　　　摩洛哥努奥一期

项目所在地	摩洛哥，瓦尔扎扎特　北纬 30°59′40.00″　西经 6°51′48.00″	项目所在地	摩洛哥，瓦尔扎扎特　北纬 30°59′40.00″　西经 6°51′48.00″
年均 DNI 资源	2635kW·h/m²	PPA 签约电价	～18.9 美分/（kW·h）
装机容量	160MW	集热器技术	SENERTrough
技术路线	导热油槽式	镜场采光面积	1308000m²
储热时长	3h	回路数量	400
开工日期	41404	熔盐罐尺寸	高 14m；直径 46.5m
开发商	ACWA Power Ouarzazate	储热容量	1269MW$_{th}$
EPC	SENER，Acciona，TSK	镜场入口温度	293℃
当前状态	已投运	镜场出口温度	393℃
投产时间	2016/2	耗水量	～1700000m³/年
年发电量	约 5 亿 kW·h	冷却方式	湿冷
PPA 年限	25 年	占地面积	458hm²

（2）摩洛哥努奥二期见表 11-3。

表 11-3　　　　摩洛哥努奥二期

项目所在地	摩洛哥，瓦尔扎扎特北纬 30°59′40.00″ 西经 6°51′48.00″	项目所在地	摩洛哥，瓦尔扎扎特北纬 30°59′40.00″ 西经 6°51′48.00″
年均 DNI 资源	2635kW·h/m²	集热器数量	20400 个
装机容量	200MW	反射镜数量	单集热器配 32 面反射镜，共 652800 面反射镜
技术路线	导热油槽式	回路数	425
储热时长	7.3h	镜场采光面积	1779900m²
业主/投资方	摩洛哥可再生能源署，沙特国际水务和电力公司	镜场桩基数量	23250 根
开发商	ACWA Power Ouarzazate	镜场入口温度	295℃
EPC	SENER，山东电力建设第三工程公司	镜场出口温度	393℃
当前状态	已投运	储热容量	3125MW$_{th}$
投产时间	2018 年	熔盐罐尺寸	直径 44.1m 高 16.6m 有效容积 23089m³
年发电量	约 699GW·h	熔盐罐数量	2×2
PPA 年限	25 年	耗水量	280000m³/年
PPA 签约电价	～14 美分/（kW·h）	冷却方式	空冷
集热器技术	SENERTrough-2	占地面积	～600hm²

（3）摩洛哥努奥三期见表 11-4。

表 11-4　　　　　　　　　　　　　　摩 洛 哥 努 奥 三 期

项目所在地	摩洛哥，瓦尔扎扎特　北纬 30°3′36″ 西经 6°52′12″	项目所在地	摩洛哥，瓦尔扎扎特　北纬 30°3′36″ 西经 6°52′12″
年均 DNI 资源	2635kW·h/m²	PPA 签约电价	～15 美分/(kW·h)
装机容量	150MW	定日镜数量	7400 面
技术路线	熔盐塔式	定日镜面积	178m²
储热时长	7.5h	采光面积	1321197m²
业主/投资方	摩洛哥可再生能源署， 沙特国际水务和电力公司	吸热器进口温度	290℃
开发商	ACWA Power Ouarzazate	吸热器出口温度	565℃
EPC	SENER，山东电力建设第三工程公司	储热容量	2770MWₜₕ
吸热塔设计	中电工程西北电力设计院有限公司	储热罐尺寸	高 14m，直径 41.3m
当前状态	已投运	塔高	248m
投产时间	2018 年	冷却方式	空冷
年发电量	预计 515GW·h	占地面积	600/750hm²
PPA 年限	25 年		

11.1.3　电站实景

（1）摩洛哥努奥一期光热电站实景如图 11-2～图 11-5 所示。

图 11-2　摩洛哥努奥一期
光热电站图 1

图 11-3　摩洛哥努奥一期
光热电站图 2

图 11-4　摩洛哥努奥一期
光热电站图 3

图 11-5　摩洛哥努奥一期
光热电站图 4

（2）摩洛哥努奥二期光热电站实景如图 11-6～图 11-9 所示。

图 11-6　摩洛哥努奥二期
光热电站图 1

图 11-7　摩洛哥努奥二期
光热电站图 2

图 11-8　摩洛哥努奥二期
光热电站图 3

图 11-9　摩洛哥努奥二期
光热电站图 4

图 11-10　摩洛哥努奥二期
光热电站图 5

（3）摩洛哥努奥三期光热电站实景如图 11-11～图 11-18 所示。

图 11-11　摩洛哥努奥三期
光热电站图 1

图 11-12　摩洛哥努奥三期
光热电站图 2

图 11-13　摩洛哥努奥三期
光热电站图 3

图 11-14　摩洛哥努奥三期
光热电站图 4

图 11-15　摩洛哥努奥三期
光热电站图 5

图 11-16　摩洛哥努奥三期
光热电站图 6

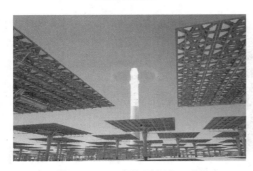

图 11-17　摩洛哥努奥三期
光热电站图 7

图 11-18　摩洛哥努奥三期
光热电站图 8

11.2　青海共和 50MW 熔盐塔式光热发电项目

11.2.1　项目概述

青海共和 50MW 熔盐塔式光热发电项目是国家首批光热示范项目之一，位于青海省海南藏族自治州共和层西南约 12km 的塔拉滩上规划的海南藏族自治州生态太阳能发电园区。

项目装机容量 50MW，配置 6h 熔盐储热系统。项目总投资约 12.22 亿元，生产运行期为 25 年，运行期年平均设计发电量 15692 万 kW·h，年利用小时数 3138h。

该项目位于高海拔地区，平均海拔 2880m，环境温度较低。定日镜采用 20m^2 的小镜，便于安装清洗和驱动。镜场采用环形交错布置方式，满足定日镜转动空间的需求，确保镜场的整体损失较小。

吸热塔方面，结构顶高 193m，采用钢筋混凝土圆锥形筒体渐变截面结构，主体大部分采用直段体型。吸热塔内按功能布置了满足工艺要求的通道及各类辅助房间。

11.2.2 项目关键数据

中电建青海共和基本信息见表 11-5。

表 11-5　　　　　　　　　　中电建青海共和基本信息

项目所在地	青海省海南藏族自治州共和县，生态太阳能发电园	项目所在地	青海省海南藏族自治州共和县，生态太阳能发电园
年均 DNI 资源	～1900kW·h/m²	当前状态	在建
装机容量	50MW	投产时间	2019 年 9 月
技术路线	熔盐塔式	年发电量	15692 万 kW·h
储热时长	6h	年利用小时数	3138h
开工日期	2017 年 6 月 18 日	项目总投资	12.22 亿元

中电建青海共和电站信息见表 11-6。

表 11-6　　　　　　　　　　中电建青海共和电站信息

定日镜数量	30016	吸热器进出口温度	290/565℃
定日镜面积	20m²	吸热塔结构顶高	193m
采光总面积	约 60 万 m²	储热罐直径	23m
镜场平均综合效率	0.513	储热罐有效高度	13m
熔盐吸热器额定功率	276MW_th		

11.2.3 电站实景

中电建青海共和光热电站图如图 11-19 所示。

图 11-19　中电建青海共和光热电站图

11.3 德令哈 50MW 槽式光热发电项目

11.3.1 项目概述

德令哈 50MW 槽式光热发电项目于 2018 年 10 月 10 日正式并网发电，是我国首个并网投运的国家级光热示范电站，也是我国第一个大型商业化槽式光热项目。该项目于 2014 年 7 月开始投资建设，并于 2016 年 9 月成功入选我国首批光热发电示范项目。

项目位于青海省德令哈市西出口太阳能产业园区内，距离德令哈市约 7km，厂址区域地貌为戈壁滩。项目规划装机容量 100MW，其中本期建设 50MW，设计寿命 25 年，天然气用量 9%。

项目采用槽式导热油光热发电技术，建设 190 个槽式集热器标准回路，设置一套双罐二元硝酸盐储热系统（储热容量满足汽轮发电机组满负荷 9h 发电需要），并设计、建设一套 55MW 的中温、高压一次再热的汽轮发电机组。

年发电量近 2 亿 kW·h，每年可节约标准煤 6 万 t，减少二氧化碳等气体排放 10 万 t，相当于植树造林 4200 亩。

11.3.2 项目关键数据

德令哈 50MW 槽式光热电站基本信息见表 11-7。

表 11-7　　　　　　　　　　德令哈 50MW 槽式光热电站基本信息

项目所在地	青海省德令哈市西出口太阳能产业园区	项目所在地	青海省德令哈市西出口太阳能产业园区
项目总投资	静态总投资约 17 亿元	项目总投资	12.22 亿元
年均 DNI 资源	2078kW·h/m²	典型年上网电量	1.975 亿 kW·h
装机容量	50MW	年利用小时数	3950h
技术路线	导热油槽式	项目占地面积	2.46km²
传热介质	高温导热油	聚光面积	62 万 m²
储热时长	9h	回路数量	190 条
储热方式	二元硝酸盐双罐储热	单回路长度	600m
储热介质	熔盐	熔盐罐高度	14m
开工日期	2014 年 7 月 2015 年 8 月（实际主体开工日期）	熔盐罐直径	42m
当前状态	已并网投运	集热器技术方案	欧槽 Euro Trough 150
投产时间	2018 年 10 月 10 日	设计寿命	25 年
年发电量	15692 万 kW·h	天然气用量	9%
年利用小时数	3138h		

11.3.3 项目特色

该项目实现了五个第一：它是我国最早动工的光热示范项目；国内电力行业首个获得亚开行低息贷款的项目；全球首个实现冬季低温分布注油的光热槽式项目；我国第一个建成的光热示范项目；我国第一个并网投运的大规模光热项目。

该项目的并网投运，使得我国成为国际上第八个掌握大规模光热技术的国家，是我国光热发展历史上的一座重要里程碑。

11.3.4 投资与成本

项目静态总投资约 17 亿元，其中亚洲开发银行提供了利率不高于 3% 的 15 亿美元低息贷款，这也是国内首个获得亚行低息贷款的光热项目。

亚洲开发银行贷款周期为 25 年，宽限期 5 年，贷款被用于设备采购、税费、相关保险、运输、安装、建设时涉及的手续费等。

11.3.5 电站实景

德令哈 50MW 槽式电站实景如图 11-20～图 11-22 所示。

图 11-20 德令哈 50MW 槽式光热电站图 1　　　图 11-21 德令哈 50MW 槽式光热电站图 2

图 11-22 德令哈 50MW 槽式光热电站图 3

11.4 节能敦煌 100MW 熔盐塔式光热发电项目

11.4.1 项目概述

节能敦煌 100MW 熔盐塔式光热电站是首批国家太阳能热发电示范项目之一，位于甘肃省敦煌市七里镇西光电产业园，毗邻首航节能 10MW 熔盐塔式光热电站。

项目占地面积近 8km²，总投资超过 30 亿元。项目已于 2018 年 12 月 28 日成功实现并网发电，为我国首个百兆瓦级大型商业化光热电站，也是继德令哈 50MW 槽式光热电站之后第二座并网的光热发电示范项目。

该项目可实现 24h 连续发电，年发电量可达 3.9 亿 kW·h，每年减排 CO_2 35 万 t，SO_2 1.05 万 t，Nox 0.5 万 t，碳粉尘 10 万 t，可节约的标煤量 13 万 t；消耗过剩产能玻璃 100 多万 m²，钢铁 4.5 万 t。将进一步优化敦煌新能源结构，有效解决光伏发电调峰问题。

11.4.2 项目关键数据

首航节能敦煌基本信息见表 11-8。

表 11-8 首航节能敦煌基本信息

项目所在地	甘肃省敦煌市七里镇以西的光电产业园区	项目所在地	甘肃省敦煌市七里镇以西的光电产业园区
年均 DNI 资源	1777kW·h/m²	年发电量	3.9 亿 kW·h
装机容量	100MW	吸热塔高度	260m
技术路线	熔盐塔式	项目占地面积	7.84km²
熔盐储热时长	11h（可实现 24h 连续发电）	总投资	30 亿元
开工日期	2015 年 11 月 9 日	镜场面积	140 万 m²（12000 余台定日镜，塔高约 263m）
当前状态	并网投运	电站全年设计发电小时数	3500h
投产时间	2018 年 12 月 28 日		

首航节能敦煌镜场信息见表 11-9。

表 11-9 首航节能敦煌镜场信息

采光总面积	140 万 m²	吸热涂层吸收率	约 95%
定日镜数量	超过 12000 面	吸热气片数量	14 片
定日镜面积	115.7m²	熔盐储罐高度	15m
子镜数量	35 面	冷盐罐直径	37m
精度	2mrad	热盐罐直径	39m
吸热器平均能流密度	750kW/m²	冷盐罐设计温度	400℃
吸热器局部能流密度	1.2MW/m²	热盐罐设计温度	593℃

11.4.3　项目特色

该项目是当前国内光热项目中单体装机容量最大的电站，为100MW，投资金额也高达30亿元人民币。同时，它也是为数不多的由同一家公司研发设计、投资、建设并运维的光热电站。

定日镜采用首航自主研发、制造的115m² 大镜面设计，镜场为环形布置，吸热器同样自主设计制造。

11.4.4　电站实景

首航节能敦煌电站实景如图11-23、图11-24所示。

图11-23　首航节能敦煌电站图1　　　　　图11-24　首航节能敦煌电站图2

11.5　小结

本章简要介绍了国内外一些具有代表性的商业化电站，旨在通过这些系统设计实例，为太阳能光热电站设计人员和科研人员提供依据及参考。

附　　录

附录 1 墨尔本水平面上直接和漫射辐射的月平均读数

月　份	直射 $S/(\text{mWh}/\text{cm}^2)$	漫射 $D/(\text{mWh}/\text{cm}^2)$
1 月	629	210
2 月	559	144
3 月	396	166
4 月	309	127
5 月	199	98
6 月	167	79
7 月	195	82
8 月	254	120
9 月	368	148
10 月	500	197
11 月	491	241
12 月	676	214

附录 2　部分国家和地区光伏系统安装标准

1. 澳大利亚

AS/NZS 1170.2：2002 Structural design actions – Wind actions.

AS/NZS 1170.2 Supp 1：2002 Structural design actions – Wind actions – Commentary (Supplement to AS/NZS 1170.2：2002).

AS 4086.2 – 1997 Secondary batteries for use with stand – alone power systems – Installation and maintenance.

AS 4509.1 – 1999 Stand – alone power systems – Safety requirements. (1999，first amendment 2000).

AS 4509.2 – 2002 Stand – alone power systems – System design guidelines (2002).

AS 4509.3 – 1999 Stand – alone power systems – Installation and maintenance (1999，first amendment 2000).

AS 4777.1 – 2005 Grid connection of energy systems via inverters – Installation requirements.

AS 4777.2 – 2002 Grid connection of energy systems via inverters – Inverter requirements.

AS 4777.3 – 2002 Grid connection of energy systems via inverters – Protection requirements.

AS/NZS 3000 series，General electrical installation standards.

AS/NZS 5033 – 2005 Installation of photovoltaic (PV) arrays.

2. 中国

GB/T 11010—1989 光谱标准太阳电池

GB/T 11011—1989 非晶硅太阳电池电性能测试的一般规定

GB/T 12085.9—1989 光学和光学仪器 环境试验方法 太阳辐射

GB/T 12785—2014 潜水电泵 试验方法

GB/T 13337.1—1991 固定型防酸式铅酸蓄电池 技术条件

GB/T 13337.2—1991 固定型防酸式铅酸蓄电池 规格及尺寸

GB/T 13468—1992 泵类系统电能平衡测试与计算方法

GB/T 16750.1—2008 潜油电泵机组 型式、基本参数和连接尺寸

GB/T 16750.2—2008 潜油电泵机组 技术条件

GB/T 16750.3—2008 潜油电泵机组 试验方法

GB/T 17386—2009 潜油电泵装置的规格及选用

GB/T 17387—1998 潜油电泵装置的操作、维护和故障检查

GB/T 17388—2010 潜油电泵装置的安装

GB/T 17683.1—1999 太阳能在地面不同接收条件下的太阳光谱辐照度标准 第 1 部分：大气质量 1.5 的法向直接日射辐照度和半球向日射辐照度

GB/T 18050—2000 潜油电泵电缆试验方法

GB/T 18051—2000 潜油电泵振动试验方法

GB/T 18210—2000 晶体硅光伏（PV）方阵 I-V 特性的现场测量

GB/T 18332.1—2001 电动道路车辆用铅酸蓄电池

GB/T 18332.2—2001 电动道路车辆用金属氢化物镍蓄电池

GB/T 18479—2001 地面用光伏（PV）发电系统 概述和导则

GB/T 18911—2002 地面用薄膜光伏组件 设计鉴定和定型

GB/T 18912—2002 光伏组件盐雾腐蚀试验

GB/T 19115.1—2003 离网型户用风光互补发电系统 第 1 部分：技术条件

GB/T 19115.2—2018 离网型户用风光互补发电系统 第 2 部分：试验方法

GB/T 19393—2003 直接耦合光伏（PV）扬水系统的评估

GB/T 2296—2001 太阳电池型号命名方法

GB/T 2297—1989 太阳光伏能源系统术语

GB/T 2816—2002 井用潜水泵

GB/T 2900.11—1988 蓄电池名词术语

GB/T 2900.62—2003 电工术语 原电池

GB/T 4797.4—1989 电工电子产品自然环境条件 太阳辐射与温度

GB/T 5170.9—2008 电工电子产品环境试验设备基本参数检定方法 太阳辐射试验设备

GB/T 6492—1986 航天用标准太阳电池

GB/T 6494—1986 航天用太阳电池电性能测试方法

GB/T 6495.1—1996 光伏器件 第 1 部分：光伏电流-电压特性的测量

GB/T 6495.2—1996 光伏器件 第 2 部分：标准太阳电池的要求

GB/T 6495.3—1996 光伏器件 第 3 部分：地面用光伏器件的测量原理及标准光谱辐照度数据

GB/T 6495.4—1996 晶体硅光伏器件的 I-V 实测特性的温度和辐照度修正方法

GB/T 6495.5—1997 光伏器件 第 5 部分：用开路电压法确定光伏（PV）器件的等效电池温度（ECT）

GB/T 6495.8—2002 光伏器件 第 8 部分：光伏器件光谱响应的测量

GB/T 6496—2017 航天用太阳电池标定的一般规定

GB/T 6497—1986 地面用太阳电池标定的一般规定

GB/T 7021—1986 离心泵名词术语

GB/T 9535—1998 地面用晶体硅光伏组件 设计鉴定和定型

GB/Z 18333.1—2001 电动道路车辆用锂离子蓄电池

GB/Z 18333.2—2015 电动道路车辆用锌空气蓄电池

3. 欧洲

（www. cenelec. org/Cenelec/CENELEC ＋ in ＋ action/Web ＋ Store/Standards/default. htm）

EN 50380 Datasheet and nameplate information for photovoltaic modules.

EN 60891 Procedures for temperature and irradiance corrections to measured I－V characteristics of crystalline silicon photovoltaic devices（IEC 891：1987 ＋A1：1992）.

EN 60904－1 Photovoltaic devices－Part 1：Measurement of photovoltaic current－voltage characteristics（IEC 904－1：1987）.

EN 60904－2 Photovoltaic devices－Part 2：Requirements for reference solar cells. Includes amendment A1：1998（IEC 904－2：1989 ＋ A1：1998）.

EN 60904－3 Photovoltaic devices－Part 3：Measurement principles for terrestrial photovoltaic（PV）solar devices with reference spectral irradiance data（IEC 904－3：1989）.

EN 60904－5 Photovoltaic devices－Part 5：Determination of the equivalent cell temperature（ECT）of photovoltaic（PV）devices by the open－circuit voltage method（IEC 904－5：1993）.

EN 60904－6 Photovoltaic devices－Part 6：Requirements for reference solar modules. Includes amendment A1：1998（IEC 60904－6：1994 ＋ A1：1998）.

EN 60904－7 Photovoltaic devices－Part 7：Computation of spectral mismatch error introduced in the testing of a photovoltaic device（IEC 60904－7：1998）.

EN 60904－8 Photovoltaic devices－Part 8：Measurement of spectral response of a photovoltaic（PV）device（IEC 60904－8：1998）.

EN 60904－10 Photovoltaic devices－Part 10：Methods of linearity measurement（IEC 60904－10：1998）.

EN 61173 Overvoltage protection for photovoltaic（PV）power generating systems－Guide（IEC 1173：1992）.

EN 61194 Characteristic parameters of stand－alone photovoltaic（PV）systems（IEC 1194：1992，modified）.

EN 61215 Crystalline silicon terrestrial photovoltaic（PV）modules design qualification and type approval（IEC 1215：1993）.

EN 61277 Terrestrial Photovoltaic（PV）Power Generating Systems General and

Guide (IEC 61277: 1995) .

EN 61345 UV Test for Photovoltaic (PV) Modules (IEC 61345: 1998) .

EN 61427 Secondary Cells and Batteries for Solar Photovoltaic Energy Systems – General Requirements and Methods of Test (IEC 61427: 1999) .

EN 61646 Thin – film terrestrial photovoltaic (PV) modules design qualification and type approval (IEC 1646: 1996) .

EN 61683 Photovoltaic systems – Power conditioners – Procedure for measuring efficiency (IEC 61683: 1999) .

EN 61701 Salt mist corrosion testing of photovoltaic (PV) modules (IEC 61701: 1995) .

EN 61702 Rating of direct coupled photovoltaic (PV) pumping systems (IEC 61702: 1995) .

EN 61721 Susceptibility of a photovoltaic (PV) module to accidental impact damage (Resistance to impact test) (IEC 61721: 1995) .

EN 61724 Photovoltaic system performance monitoring guidelines for measurement, data exchange and analysis (IEC 61724: 1998) .

EN 61727 Photovoltaic (PV) systems characteristics of the utility interface (IEC 1727: 1995) .

EN 61829 Crystalline silicon photovoltaic (PV) array on – site measurement of I – V characteristics (IEC 61829: 1995) .

PREN 50312 – 1 Photovoltaic systems—Solar home systems—Part 1: Safety—Test requirements and procedures.

PREN 50312 – 2 Photovoltaic systems—Solar home systems—Part2: Performance—Test requirements and procedures.

PREN 50313 – 1 Photovoltaic Systems—Solar modules—Part1: Safety—Test requirements and procedures.

PREN 50313 – 2 Photovoltaic systems—Solar modules—2: Performance—Test requirements and procedures.

PREN 50314 – 1 Photovoltaic systems—Charge regulators—Part 1: Safety—Test requirements and procedures.

PREN 50314 – 2 Photovoltaic systems—Charge regulators—Part 2: EMC—Test requirements and procedures.

PREN 50314 – 3 Photovoltaic systems—Charge regulators—Part 3: Performance—Test requirements and procedures.

PREN 50315 – 1 Accumulators for use in photovoltaic systems—Part 1: Safety—Test requirements and procedures.

PREN 50315 – 2 Accumulators for use in photovoltaic systems—Part 2: Performance—Test requirements and procedures.

PREN 50316 – 1 Photovoltaic lighting systems—Part 1: Safety—Test requirements and procedures.

PREN 50316 – 2 Photovoltaic lighting systems—Part 2: EMC—Test requirements and procedures.

PREN 50316 – 3 Photovoltaic lighting systems—Part 3: Performance—Test requirements and procedures.

PREN 50322 – 1 Photovoltaic systems—Part 1: Electromagnetic compatibility (EMC) —Requirements for photovoltaic pumping systems.

PREN 50330 – 1 Photovoltaic semiconductor converters—Part 1: Utility interactive fail safe protective interface for PV – line commutated converters—Design qualification and type approval.

PREN 50331 – 1 Photovoltaic systems in buildings—Part 1: Safety requirements.

附录 3　正态积分的解析逼近

　　通量捕获分数 Γ，只是抛物线表面反射通量的分数，它落在总角度误差宽度为 n 个标准偏差的光束中。如果假设反射通量为正态分布，则当从 $-n/2$ 积分到 $+n/2$ 时，通量捕获分数只是正态分布曲线下的面积。

　　对于通量捕获分数 Γ（其中，已知标准偏差数 n），Abramowitz 和 Stegun（1970）的正态曲线下面积的多项式近似可计算为

$$\Gamma = 1 - 2Q(x)$$

其中：

$$Q(x) = f(x)(b_1 t + b_2 t^2 + b_3 t^3 + b_4 t^4 + b_5 t^5)$$

$$x = n/2$$

$$f(x) = \frac{1}{\sqrt{2\pi}} e^{-\frac{x^2}{2}}$$

$$t(x) = \frac{1}{1 + rx}$$

$$r = 0.2316419$$

$$b_1 = 0.319381530$$

$$b_2 = -0.356563782$$

$$b_3 = 1.781477937$$

$$b_4 = -1.821255978$$

$$b_5 = 1.330274429$$

式中　$f(x)$——定义的函数；

　　　　n——标准偏差值；

　　　　$Q(x)$——正态分布曲线一条尾部的面积；

　　　　r——常量；

　　　　$t(x)$——定义的参数；

　　　　x——误差极限；

　　　　Γ——正态分布曲线下的面积。

参 考 文 献

［1］ 张鹤飞. 太阳能热利用原理与计算机模拟［M］. 西安：西北工业大学出版社，2007.

［2］ 王经. 传热学与流体力学基础［M］. 上海：上海交通大学出版社，2007.

［3］ 朱光辉. 任意方位倾斜面上的总辐射计算［J］. 太阳能学报，1981，2（2）：209－212.

［4］ 王炳忠. 中国太阳能资源利用区划分［J］. 太阳能学报，1983，4（3）：221－228.

［5］ 祝昌汉. 我国散射辐射的计算方法及其分布［J］. 太阳能学报，1984（3）：242－249.

［6］ 祝昌汉. 我国直射辐射的计算方法及其分布特征［J］. 太阳能学报，1985（1）：1－11.

［7］ 孙治安. 高庆先. 史兵. 翁笃鸣. 中国可能太阳总辐射的气候计算及其分布特征［J］. 太阳能学报，1988（1）：12－23.

［8］ F. M. F. Siala, M. E. Elayeb. Mathematical formulation of a graphical method for a no－blocking heliostat field layout［J］. Renewable Energy，2001（23）：77－92.

［9］ Falcone PK. A handbook for solar central receiver design［J］. Sandia National Laboratories，1986.

［10］ Collado FJ，Turegano JA. Caculation of the annual thermal energy supplied by a defined heliostat field［J］. Solar Energy，1989（23）.

［11］ 魏秀东，卢振武，林梓，王志峰. 塔式太阳能热发电站镜场的优化设计［J］. 光学学报，2010，30（9）：2652－2656.

［12］ 姜建东，陈进，屈梁生. 自仿射信号分维数估计算法的改进［J］. 信号处理，1998，15（1）：54－59.

［13］ 夏小燕. 大范围太阳能光线跟踪传感器及跟踪方法的研究［D］. 南京：河海大学，2007.

［14］ 魏秀东，王瑞庭，张红鑫. 太阳能塔式热发电聚光场的光学性能分析［J］. 光子学报，2008，37（11）：2279－2283.

［15］ Romero V J. Circe2/DEKGEN2：A Software Package for Facilitated Optical Analysis of 3－D Distributed Solar Energy Concentrators［R］. SAND91－2238，Sandia National Laboratories，1994.

［16］ Pettit R B，VittitoeC N，Biggs F. Simplified calculational procedure for determining the amount of intercepted sunlight in an imaging solar concentrator［J］. Journal of Solar Energy Engineering，1983，105（1）：101－107.

［17］ 刘颖. 太阳能聚光器聚焦光斑能流密度分布的理论与实验研究［博士论文］［D］. 哈尔滨：哈尔滨工业大学，2008.

［18］ 辛秋霞，卞新高，杨缝缝. 塔式太阳能热发电系统镜场调度方法的研究［J］. 太阳能学报，2010，31（3）：317－322.

［19］ Collado F J，Gómez A，Turégano J A. An analytic function for the flux density due to sunlight reflected from a heliostat［J］. Solar Energy，1986，37（3）：215－234.

［20］ 郭苏，刘德有，张耀明，王军. 太阳能热发电系列文章（5）塔式太阳能热发电的定日镜［J］. 太阳能，2006（5）：34－37.

［21］ 赵玉文. 太阳能利用的发展概况和未来趋势［J］. 中国电力，2003，36（9）：63－69.

［22］ Battleson，K. W.. Solar Power Tower Design Guide：Solar Thermal Central Receiver Power Systems. A Source of Electricity and/or Process Heat［R］. Sandia National Labs.：Livermore，CA.，1981. 1－162.

［23］ Bergeron，K. D.，Chiang，C. J.. SCRAM：A Fast Computational Model for the Optical Performance of

Point Fucus Solar Central Receiver Systems [R] . Sandia Labs. ; Albuquerque, NM. , 1980; 1 – 41.

[24] Vittitoe, C. N. , Biggs, F. . User \ ' s Guide to HELIOS; a Computer Program for Modeling the Optical Behavior of Reflecting Solar Concentrators. Part III. Appendices Concerning HELIOS – Code Details [R] . Sandia National Labs. ; Albuquerque, NM. , 1981; 1 – 89.

[25] Clausing A. M. . An analysis of convective losses from cavity solar central receivers [J] . Pergamon, 1981, 27 (4) .

[26] Smith, D. M. , Drake, G. A. , London, J. E. . Solar 10 – Megawatt Pilot Plant Performance Analysi [R] . Aerospace Corp. ; El Segundo, CA. , 1981; 1 – 31.

[27] Dellin, T. A. , Fish, M. J. , Yang, C. L. . User \ 's Manual for DELSOL2; A Computer Code for Calculating the Optical Performance and Optimal System Design for Solar – Thermal Central – Receiver Plants [R] . Sandia National Labs. ; Albuquerque, NM. , 1981; 1 – 259.

[28] Holl, R. J. . Definition of Two Small Central Receiver Systems. [R] . McDonnell Douglas Astronautics Co. ; Huntington Beach, CA. * Department of Energy. , 1978; 1 – 128.

[29] King, D. L. . Beam Quality and Tracking – Accuracy Evaluation of Second – Generation and Barstow Production Heliostats [R] . Sandia National Labs. ; Albuquerque, NM. , 1982; 1 – 129.

[30] Leary, P. L. Hankins, J. D. . User \ 's Guide for MIRVAL; a Computer Code for Comparing Designs of Heliostat – Receiver Optics for Central Receiver Solar Power Plants. [R] . Sandia Labs. ; Livermore, CA. * Department of Energy. , 1979; 1 – 128.

[31] Lipps, F. W. . Theory of Cellwise Optimization for Solar Central Receiver Systems [R] . Houston Univ. ; TX. Energy Lab. , 1985; 1 – 82.

[32] Siebers, D. L. , Kraabel, J. S. . Estimating Convective Energy Losses from Solar Central Receivers [R] . Sandia National Labs. ; Livermore, CA. , 1984; 1 – 68.

[33] Siebers, D. L. , Schwind, R. G. , Moffat, R. J. . Experimental Mixed – Convection Heat Transfer from a Large, Vertical Surface in a Horizontal Flow [R] . Sandia National Labs. ; Livermore, CA. , 1983; 1 – 219.

[34] U. S. government. TOWER COST DATA FOR SOLAR CENTRAL RECEIVER STUDIES [R] . Sterns Roger Engineering Company, 1979; 1 – 306.

[35] Charles N. Vittitoe, Frank Biggs, Ruth E. Lighthill. HELIOS; A Computer Program for Modeling the Solar Thermal Test Facility A Users Guide [R] . Sandia Laboratories, 1977; 1 – 87.

[36] US Department of Energy. Commercial applications of solar total energy systems. Second quarterly progress report, August 1, 1976 — October 31, 1976 (Technical Report) | OSTI. GOV [R] . US Department of Energy, 2000; 1 – 106.

[37] Arizona Solar Center. [EB/OL] . www. azsolarcenter. com. 1999 – 2020.

[38] Faas, S. E. . 10 – MWe Solar – Thermal Central – Receiver Pilot Plant; Thermal – Storage –Subsystem Evaluation – Subsystem Activation and Controls Testing Phase [R] . Sandia National Labs. ; Livermore, CA. , 1983; 1 – 57.

[39] Gross, R. J. . Experimental Study of Single Media Thermocline Thermal – Energy Storage [R] . Sandia National Labs. ; Albuquerque, NM. , 1982; 1 – 40.

[40] Dickinson W. C , Cheremisinoff P N . Solar energy technology handbook [M] .

[41] Radosevich L. G , Wyman C. E . Thermal Energy Storage Development for Solar Electrical Power and Process Heat Applications [J] . Journal of Solar Energy Engineering, 1983, 105; 2 (2); 111 – 118.

[42] Alton, G. D. , Beckers, R. M. , Johnson, J. W. . Molten Salt Thermal Energy Storage Subsystem Research Experiment. Volume 2. Final Technical Report [R] . Martin Marietta Aerospace, Denver, CO. Denver Div. , 1985; 1 – 328.

[43] Abbin, J. P. Leuenberger, W. R.. Program Cycle: A Rankine Cycle Analysis Routine. [R] . Sandia Labs. ; Albuquerque, N. Mex. , 1975. 1 – 72.

[44] Balje, O. E . A Study on Design Criteria and Matching of Turbomachines: Part A—Similarity Relations and Design Criteria of Turbines [J] . Journal of Engineering for Gas Turbines & Power, 1962, 84 (1): 83.

[45] Bowyer, J. M.. Kinematic Stirling Engine as an Energy Conversion Subsystem for Paraboloidal Dish Solar Thermal Power Plants [R] . Jet Propulsion Lab. ; Pasadena, CA. , 1984. 1 – 75.

[46] Marciniak, T. J. , Krazinski, J. L. , Bratis, J. C. , Bushby, H. M. , Buyco, E. H.. Comparison of Rankine – Cycle Power Systems: Effects of Seven Working Fluids [R] . Argonne National Lab. ; IL, 1981. 1 – 88.

[47] Martini, W. R. Stirling engine design manual [R] . NASA, 1978. 1 – 370.

[48] Reynolds W. C . Thermodynamic properties in SI: Graphs, tables, computational equations for forty substances [J] . University Departement of Mechanical Engineering, 1979.

[49] Roschke, E. J. , Wen, L. , Steele, H. , Elgabalawi, N. , Wang, J.. A preliminary assessment of small steam Rankine and Brayton point – focusing solar modules [R] . NASA, 1979. 1 – 141.

[50] Schmidt G. , Schmid P. , Zewen H. , Moustafa S.. Development of a point focusing collector farm system [J] . Pergamon, 1983, 31 (3) .

[51] Stine, W. B.. Survey of manufacturers of high – performance heat engines adaptable to solar applications [R] . NASA, 1984. 1 – 50.

[52] Kalogirou S A . Solar thermal collectors and applications [J] . Progress in Energy and Combustion Science, 2004, 30 (3): 231 – 295.

[53] Odeh S. D. , Morrison G. L. , Behnia M. Modelling of parabolic trough direct steam generation solar collectors [J] . Solar Energy, 1998, 62 (6): 395 – 406.

[54] Odeh S. D. , Behnia M. , Morrison G. L. Hydrodynamic analysis of direct steam generation solar collectors [J] . Journal of Solar Energy Engineering – Transactions of the Asme, 2000, 122 (1): 14 – 22.

[55] Odeh S. D. , Behnia M. , Morrison G. L. Performance evaluation of solar thermal electric generation systems [J] . Energy Conversion and Management, 2003, 44 (15): 2425 – 2443.

[56] Odeh S. D. Unified model of solar thermal electric generation systems [J] . Renewable Energy, 2003, 28 (5): 755 – 767.